21世纪高等学校计算机专业实用规划教材

Oracle 11g
数据库设计与维护

刘亚姝 严寒冰 黄 成 编著

清华大学出版社

北京

内 容 简 介

本书主要从关系型数据库的设计与维护角度出发,以"书店销售管理系统"为例,详细介绍了一个典型的应用系统数据库的设计过程,以及 Oracle 11g 数据库的基本使用方法。在实例上前后贯穿、统一,读者在学习完本书后能够完成一个小型应用系统的数据库设计与实施过程。

本书共分为 11 章,第 1 章为数据库的基本理论知识和设计方法;第 2 章到第 11 章为 Oracle 11g 基本技术的介绍,并与第 1 章紧密对照。

本书可以作为高等学校数据库相关课程,特别是在学习了数据库基础理论后,作为数据库课程的进阶型教材使用,也可以作为 Oracle 11g 数据库初学者的参考教材。

图书在版编目(CIP)数据

Oracle 11g 数据库设计与维护/刘亚姝,严寒冰,黄成编著.--北京:清华大学出版社,2013.8
21 世纪高等学校计算机专业实用规划教材
ISBN 978-7-302-31844-6

Ⅰ.①O… Ⅱ.①刘… ②严… ③黄… Ⅲ.①关系数据库系统 Ⅳ.①TP311.138

中国版本图书馆 CIP 数据核字(2013)第 066305 号

责任编辑:黄 芝 薛 阳
封面设计:何凤霞
责任校对:焦丽丽
责任印制:刘海龙

出版发行:清华大学出版社
        网 址:http://www.tup.com.cn,http://www.wqbook.com
        地 址:北京清华大学学研大厦 A 座   邮 编:100084
        社 总 机:010-62770175   邮 购:010-62786544
        投稿与读者服务:010-62776969,c-service@tup.tsinghua.edu.cn
        质量反馈:010-62772015,zhiliang@tup.tsinghua.edu.cn
        课件下载:http://www.tup.com.cn,010-62795954
印 刷 者:北京市人民文学印刷厂
装 订 者:三河市兴旺装订有限公司
经 销:全国新华书店
开 本:185mm×260mm   印 张:19   字 数:461 千字
版 次:2013 年 8 月第 1 版   印 次:2013 年 8 月第 1 次印刷
印 数:1~2000
定 价:34.50 元

产品编号:050405-01

出 版 说 明

随着我国改革开放的进一步深化,高等教育也得到了快速发展,各地高校紧密结合地方经济建设发展需要,科学运用市场调节机制,加大了使用信息科学等现代科学技术提升、改造传统学科专业的投入力度,通过教育改革合理调整和配置了教育资源,优化了传统学科专业,积极为地方经济建设输送人才,为我国经济社会的快速、健康和可持续发展以及高等教育自身的改革发展做出了巨大贡献。但是,高等教育质量还需要进一步提高以适应经济社会发展的需要,不少高校的专业设置和结构不尽合理,教师队伍整体素质亟待提高,人才培养模式、教学内容和方法需要进一步转变,学生的实践能力和创新精神亟待加强。

教育部一直十分重视高等教育质量工作。2007 年 1 月,教育部下发了《关于实施高等学校本科教学质量与教学改革工程的意见》,计划实施"高等学校本科教学质量与教学改革工程(简称'质量工程')",通过专业结构调整、课程教材建设、实践教学改革、教学团队建设等多项内容,进一步深化高等学校教学改革,提高人才培养的能力和水平,更好地满足经济社会发展对高素质人才的需要。在贯彻和落实教育部"质量工程"的过程中,各地高校发挥师资力量强、办学经验丰富、教学资源充裕等优势,对其特色专业及特色课程(群)加以规划、整理和总结,更新教学内容、改革课程体系,建设了一大批内容新、体系新、方法新、手段新的特色课程。在此基础上,经教育部相关教学指导委员会专家的指导和建议,清华大学出版社在多个领域精选各高校的特色课程,分别规划出版系列教材,以配合"质量工程"的实施,满足各高校教学质量和教学改革的需要。

本系列教材立足于计算机专业课程领域,以专业基础课为主、专业课为辅,横向满足高校多层次教学的需要。在规划过程中体现了如下一些基本原则和特点。

(1)反映计算机学科的最新发展,总结近年来计算机专业教学的最新成果。内容先进,充分吸收国外先进成果和理念。

(2)反映教学需要,促进教学发展。教材要适应多样化的教学需要,正确把握教学内容和课程体系的改革方向,融合先进的教学思想、方法和手段,体现科学性、先进性和系统性,强调对学生实践能力的培养,为学生知识、能力、素质协调发展创造条件。

(3)实施精品战略,突出重点,保证质量。规划教材把重点放在公共基础课和专业基础课的教材建设上;特别注意选择并安排一部分原来基础比较好的优秀教材或讲义修订再版,逐步形成精品教材;提倡并鼓励编写体现教学质量和教学改革成果的教材。

(4)主张一纲多本,合理配套。专业基础课和专业课教材配套,同一门课程有针对不同层次、面向不同应用的多本具有各自内容特点的教材。处理好教材统一性与多样化、基本教材与辅助教材、教学参考书,文字教材与软件教材的关系,实现教材系列资源配套。

(5)依靠专家,择优选用。在制定教材规划时要依靠各课程专家在调查研究本课程教材建设现状的基础上提出规划选题。在落实主编人选时，要引入竞争机制，通过申报、评审确定主题。书稿完成后要认真实行审稿程序，确保出书质量。

繁荣教材出版事业，提高教材质量的关键是教师。建立一支高水平教材编写梯队才能保证教材的编写质量和建设力度，希望有志于教材建设的教师能够加入到我们的编写队伍中来。

21 世纪高等学校计算机专业实用规划教材

联系人：魏江江 weijj@tup. tsinghua. edu. cn

前 言

随着社会信息化程度的提高，计算机技术已经应用到各行各业中，而作为数据存储和管理的主要工具——数据库，也为人们所熟知。数据的存储和管理经历了人工阶段、文件管理阶段和数据库管理阶段。数据库技术又经历了层次模型、网状模型和关系模型的发展过程。关系型数据库由于具有严格的理论基础和统一、清晰、简洁的数据表示方式而被广泛应用。本书主要从关系型数据库设计与维护的角度出发，介绍如何根据需求设计数据库的逻辑结构、物理结构以及对数据库进行维护等，在数据库的具体实施上采用了 Oracle 11g 数据库。

Oracle 11g 是甲骨文公司发布的关系型数据库产品，由于其具有较强的安全性、严格的数据管理模式，在分布式、实时性、安全性要求较高的大型应用系统中成为首选数据库产品之一。Oracle 数据库与 Microsoft SQL Sever 相比具有更难上手、更难掌握的特点，因此，若要使用 Oracle 数据库则需要系统全面的学习。

本书共分为 11 章，较全面地介绍了数据设计技术、Oracle 的基础知识，使读者能够通过本书的学习掌握应用系统数据库的设计方法以及 Oracle 11g 数据库的使用。

第 1 章：主要介绍数据库设计的相关内容。首先回顾关系型数据库的基本理论，随后介绍数据库设计方法和步骤，并在一个实例的基础上介绍数据库设计各个阶段要完成的工作。

第 2 章：为 Oracle 11g 的开篇，主要介绍 Oracle 数据库的发展历程以及如何安装与卸载 Oracle 11g 数据库产品。

第 3 章：主要介绍 Oracle 数据库体系结构的相关知识，包括物理存储结构、逻辑存储结构、内存结构和进程结构。

第 4 章：主要介绍 Oracle 11g 的企业管理器（OEM）及主要内容的使用方法。

第 5 章：主要介绍 Oracle 数据库管理技术，详细介绍使用 DBCA 工具创建数据库的步骤及自定义配置；同时也给出了使用命令行方式创建数据库的详细过程。

第 6 章：主要介绍 SQL＊PLUS 工具的使用及 SQL、PL/SQL 的知识，并详细介绍常用的 SQL 命令。本章是内容较多的一章，同时其内容也是日常使用中涉及较多的。

第 7 章：主要学习 Oracle 方案对象的知识，将介绍数据方案对象和管理方案对象的内容。

第 8 章：主要介绍 Oracle 安全管理，包括 Oracle 安全性概述、用户管理与概要文件、权限与角色、审计。

第 9 章：主要介绍 PL/SQL 程序方案对象，包括存储过程、函数、触发器、程序包的创建及使用。

第 10 章：本章主要介绍事务的概念以及 Oracle 11g 中的事务管理技术。

IV

第 11 章：主要介绍 Oracle 数据库的备份与恢复技术。

Oracle 数据库是一个功能庞大的系列数据库产品，本书从第 1 章开始，以"书店销售管理系统"为例，从数据库设计与维护的角度出发，详细介绍了 Oracle 11g 数据库的基本使用方法。在实例上前后贯穿、统一，读者学习完本书的内容后将能够完成一个小型应用系统的数据库设计与实施过程。

本书可以为 Oracle 数据库初学者提供较全面的、较详细的使用手册。但是，针对已经具有了一定的数据库技术基础的读者，也有相关的较大难度的实例，便于这些读者的数据库技术的提高。本书可以作为高等学校数据库相关课程，特别是在学习了数据库基础理论后，作为数据库课程的进阶型教材使用。

本书很荣幸地得到了北京建筑工程学院校级教材项目资助，在项目执行期间，完成了本书的初稿。本书其他两位作者——严寒冰(国家计算机网络与信息安全管理中心)、黄成具有丰富的 Oracle 数据库的使用和维护经验，为本书的顺利编写完成提供了有力的技术保障，在此表示感谢。

北京建筑工程学院计 2009 级学生在初稿的使用过程中，参与了本书中部分实例的使用和测试过程，在此表示感谢。

由于编者水平有限，本书中如有不当之处，敬请来函赐教。

E_mail：ly_s8020@163.com

刘亚姝

2013 年 6 月

目　　录

第1章　数据库设计

本章主要回顾关系数据库的相关概念、E-R 模型，在此基础上介绍数据库设计的方法，并以"书店销售管理系统"为例，详细介绍数据库设计的各个步骤。

1.1　关系数据库概述

数据库(Database)是管理数据的技术，它按照数据结构来组织、存储和管理数据，经历了纸质数据管理、文件系统管理以及数据库管理等阶段。最早的数据管理可以追溯到 20 世纪 50 年代，那时主要采用人工管理，随着信息技术和市场的发展，特别是 20 世纪 90 年代以后，数据管理不再仅仅是存储和管理数据，而转变成用户所需要的各种数据管理的方式。数据库有很多种类型，从最简单的存储各种数据的表格到能够进行海量数据存储的大型数据库管理系统，都在各个方面得到了广泛的应用。

总体上来讲，数据库模型可以分为网状模型、层次模型和关系模型。由于关系模型具有严格的理论基础和数学推理依据，逐渐取代了其他模型。所谓关系数据库，是指采用关系模型来组织数据的数据库。关系模型是在 1970 年由 E. F. Codd 提出来并给出了相关的定理，在其提出后的几十年中，关系模型的概念得到了充分的发展并逐渐成为应用最广泛的数据库。

1. 关系、记录和字段

在关系数据库中，所有的内容都采用关系，即二维表格来表示。例如，如图 1-1 所示为学生信息表，也可以称为学生信息关系表。表中每一行称为一个元组或者一个记录；表中的每一列称为一个属性或一个字段；列的名称也称为字段名。

图 1-1　学生信息表

在如图 1-1 所示的表中存储了 4 行记录(元组)，代表 4 个学生的信息；每行记录都有 5 个字段(属性)，分别表示"学号"、"姓名"、"性别"、"出生年月"以及"所在系"的信息，也就是说每行记录都存储了对应的 5 个属性值。

2. 主码

在一个关系中,为了使得不同的元组之间能够加以区别,引入了码的概念。码可以包括候选码、主码、外码等。

若关系中的某一个属性或属性组的值能够唯一地标识一个元组,即,使得元组之间的数据不完全相同,那么称这个属性或者属性组为候选码。若一个关系中有多个候选码,则选定其中一个为主码(Primary Key),也称为主键。

在如图 1-1 所示的学生信息表中,"学号"可以作为该关系的主码,在这个关系中,如果有如图 1-2 所示的情况,前两行数据表示在"计算机系"有两个同名的学生"王萍",这两个学生的信息只有"学号"不同,其他全部相同。从这个例子可以看出,在一个关系中设置了主码后,任意两行数据都不会完全相同,这样就避免了重复数据的存储。

主码

学号	姓名	性别	出生年月	所在系
120101	王萍	女	1992.1	计算机系
120102	王萍	女	1992.1	计算机系
120103	李晨	男	1992.5	计算机系
120104	郭丽	女	1993.6	计算机系

图 1-2 学生信息表 2

3. 外码

如果在一个关系中,其中包含一个或多个属性,该属性或者属性组的值是取自于其他关系的主码的数据,那么称这个属性或者属性组为该关系的外码,如图 1-3 所示。

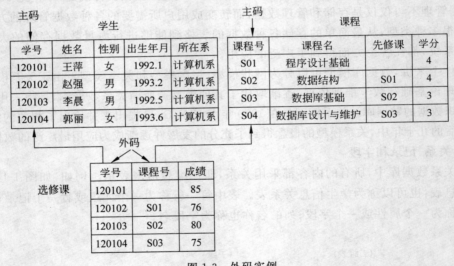

图 1-3 外码实例

在图 1-3 中有"学生"、"课程"以及"选修课"三个关系。其中,"学生"关系表的主码为"学号"、"课程"关系的主码为"课程号"、"选修课"关系的主码为"学号、课程号"。在选修课中"学号"属性的值是取自"学生"关系中的"学号"属性的值;"课程号"属性的值取自于"课程"关系中的"课程号"属性的值。那么,"学号"和"课程号"都称为"选修课"关系的外码。

1.2 关系数据库的设计

数据库设计就是数据库及其应用系统(在数据库领域中,通常把使用数据库的各类信息系统都称为数据库应用系统)的设计。下面主要介绍如何设计一个好的数据库结构,并将其转换为关系数据库的设计。

1.2.1　数据库设计概述

数据库设计应该在给定环境下，设计优化的数据库逻辑结构和物理结构，并在此基础上构建数据库及其应用系统，使之能够有效地存储和管理数据，以满足用户的各种应用需求。

数据库设计的目标是为用户和各种应用系统提供一个信息基础设施和高效率的运行环境。高效率的运行环境包括：数据库数据的存储效率、数据库存储空间的利用率、数据库系统运行管理的效率等都是高效的。

数据库设计的特点之一是"三分技术、七分管理、十二分基础数据"。这表明数据库设计不仅涉及采用的技术，还涉及管理技术和原始的数据。数据库设计过程中，技术只是一个基础，若要设计出好的、高效的数据库，需要提高企业的管理技术，使其数据的流转、管理更为合理。同时要在原始数据的基础上，能够使数据库的数据得以不断更新，以保证数据库真正体现企业的数据特征和需求。

1.2.2　数据库设计方法

早期数据库设计主要采用手工与经验相结合的方法。这种方法设计出的数据库质量往往与设计人员的素质和经验密切相关、质量难以保证，常常在数据库运行一段时间后需要在不同程度上对数据库进行修改，甚至重新设计，增加维护的成本。

目前常用的数据库设计方法有以下几种。

（1）新奥尔良方法。采用软件设计的生命周期法，自顶向下，逐步分解求精（需求分析、概念设计、逻辑设计、物理设计）。

（2）S. B. Yao 方法。采用软件设计的原型法（需求分析、模式构成、模式汇总、模式分析、物理设计）。

（3）I. R. Palmer 方法。采用软件设计的瀑布模型（规定了开发设计每个环节的次序和衔接方式，如瀑布一样）。

1.2.3　数据库设计基本步骤

数据库设计的主要任务是通过对现实世界中的数据进行抽象，得到符合需求的、能被某种数据库管理系统（DBMS）支持的数据模型。因此，数据库设计可以分为以下几个阶段。

1. 需求分析阶段

需求分析阶段是数据库设计过程中比较重要的阶段。在这个阶段，设计人员需要深入到提出设计需求的企业内部，采取各种方法分析企业各部门之间的关系、数据的结构及特点、对数据存储和响应的需求等。在这个阶段，数据库设计人员可以从需求用户的日常工作入手，采用跟班作业、调查问卷、开访谈会、查阅现有数据记录等方式明确需求以及原始数据结构。

在需求分析阶段，需要绘制数据流图以表达数据和处理过程的关系；并编写数据字典记录数据结构（有关数据流图和数据字典的内容将在 1.2.4 节中介绍）。

2. 数据库概念结构设计阶段

在需求分析阶段的基础上，将数据抽象为信息世界的结构，在概念结构设计阶段，一般采用 E-R 图模型来表达数据库的概念模型(有关 E-R 图的设计参见 1.2.4 节)。

3. 数据库逻辑结构设计阶段

概念结构设计阶段是独立于任何一种数据模型的信息结构;而逻辑结构设计的任务就是把概念结构设计阶段设计好的基本 E-R 图转换为与某一数据库管理软件所支持的数据模型相符合的逻辑结构。

4. 数据库物理结构设计阶段

数据库在物理设备上的存储结构、存取方法称为数据库的物理结构,它与选定的 DBMS 密切相关。同时,在该阶段还需要选择关系模式的存取方法,例如索引的选择等。

5. 数据库的实施和维护阶段

在数据库物理结构设计阶段之后,设计人员需要根据设计好的数据库的逻辑结构、物理结构在 DBMS 中创建数据库、表、表之间的关系、视图、存储过程以及其他数据库对象来满足系统的业务需求。然后就可以组织数据入库,在数据载入以及使用过程中调整数据库的设计,维护数据库应用系统的正常运行。

1.2.4 数据库设计实例

下面以某书店销售管理系统的数据库设计为例讲解数据库各个设计阶段的实现过程。该销售系统的需求为:某书店采用会员制,顾客购买图书累积达到一定金额后,可以申请成为正式会员,会员在购书时享有一定的折扣,折扣额度可以变化。该书店不定期地会推出促销活动,要求图书的价格是可变更的。

系统主要功能如下。

(1) 图书入库管理。维护入库图书信息,如图书编号、书名、作者、价格、图书分类、出版社等,自动计算库存。

(2) 图书查询统计。可以根据图书分类、出版社、书名、作者等条件查询图书的详细信息。

(3) 销售管理。销售过的图书都记录在销售列表中,方便统计收入。图书销售后,要记录图书库存,按每天统计销售额、每个月或季度生成报表,并生成畅销书单。

(4) 书店会员管理。提供会员信息的维护功能,可以设置会员等级,不同级别的会员享受不同的折扣,可以变更折扣的额度。

1. 需求分析

需求分析阶段主要完成数据需求收集和分析,结果得到数据字典描述的数据需求和数据流图描述的处理需求。需求分析的重点是调查、收集与分析用户在数据管理中的信息要求、处理要求、安全性与完整性要求。

需求分析的方法:调查组织机构情况、调查各部门的业务活动情况、协助用户明确对新系统的各种要求、确定新系统的边界。常用的调查方法有:跟班作业、开调查会、请专人介绍、询问、设计调查表请用户填写、查阅记录。

分析和表达用户需求的方法主要包括自顶向下和自底向上两类方法。自顶向下的结构化分析方法(Structured Analysis,SA 方法)从最上层的系统组织机构入手,采用逐层分解的方式分析系统,并把每一层用数据流图和数据字典描述。

数据流图(Data Flow Diagram,DFD)表达了数据和处理过程的关系。系统中的数据则借助数据字典(Data Dictionary,DD)来描述。

数据字典是各类数据描述的集合,它是关于数据库中数据的描述,即元数据,而不是数据本身。

数据字典通常包括数据项、数据结构、数据流、数据存储和处理过程5个部分(至少应该包含每个字段的数据类型和在每个表内的主外键)。

数据项描述=｛数据项名,数据项含义说明,别名,数据类型,长度,取值范围,取值含义,与其他数据项的逻辑关系｝

数据结构描述=｛数据结构名,含义说明,组成:｛数据项或数据结构｝｝

数据流描述=｛数据流名,说明,数据流来源,数据流去向,组成:｛数据结构｝,平均流量,高峰期流量｝

数据存储描述=｛数据存储名,说明,编号,流入的数据流,流出的数据流,组成:｛数据结构｝,数据量,存取方式｝

处理过程描述=｛处理过程名,说明,输入:｛数据流｝,输出:｛数据流｝,处理:｛简要说明｝｝

在这个例子中,需求比较明确,如果是需求模糊的系统,则需预先采用调查问卷、开调查会等方式明确需求。下面给出书店销售系统中数据字典的定义实例。首先描述数据项,数据项是提取出来最基本的数据表示,如表1-1所示为部分数据项的定义。

表 1-1　书店销售系统部分数据项的描述

编号	名称	说明	类型	长度	取值范围	与其他数据项的关系
1	图书名称	图书名称	字符型	20		
2	图书编号	图书编号	字符型	20	从 5001001 开始	主码
3	出版社	图书出版社	字符型	50		
4	作者	图书作者	字符型	20		
5	定价	图书价格	数值型		大于等于 0	
6	库存量	图书库存量	整型		大于等于 0	

数据结构是有关数据项的整体描述,例如本例中图书数据结构的定义如下:

图书数据结构=｛图书信息,表示图书的各项基本信息,组成:｛图书名称、图书编号、出版社、作者、定价、库存量｝｝

数据流主要描述数据处理过程中流转的数据,书店销售系统中部分数据流的描述如表1-2所示(请读者配合图1-5来理解此表)。

表 1-2　书店销售系统部分数据流的描述

编号	名称	说　明	来源	去向	组　成	平均流量	高峰期流量
F1	图书信息	要录入系统中图书内容	由管理员录入	"图书信息管理"处理	图书数据结构 管理员数据结构	10	10 000
F2	会员信息	购买图书的会员个人信息	由管理员录入	"会员信息管理"处理	会员数据结构 管理员数据结构	10	10 000
F3	销售信息	图书销售的情况记录	由管理员记录	"销售信息"处理	图书数据结构 会员数据结构 管理员数据结构	100	100 000

数据存储表示由数据处理流转过来的数据流,例如描述"销售信息"的数据存储的结构如下:

销售信息存储＝{销售信息存储,记录书店图书销售的情况,S1,销售信息,组成:{图书信息、会员信息、管理员信息},每天最高可能达到记录 10 000 条销售信息记录(可预留 10MB 空间),可读写}

数据字典中最后一部分是关于"处理过程"的描述,本例中部分"处理过程"的描述如表 1-3 所示。

表 1-3　书店销售系统部分处理过程的描述

编号	名称	说明	输入	输出	处理
P1	图书信息处理	能够处理系统中的图书信息	图书信息	图书信息	实现图书信息的添加、修改以及删除
P2	会员信息处理	处理购买图书的会员个人信息	会员信息	会员信息	实现会员信息的添加、修改以及删除
P3	销售信息处理	处理图书销售的情况	销售信息	销售信息	实现会员购买图书的消费信息的记录、查询统计等功能

设计好数据字典后,就可以设计数据流图。数据流图是描述数据处理过程的一种图形工具。数据流图从数据传递和加工的角度,以图形的方式描述数据在系统流程中流动和处理的移动变换过程,反映数据的流向、自然的逻辑过程和必要的逻辑数据存储。数据流图常用的基本图形符号如表 1-4 所示。

表 1-4　数据流图常用的基本图形符号

符号	名称	说明
▭	处理	处理框中应写明处理的名称和编号
→	数据流	箭头边上应写明数据流的名称
▭	数据存储	应写明数据存储的名称
▭	数据源点或汇点	应写明数据源点或者汇点的名称

下面分别介绍表 1-4 中的符号。

1) 处理

用圆形、椭圆或者圆角矩形描述,又称数据处理,表示输入数据在此进行变换产生输出数据,以数据结构或数据内容作为处理的对象。处理的名称通常是一个动词短语,简明扼要地表明要完成的数据处理任务。

2) 数据流

用箭头描述,和一个数据流名称组成,箭头方向表示数据的流向,作为数据在系统内的传输通道。它们大多是在"处理"之间或者在数据存储文件和"处理"之间传输加工数据的命名通道,也有非命名数据通道(虽然数据流上没有命名,但其连接的加工和文件的名称,以及流向可以确定其含义)。同一数据流图上不能有同名的数据流。

3）数据存储

在数据流图中起保存数据的作用，又称文件，可以是数据库文件或任何形式的数据组织。流向数据存储的数据流可以理解为写入文件或查询文件，从数据存储流出的数据流可以理解为从文件读数据或得到查询结果。

4）数据源点或终点

用方框描述，表示数据流图中要处理数据的输入来源或处理结果要送往的地方，在图中仅作为一个符号，并不需要以任何软件的形式进行设计和实现，是系统外部环境中的实体，故称外部实体。它们作为系统与系统外部环境的接口界面，在实际的问题中可能是人员、组织、其他软硬件系统等。一般只出现在分层数据流的顶层图中。

接下来用这些符号和数据字典来绘制图书销售系统的数据流图。数据流图的绘制方法是逐步求精的过程。首先是顶层数据流图，然后是第一层、第二层、……逐步细化上一层的处理。

1）顶层数据流图

按照上述需求，首先绘制该销售系统的数据流图，如图1-4所示为顶层数据流图。

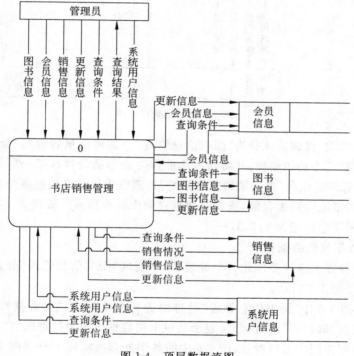

图1-4　顶层数据流图

在顶层数据流图中，主要从系统整体的角度体现用户、系统以及存储之间的数据流转情况。为了简便起见，在"书店销售管理系统"中，只设置一类"管理员"级别的系统用户。同时设置"会员信息"、"图书信息"、"销售信息"以及"系统用户信息"数据存储。读者可以看到在顶层数据流图中只有一个"书店销售管理"的处理框，这个处理框代表了这个系统能实现的所有处理功能，顶层数据流图中处理框标号为"0"。

为了简便起见，在图1-4中由管理员发出的"更新信息"数据流，代表了各种信息（图书、销售、会员、系统用户）的增加、修改、删除的信息内容；对应于"书店销售管理系统"处理框流

数据库设计

向各个存储的数据流中的"更新信息"。由管理员发出的"查询条件"数据流,代表了对各种信息的查询条件,并由"书店销售管理"处理框向各个"存储"发出"查询条件"数据流,同时返回各种信息的"查询结果"。

2)第一层数据流图

在顶层数据流图的基础上,将"书店销售管理"处理框按照功能进一步细化,就形成第一层数据流图,如图 1-5 所示。

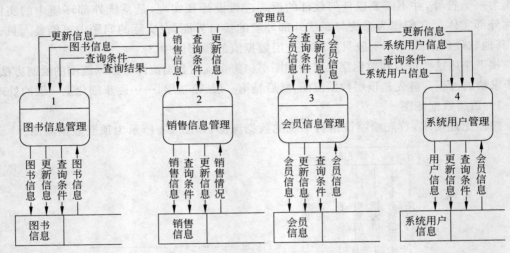

图 1-5　第一层数据流图

按照系统的需求,将该系统分为"图书信息管理"、"销售信息管理"、"会员信息管理"以及"系统用户管理"几个功能模块,并将这些功能作为处理框设置在第一层数据流图中。同时将图 1-4 中由管理员流向"书店销售管理系统"处理框中的各个数据流分别流向不同的处理框,然后由处理框流向数据存储,或者将数据存储中的数据流向管理员。在第一层数据流图中,处理框按照顺序标记为 1,2,3,…

3)第一层数据流图的细化

接下来是按照需求进一步细化各个处理框,下面以"图书信息管理"处理框为例给出第二层数据流图,如图 1-6 所示。

图 1-6 是对图 1-5 中"图书信息管理"处理框进行细化的第二层数据流图,所以在这张图中所有的处理框都以"1."进行标号,表示是对上层数据流图中处理框"1"的细化。

从第二层数据流图中可以看到,图 1-6 中的各个处理框实际上是对图 1-5 中"图书信息管理"功能的子功能划分,同时将原来管理员向"图书信息管理"处理框发出的数据流也进行细化,并分别流向"图书信息增加"、"图书信息修改"、"图书信息删除"以及"图书信息查询"等子处理框。

4)第二层数据流图的细化

在第二层数据流图的基础上,如果需要对其中的处理框进行功能的划分,则需要绘制第三层数据流图。下面以图 1-6 中"图书信息增加"为例,说明如何进一步细化。新增一本图书信息时,需要首先在"图书信息"存储中查询是否已经存在该信息,如果没有这样的图书信息,则执行向数据库中插入数据的过程,因此"图书信息增加"处理,可以划分为"查询待添加图书信息"和"添加图书信息"两个子功能,对应到图 1-7 中为编号为 1.1.1 和 1.1.2 的两个处理框,其中"1.1"标号表示是与上层数据流图中的"图书信息增加"处理框相对应。

读者可自行绘出图 1-6 中其他处理框的第三层数据流图。一个数据流图到底需要多少层的细化,这是不确定的,细化的终止条件是——每个"数据处理"不能再包含子功能,即停止细化过程。

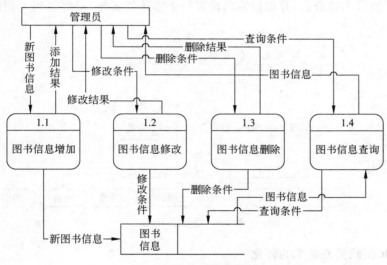

图 1-6　第二层数据流图

2. 从数据流图中抽取 E-R 图

数据流图绘制好后,接下来的工作是从每一层数据流图中抽取包含的实体,得到局部 E-R 图,并将局部 E-R 图进行整合形成最终的 E-R 图。下面给出本例的 E-R 图绘制过程。

（1）首先,从顶层数据流图中可以看到有用户——"管理员"、数据存储——"图书信息"、"销售信息"、"会员信息"、"系统用户信息",那么这些内容都将转化为 E-R 图中的实体。从顶层数据流图中可能还暂时看不出某些实体之间的联系,那么可以先画出局部 E-R 图,然后在后续过程中再完善,如图 1-8 所示。

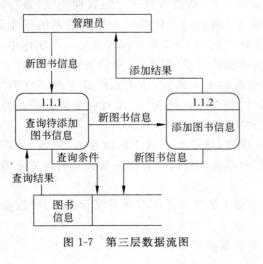

图 1-7　第三层数据流图

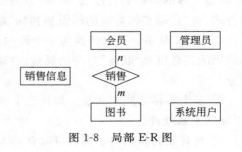

图 1-8　局部 E-R 图

(2) 接下来分析顶层数据流图,主要从是否产生新的实体、是否合并实体、是否取消原有实体重命名等方面来考虑绘制新的局部 E-R 图。在本例中,分析顶层数据流图并不会对图 1-8 产生变化。接下来继续按照上述原则分析其他层次的 E-R 图。

在本例中,通过对较细化的数据流图的分析,可以知道"管理员"实体与"系统用户"实体可以合并为一个实体,命名为"管理员"实体;"销售信息"实体是图书销售产生的结果,所以取消该实体。经过上述分析,并根据需求设置每个实体的属性,最终得到本例的 E-R 图,如图 1-9 所示。

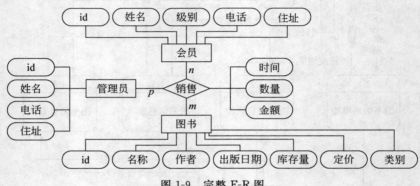

图 1-9　完整 E-R 图

3. 从 E-R 图到关系模型的转化

概念结构的 E-R 图是独立于数据模型的,接下来需要将 E-R 图转换为某种 DBMS 产品所支持的逻辑结构。

逻辑结构的选择可以是关系结构、网状结构以及层次结构的数据模型,鉴于目前主流数据库产品都是关系型的,接下来主要介绍如何将 E-R 图转换为关系模型。转换的原则如下。

(1) E-R 图中的每个实体可以转换为一个关系模式,实体的属性即为关系的属性,实体的码即为关系的码。

(2) E-R 图中"联系"的转换原则如下。

① 1∶1 联系。一种方式,可以转换为独立的关系,新关系模式中的属性为"联系"两端实体的主码的集合以及"联系"自身的属性,"联系"两端的实体的码均为新关系的候选码。另一种方式,"联系"不产生新的关系,而是将实体之间的 1∶1 联系体现在某一个实体中,则此时需要在合并"联系"的实体中加入另一个实体的码以及"联系"自身的属性。

② 1∶n 联系。一种方式,可以转换为一个新的关系模式,该关系模式中的属性为"联系"两端实体的码的集合以及"联系"自身的属性,新关系的码为"n"端对应实体的码。另一种方式,将"1"端实体对应的码添加到"n"端实体中。

③ n∶m 联系。可以转换为一个新的关系模式,该关系模式中的属性为"联系"两端实体的码的集合以及"联系"自身的属性。"联系"两端实体的码联合构成新关系的码或码的一部分。

④ 多个实体之间的联系。如果三个或三个以上的实体之间存在着多元联系,可以参照 n∶m 联系来处理。

⑤ 具有相同码的关系模式可以合并为一个关系模式。

（3）本例 E-R 图对应的关系模式。

按照上述规则，可以将如图 1-9 所示的 E-R 图转换为如下关系模式。

- 会员（id，姓名，级别，电话，住址）
- 管理员（id，姓名，电话，住址）
- 图书（id，名称，作者，出版日期，库存量，定价，类别）
- 销售（图书 id，会员 id，管理员 id，时间，数量，金额）

（4）关系模型的优化。

由 E-R 图直接转换而来的关系模式，不一定是一个好的关系模式，需要按照每个关系模式中的函数依赖关系来确定关系模式是否需要进行分解（具体内容可以参考王珊等主编的《数据库系统概论（第四版）》中第 6 章的内容）。

由于本例较简单，关系模式也较简单，每个关系模式已经是比较优化的关系模式（均符合 BCNF 范式。有关范式的内容，请参考王珊等主编的《数据库系统概论（第四版）中第 6 章的内容》），所以不需要对现有关系模式进行分解。

（5）保证数据的完整性。

在设计好的关系模式基础上，需要根据需求设计数据库的完整性。主要从实体完整性、参照完整性以及用户自定义完整性方面进行设计。例如，本例中，每个关系模式中都设计了码，则保证了实体完整性；在"销售"关系中，需要指定"图书 id"、"会员 id"、"管理员 id"分别是"图书"、"会员"、"管理员"关系的外码，以确保参照完整性；此外，在"图书"关系中设计"定价"属性不能为"负值"等则能保证用户自定义完整性。

（6）视图的设计。

为了提供系统的查询效率、使系统便于维护以及从安全性角度出发，需要针对应用需求，设计用户子模式。通常用户子模式是采用视图实现的。

本例中，为了提高图书的查找速度，设计了多个按照类别划分的视图。例如，图书可以分为电子信息类、科普类、文学类等，则可以相应设计"图书_电子信息类"、"图书_科普类"以及"图书_文学类"。这些视图的属性与"图书"关系的属性相同，但是类别的值不同，这样当针对不同类别的图书进行查询、分类显示等操作时将会大大提高效率。

4. 数据库物理结构设计

数据库经过上述的设计后，接下来就需要在某一个选定的数据库中进行实施了，在实施之前需要根据需求，设计数据库的物理结构。物理结构设计的目的是提高系统的性能。整个物理设计的参数可以根据实际运行情况作调整。物理结构设计应该从以下几个方面综合考虑。

1）确定数据的存储结构

确定数据存储结构时要综合考虑存取时间、存储空间利用率和维护代价三方面的因素。一般而言能够达到 3NF 范式的逻辑结构是比较优化的。但是有的时候逻辑上优化了，消除了一切冗余数据，虽然能够节约存储空间，但往往会导致检索代价的增加，因此必须进行权衡，选择一个折中方案。

2）设计数据的存取路径

在关系数据库中，选择存取路径主要是指确定如何建立索引。例如，应把哪些域作为次码建立次索引，建立单码索引还是组合索引，建立多少个合适，是否建立聚集索引等。索引建得好可以提高查询效率，但是反之则会影响系统的性能。

3）确定数据的存放位置

为了提高系统性能，数据应该根据应用情况将易变部分与稳定部分、经常存取部分和存取频率较低部分分开存放。要合理地分配逻辑结构的物理存储地址，这样虽不能减少对物理存储的读写次数，但却可以使这些读写尽量并行，减少磁盘读写竞争，从而提高效率，也可以通过对物理存储进行精密的计算减少不必要的物理存储结构扩充，从而提高系统利用率。

对于数据库的物理读写，Oracle 系统本身会进行尽可能的并行优化，例如在一个最简单的表检索操作中，如果表结构和检索域上的索引不在一个物理结构上，那么在检索的过程中，对索引的检索和对表的检索就是并行进行的。

4）确定系统配置

一般而言，数据库管理产品都提供了一些默认的存储分配参数，供设计人员和 DBA 对数据库进行物理优化。但是这些值不一定适合每一种应用环境，在进行物理设计时，需要重新对这些变量赋值以改善系统的性能。

Oracle 数据库的物理结构从操作系统一级查看，是由一个个的文件组成，从物理上可划分为：数据文件、日志文件、控制文件和参数文件（具体内容将在后续章节中介绍）。

对于 Oracle 数据库的物理结构设计包括确定及分配数据库表空间、初始的回滚段、临时表空间、重做日志文件、表及索引的物理存储参数等。

5）备份及恢复策略的考虑

备份及恢复是数据库维护的重要方面，Oracle 提供了多种备份和恢复机制，读者可以根据系统的需要选择和设计备份及恢复的策略。

5. 数据库的实施与维护

数据库经过了物理结构设计后，就可以进入实施阶段了。在这个阶段中，包括数据库各种逻辑结构、物理结构的真正实施；数据的组织入库、应用程序的调试等。

通常情况下，在新系统之前，需求方会现存一套旧的系统，那么旧系统的数据如何组织入库，数据格式如何转换等都需要程序员与 DBA 协同工作。如果没有旧系统，那么需要生成测试数据，以便测试应用程序的各项功能。

经过测试，如若发现没有满足应用需求等问题，则需要对数据库进行结构调整，调整后需要将数据重新入库，并再次测试，直到达到需求的目标为止。

数据库经过实施、初步测试后，可以进入到试运行阶段，这个阶段还可能对系统进行调整，这种调整包括数据库的调整和应用程序的调整两个方面。通过了试运行阶段后，应用系统就可以真正投入使用了。此时，针对数据库而言，DBA 还需要不断地监测数据库的性能、完整性、安全性、数据的转储和备份等。同时，如果经过长期的运行后，数据库的物理性能下降、数据存储效率降低，则 DBA 需要对数据库进行部分或者全部的重组织。

如果由于应用需求的变化，需要对数据库的逻辑结构进行较大的修改，例如增加实体、改变实体之间的联系结构，那么这将不仅涉及数据库的修改，也将涉及应用程序的修改。当这种修改变化太大，无法通过修改原有的数据库和应用程序达到目的，则表示需要重新对系统进行设计，此时，原有的数据库以及应用程序（数据库应用系统）的生命周期已经结束了。

1.3 小　　结

本章主要介绍关系数据库的基本概念、E-R 图的设计以及关系数据库设计的基本方法。并通过一个实例,具体介绍了数据库设计的各个阶段是如何实施的,这个过程中详细介绍了需求分析的方法及工具、数据库的逻辑结构设计、物理结构设计以及数据库的实施与维护等。有关物理结构设计中涉及的各项内容将在后续章节中介绍。

第2章　　Oracle 数据库概述

从本章开始,读者将开始接触到 Oracle 数据库。本章主要介绍 Oracle 数据库的特点及其安装与卸载。

2.1　Oracle 数据库系统

数据库技术是计算机技术中发展最为迅速的领域之一,已经成为人们存储数据、管理数据以及共享资源的最主要技术。伴随着数据库技术的发展而发展起来的数据库管理系统(DataBase Management System,DBMS)也日渐成熟,功能越来越强大。而 Oracle 数据库管理系统是这些产品中的翘楚。

Oracle 取自 Oracle Bone Inscriptions(甲骨文)的第一个单词,在英语里是"神谕"的意思。Oracle 公司是世界领先的信息管理软件开发商,因其复杂的关系数据库产品而闻名。Oracle 从第 1 版发展到今天,已经逐渐占领了数据库管理系统的市场,也是很多大型系统开发的首选产品之一,是目前最流行的客户-服务器(Client-Server,C-S)或客户-浏览器(Browser-Server,B-S)体系结构的数据库之一。

本书主要以 Oracle 11g 为基础介绍 Oracle 数据库系统的相关技术。首先来了解一下 Oracle 的历史。

2.1.1　Oracle 数据库简介

Oracle 数据库是目前世界上使用最为广泛的数据库管理系统,作为一个通用的数据库系统,它具有完整的数据管理功能;作为一个关系数据库,它是一个完备关系的产品;作为分布式数据库,它实现了分布式处理功能。

Oracle 具有完整的数据管理功能,能够完成大量数据的存储、持久保存数据、保证数据的可靠性和共享性。同时,Oracle 从第 5 版起提供了分布式处理功能,在 Oracle 11g 中,其分布式处理更为成熟。Oracle 采用的是并行服务器模式,如果业务需求上数据量很大、并发操作比较多,同时实时性要求高,那么推荐采用 Oracle 数据库。除此之外,Oracle 也能够轻松地完成数据仓库的操作。

2.1.2　Oracle 的数据库发展史

1979 年,RSI 推出了 Oracle 第 1 版(当时,出于市场的考虑将其命名为第 2 版);随后,在 1984 年,Oracle 第 3 版诞生;到 1988 年,共推出了 Oracle 的 6 个版本。1992 年第 7 版的推出,使得 Oracle 获得了真正的成功,这是一个完全关系型数据库产品。1997 年的 Oracle 8

则是一个引入面向对象的数据库系统,它既非纯的面向对象的数据库也非纯的关系数据库,它是两者的结合,因此叫做"对象关系数据库"。Oracle 8 在后续版本中作过多次完善,出现 Oracle 8.0. X 版本。然而 1998 年初发行(推出)的 Oracle 8i 可以被看做是 Oracle 8 的功能扩展集。对 Oracle 8.0. x 来说只到 Oracle 8.0.5 版本就终止了,接着就推出了 Oracle 8i 8.1.5 版本,Oracle 8i 8.1.5 版本也经常被称为 Release 1;而 Oracle 8i 8.1.6 版本被称为 Release 2;Oracle 8i 8.1.7 版本被称为 Release 3。2000 年年底,Oracle 公司正式发布了 Oracle 9i 新数据库系统。2004 年推出了可以支持网格的 Oracle 10g,可以将网络上的大量服务器和存储设备协调,当成一台设备使用。2007 年,Oracle 11g 发布,这个版本的产品是迄今为止 Oracle 公司推出的最具创新性和性能最好的产品。

为了更好地学习 Oracle,先从 Oracle 的数据库产品结构及组成开始。

2.1.3　Oracle 11g 数据库产品结构及组成

Oracle 11g 分为企业版、标准版、标准版 1 以及个人版。

1. 企业版

Oracle 11g 企业版可以运行在 Windows、Linux 以及 UNIX 的集群服务器或者单一服务器上,它提供了全面的功能来进行相关的事务处理、商务智能和内容管理,具有业界领先的性能、可伸缩性、安全性和可靠性。

Oracle 11g 企业版的主要特点如下。

(1) 高可靠性。能够尽可能地防止服务器故障、站点故障和人为错误的发生,并减少计划的宕机时间。

(2) 高安全性。可以利用行级安全性、细粒度审计、透明的数据加密和数据的全面回忆确保数据安全和遵守法规。

(3) 方便的数据管理。能够轻松管理最大型数据库信息的整个生命周期。

(4) 先进的商务智能。在数据仓库、在线分析处理以及数据挖掘上都有领先一步的先进技术。

Oracle 11g 企业版为用户提供了许多组件,帮助业务的发展,并达到用户期望的性能,例如,应用集群、活动数据卫士、OLAP、内存数据库缓存、数据挖掘、分区、空间管理、高级压缩、全面恢复、高级安全性和标签安全性等。

2. 标准版

Oracle 11g 标准版功能全面,可适用于多达 4 个插槽的服务器上。它通过应用集群服务实现了高可用性,提供了企业级性能和安全性,同时易于管理并可随需求的增长而轻松扩展。标准版可以向上兼容企业版,并随着企业的发展而扩展,从而保护企业的初期投资。

Oracle 11g 标准版的主要特点如下。

(1) 多平台自动管理。可以基于 Windows、Linux 以及 UNIX 操作系统运行,其自动化管理功能使得不同平台的数据库更易于管理。

(2) 丰富的开发功能。借助 Oracle Application Express、Oracle SQL 开发工具和面向 Windows 的数据访问组件简化应用开发。

(3) 灵活的定制服务。用户可以仅购买目前所需要的功能,并在今后需要扩充时再扩展。

3. 标准版 1

Oracle 11g 标准版 1 相对于标准版而言，它适用于两个插槽的服务器。它也提供了企业级性能和安全性，易于管理和扩充。Oracle 11g 标准版 1 具有标准版的所有特点。

4. 个人版

Oracle 11g 个人版数据库只提供作为 DBMS 的基本数据库管理服务，它适用于单用户开发环境，主要面向技术开发人员使用。

2.2 Oracle 11g 数据库的特点

Oracle 11g 相对于以前的版本而言，具有许多新的特性。它引入了更多的自助式管理和自动化功能，将帮助客户降低系统管理成本，同时提高客户数据库应用的性能、可扩展性、可用性和安全性。Oracle 11g 新的管理功能包括：自动 SQL 和存储器微调；新的划分顾问组件，自动向管理员建议如何对表和索引分区以提高性能；增强的数据库集群性能诊断功能。另外，Oracle 11g 还具有新的支持工作台组件，其易于使用的界面向管理员呈现与数据库健康有关的差错以及如何迅速消除差错的信息。

此外，Oracle 11g 在安全性方面也有很大提高。增强了 Oracle 透明数据加密功能，将这种功能扩展到了卷级加密之外。Oracle 11g 具有表空间加密功能，可用来加密整个表、索引和所存储的其他数据。存储在数据库中的大型对象也可以加密。

下面主要从数据库管理、PL/SQL 以及其他方面介绍 Oracle 11g 的特性。

1. 数据库管理部分

1）数据库重演

这一特性可以捕捉整个数据的负载，并且传递到一个从备份或者 standby 数据库中创建的测试数据库上，然后重演以测试系统调优后的效果。

2）SQL 重演

和数据库重演类似，但是只是捕捉 SQL 负载部分，而不是全部负载。

3）计划管理

这一特性允许用户将某一特定语句的查询计划固定下来，无论统计数据变化还是数据库版本变化都不会改变它的查询计划。

4）自动诊断知识库

当 Oracle 探测到重要错误时，会自动创建一个事件（incident），并且捕捉到和这一事件相关的信息，同时自动进行数据库健康检查并通知 DBA。此外，这些信息还可以打包发送给 Oracle 支持团队。

5）事件打包服务

如果需要进一步测试或者保留相关信息，这一特性可以将与某一事件相关的信息打包。并且用户还可以将打包信息发给 Oracle 支持团队。

6）基于特性打补丁

在打补丁包时，这一特性可以使用户很容易区分出补丁包中的哪些特性是正在使用而必须打的。企业管理器使用户能订阅一个基于特性的补丁服务，因此企业管理器可以自动扫描那些用户正在使用的特性有哪些补丁可以打。

7) 自动 SQL 优化

Oracle 10g 的自动优化建议器可以将优化建议写在 SQL profile 中。而在 Oracle 11g 中,用户可以让 Oracle 自动将能三倍于原有性能的 profile 应用到 SQL 语句上。性能比较由维护窗口中的一个新管理任务来完成。

8) 访问建议器

Oracle 11g 的访问建议器可以给出分区建议,包括对新的间隔分区(Interval Partitioning)的建议。间隔分区相当于范围分区(Range Partitioning)的自动化版本,它可以在必要时自动创建一个相同大小的分区。范围分区和间隔分区可以同时存在于一张表中,并且范围分区可以转换为间隔分区。

9) 自动内存优化

在 Oracle 9i 中,引入了自动 PGA 优化;Oracle 10g 中,又引入了自动 SGA 优化。到了 Oracle 11g,所有内存可以通过只设定一个参数来实现全表自动优化。

10) 资源管理器

Oracle 11g 的资源管理器不仅可以管理 CPU,还可以管理 IO。用户可以设置特定文件的优先级、文件类型和 ASM 磁盘组。

11) ADDM

ADDM 在 Oracle 10g 中被引入。Oracle 11g 中,ADDM 不仅可以给单个实例建议,还可以对整个 RAC(即数据库级别)给出建议。另外,还可以将一些指示(Direction)加入 ADDM,使之忽略一些用户并不关心的信息。

12) AWR 基线

AWR 基线得到了扩展。可以为一些其他使用到的特性自动创建基线。默认会创建周基线。

2. PL/SQL 部分

1) 结果集缓存

这一特性能大大提高很多程序的性能。在一些 MIS 或者 OLAP 系统中,需要使用到很多 select count(＊)这样的查询。在之前,如果要提高这样的查询的性能,可能需要使用物化视图或者查询重写的技术。在 Oracle 11g 中,只需要加一个/＊＋result_cache＊/的提示就可以将结果集缓存住,这样就能大大提高查询性能。

2) 对象依赖性改进

在 Oracle 11g 之前,如果有函数或者视图依赖于某张表,一旦这张表发生结构变化,无论是否涉及函数或视图所依赖的属性,都会使函数或视图变为 invalid。在 Oracle 11g 中,对这种情况进行了调整:如果表改变的属性与相关的函数或视图无关,则相关对象状态不会发生变化。

3) 正则表达式的改进

在 Oracle 10g 中,引入了正则表达式。Oracle 11g 再次对这一特性进行了改进。其中,增加了一个名为 regexp_count 的函数。另外,其他的正则表达式函数也得到了改进(regexp_instr(),regexp_substr(),regexp_like(),regexp_replace())。

4) 新 SQL 语法=>

在调用某一函数时,可以通过=>来为特定的函数参数指定数据。而在 Oracle 11g 中,

Oracle 数据库概述

这一语法也同样可以出现在 SQL 语句中了。例如,可以写这样的语句:

```
select f(x=>6) from dual;
```

5) 对 TCP 包(utl_tcp、utl_smtp、…)支持 FGAC(Fine Grained Access Control)安全控制

6) 增加了只读表

以前是通过触发器或者约束来实现对表的只读控制,11g 中不需要这么麻烦了,可以直接指定表为只读表。

7) 触发器执行效率提高了

8) 内部单元内联

在 Oracle 11g 的 PL/SQL 中,同样可以实现如高级语言中的内部函数了。

9) 设置触发器顺序

可能在一张表上存在多个触发器。在 Oracle 11g 中,可以指定它们的触发顺序,而不必担心顺序混乱导致数据混乱。

10) 混合触发器

这是 Oracle 11g 中新出现的一种触发器。它可以让用户在同一触发器中同时具有声明部分、before 过程部分、after each row 过程部分和 after 过程部分。

11) 创建无效触发器

开发人员可以先创建一个 invalid 触发器,需要时再编译它。

12) 在非 DML 语句中使用序列

在 Oracle 11g 中,可以轻松地使用序列,例如:

```
v_x:=seq_x.next_val;
```

13) PLSQL_Warning

可以通过设置 PLSQL_Warning=enable all,如果在 when others 中没有错误发生就发警告信息。

14) PL/SQL 的可继承性

可以在 Oracle 对象类型中通过 super(和 Java 中类似)关键字来实现继承性。

15) 编译速度提高

因为不再使用外部 C 编译器了,因此编译速度提高了。

16) 改进了 DBMS_SQL 包

其中的改进之一就是 DBMS_SQL 可以接收大于 32KB 的 CLOB 了。另外还能支持用户自定义类型和 bulk 操作。

17) 增加了 continue 关键字

在 PL/SQL 的循环语句中可以使用 continue 关键字(功能和其他高级语言中的 continue 关键字相同)。

18) 新的 PL/SQL 数据类型——simple_integer

这是一个比 pls_integer 效率更高的整数数据类型。

3. 其他部分

1) 增强的压缩技术

可以最多压缩 2/3 的空间。

2）高速推进技术

可以大大提高对文件系统的数据读取速度。

3）增强了 DATA Guard

可以创建 standby 数据库的快照，用于测试。结合数据库重演技术，可以实现模拟生成系统负载的压力测试。

4）在线应用升级

也就是热补丁——安装升级或打补丁不需要重启数据库。

5）数据库修复建议器

可以在错误诊断和解决方案实施过程中指导 DBA。

6）逻辑对象分区

可以对逻辑对象进行分区，并且可以自动创建分区以方便管理超大数据库（Very Large DataBases，VLDBs）。

7）新的高性能的 LOB 基础结构

8）新的 PHP 驱动

2.3 数据库服务器的安装与卸载

2.3.1 安装前准备工作

在使用 Oracle 11g 之前，首先需要安装 Oracle 11g 数据库，并进行相应的配置。本书主要以 Windows 平台为例介绍 Oracle 11g 的安装与使用。

安装 Oracle 11g 之前，需要了解其对系统的软、硬件需求。

1. Oracle 11g 对系统硬件配置的需求

任何一种软件的使用，都离不开相应硬件系统的支持，Oracle 11g 也不例外，它所需要的硬件条件，如表 2-1 所示。

表 2-1 安装 Oracle 11g 的硬件需求

硬 件 需 求	说 明
物理内存（RAM）	最小为 1GB，建议 2GB 以上
虚拟内存	物理内存的二倍
硬盘（NTFS）格式	基本安装：需要 4.55GB 高级安装：需要 4.92GB
TEMP 临时空间	200MB
视频适配器	65 536 色
处理器主频	1GHz 以上

2. Oracle 11g 对系统软件配置的需求

安装 Oracle 11g 除了对硬件有要求外，对软件也有要求，如表 2-2 所示。

表 2-2　安装 Oracle 11g 的软件需求

软 件 需 求	说　　明
操作系统	Windows 2000 SP4 或更高版本 Windows Server 2003 的所有版本 Windows XP Professional SP3 及以上 Windows Vista 的所有版本 Windows 7 （注：Oracle 11g 不支持 Windows NT）
网络协议	TCP/IP、支持带 SSL 的 TCP/IP 以及命名管理 Named Pipes
浏览器	Windows IE 6.0 及以上版本 Firefox 1.0 以上版本 The World Browser 2.4 版本以上

2.3.2　安装 Oracle 11g 数据库服务器

安装 Oracle 11g 数据库之前，请读者先到 Oracle 的官方网站上下载安装软件包，并解压到硬盘上。下载地址为：http：//www. oracle. com/technetwork/database/enterprise-edition/downloads/112010-win32soft-098987. html。

下面将以 Windows 2003 Server 操作系统为例介绍 Oracle 11g 的典型安装过程。

第一步：首先以管理员身份登录待安装 Oracle 11g 数据库的计算机，以确保对计算机的文件夹具有完全的访问权限，并能执行任意所需的修改。

第二步：找到解压后的 Oracle 11g 安装文件所在目录。双击 setup. exe 文件，开始安装数据库，如图 2-1 所示。

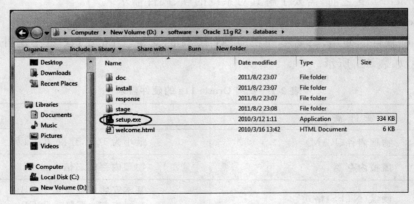

图 2-1　选择安装文件

第三步：开始安装 Oracle 11g 的步骤 1，选择"电子邮件"或"我希望通过 My Oracle Support 接收安全更新"，如图 2-2 所示。

在这一步中，如果没有选择"我希望通过 My Oracle Support 接收安全更新"选项，则需要输入有效的电子邮件地址。否则单击"下一步"后将会出现错误提示框，如图 2-3 所示。

第四步：输入正确的电子邮件地址后，进入"系统类"安装界面，选择"创建和配置数据

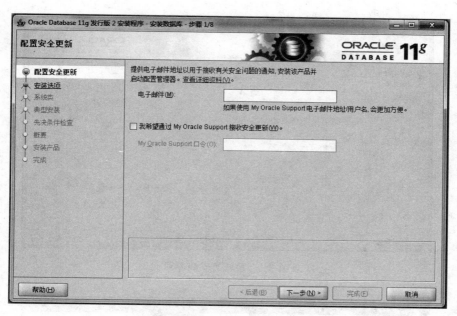

图 2-2　选择安装选项

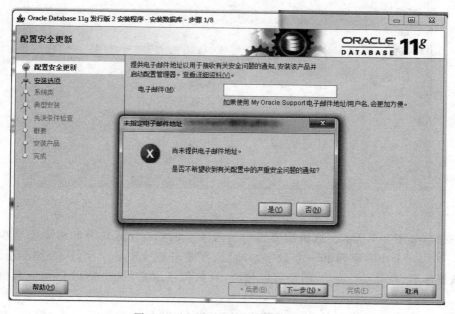

图 2-3　电子邮件地址错误提示信息

库",单击"下一步",如图 2-4 所示。

第五步:在接下来的"典型安装"界面中,选择"桌面类"数据库产品进行安装(读者可以自行尝试服务器类的安装),单击"下一步",如图 2-5 所示。

第六步:接下来进入"典型安装"中的"先决条件检查"页面,在该页面中,可以选择Oracle 11g 的基目录、数据库文件位置以及全局数据库名等重要信息,这里采取了默认的设

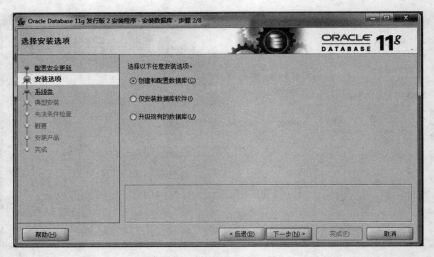

图 2-4   系统类安装界面

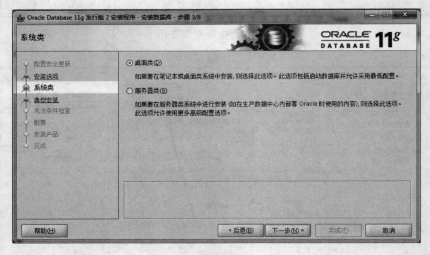

图 2-5   典型安装界面

置进行安装,如图 2-6 所示。这里需要提醒读者注意的是:管理口令的格式要至少包含一个大写字母、一个小写字母和一个数字,并且长度要求不少于 8 个字符,否则会出现警告。"全局数据库名"默认为"orcl",用户可以修改,并确保不遗忘,这是使用 Oracle 数据库时必须要输入的实例名称。

第七步:如果先决条件检查出现警告信息,请全部"忽略",然后单击"完成"开始安装 Oracle 11g 数据库,如图 2-7 所示。

第八步:安装数据库的程序文件进度显示如图 2-8 所示。

程序文件安装完毕后,配置 Oracle Database,如图 2-9 所示。

配置好 Oracle Database 后,Database Configuration Assistant 开始创建数据库,如图 2-10 所示。

第九步:数据库创建完成,将出现如图 2-11 所示的信息页面。

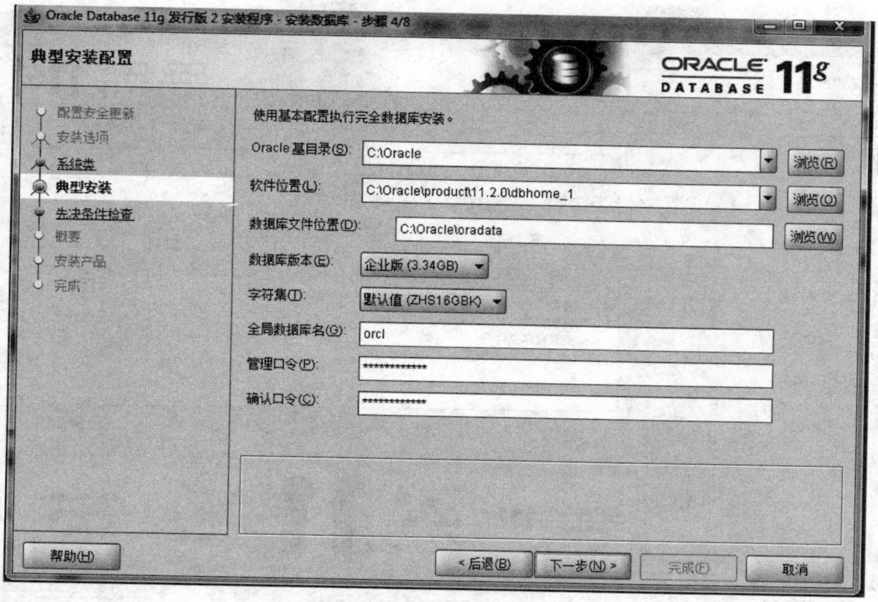

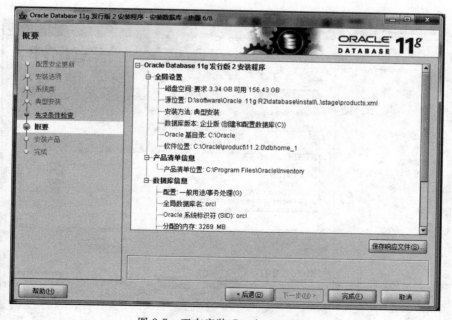

图 2-6 先决条件检查页面

图 2-7 正在安装 Oracle 11g 页面

第
2
章

Oracle 数据库概述

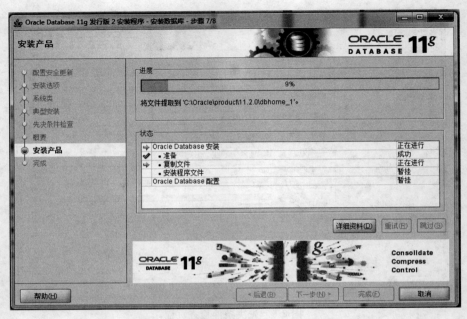

图 2-8　安装数据库的程序文件进度页面

图 2-9　配置 Oracle Database 进度页面

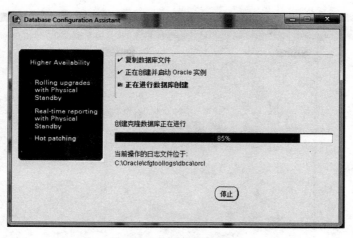

图 2-10 创建数据库页面

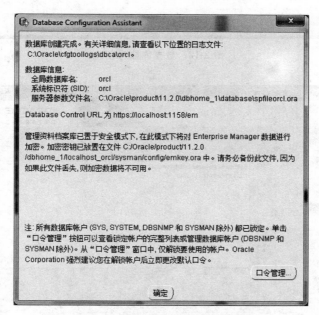

图 2-11 数据库创建成功信息页面

在如图 2-11 所示页面中有"口令管理"按钮,单击该按钮,可以查看数据库账号,如图 2-12 所示。

第十步:安装完成。至此,Oracle 11g 已安装完成。将出现如图 2-13 所示的页面。

2.3.3 数据库服务器安装疑难解析

虽然现在 Oracle 数据库产品的安装已经日渐简单,但是在有些情况下还是会遇到各种各样的问题。下面给出一些常见问题以及相关解决办法。

(1)Windows 7 家庭高级版能安装 Oracle 11g 吗?

答:Windows 7 家庭高级版不能安装 Oracle 11g,需要升级到旗舰版才可以安装。

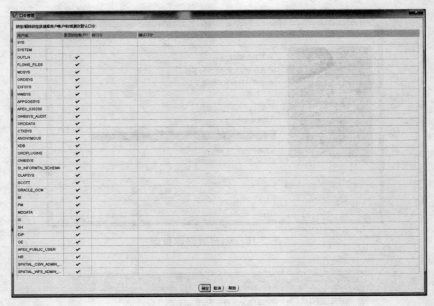

图 2-12　数据库账号信息

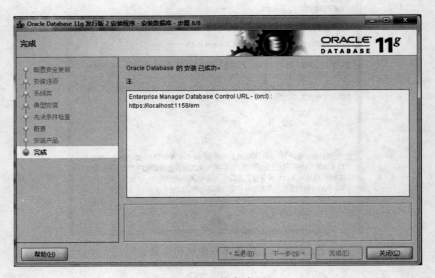

图 2-13　安装完成页面

（2）安装 Oracle 11g 过程中，创建数据库时出现 ORA-31011 错误，如何解决？

答：在安装之前，首先需要完全卸载以前安装的 Oracle 数据库。然后，将从 Oracle 官方网上下载的安装包解压。找到\stage\prereq\db\下的 refhost. xml 文件添加如例 2-1 所示的内容：

例 2-1　修改 refhost. xml 文件

```
<!--Microsoft Windows 7-->
<OPERATING_SYSTEM>
```

```
<VERSION VALUE="6.1"/>
</OPERATING_SYSTEM>
```

然后，再到 install 目录中找到 oraparam.ini 文件，添加如例 2-2 所示内容。

例 2-2 修改 oraparam.ini 文件

```
[Windows-6.1-required]
#Minimum display colours for OUI to run
MIN_DISPLAY_COLORS=256
#Minimum CPU speed required for OUI
#CPU=300
[Windows-6.1-optional]
```

（3）Oracle 11g 安装好后，无法启动 Oracle 数据库，产生错误。

答：Oracle 数据库无法启动，如果发生的是"ORA-12560：TNS：protocol adapter error"错误，则多数情况下与监听器有关，可以先将 Oracle 的数据库服务和监听服务关闭，然后删除 Oracle 的监听器，重新建一个监听，再启动数据库。

（4）安装过程中，发生"［INS-20802］Oracle Net Configuration Assistant"问题。

答：在 Oracle 的"Oracle Database 配置"过程中如果弹出"［INS-20802］Oracle Net Configuration Assistant"的问题窗口，是因为服务器（或本机）的 IP 设置是自动获取，可以将服务器（本机）的 IP 设置为固定的就可以解决这个问题。如果忽略这个问题，也不会影响 Oracle 的安装。只不过本应该在 Oracle 根目录下（以及 oc4j\j2ee 文件夹）生成的，以"ip_服务名"（j2ee 下面是以"OC4J_DBConsole_ip_服务名"）命名的文件夹，则会以"localhost_服务名"或者"本机名_服务名"的方式命名。

2.3.4　卸载 Oracle 11g 数据库软件

一般情况下，卸载所有的 Oracle 11g 数据库软件，可以分为三个部分：停止所有 Oracle 的服务、使用 OUI 自动卸载以及手动删除遗留的 Oracle 内容。其中卸载的内容包括程序文件、数据库文件、服务和进程的内存空间。

卸载 Oracle 数据库比较简单，本节使用 Universal Installer 来卸载 Oracle 数据库，如图 2-14 所示，启动 Universal Installer 工具。

图 2-14　启动 Universal Installer 工具

然后弹出如图 2-15 所示的"正在启动 Oracle Universal Installer"卸载 Oracle 数据库的界面。

28

图 2-15 "正在启动 Oracle Universal Installer"界面

在图 2-15 中的启动过程完毕后,自动进入如图 2-16 所示的卸载数据库的对话框,单击图 2-16 中的"下一步"按钮。弹出"产品清单"对话框,如图 2-17 所示。

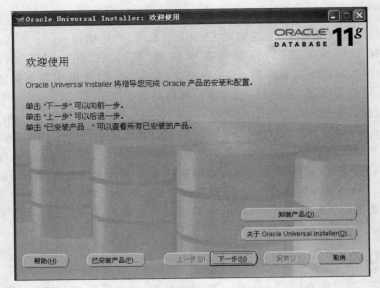

图 2-16 卸载 Oracle 数据库

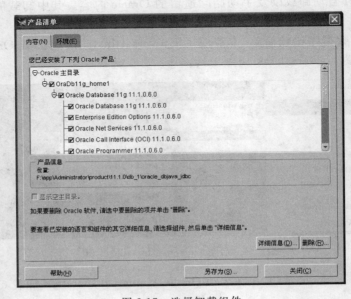

图 2-17 选择卸载组件

如图 2-17 所示对话框,选择要卸载的 Oracle 产品,因为要卸载整个数据库所以选择全部数据库组件。单击"删除"按钮,弹出如图 2-18 所示对话框。

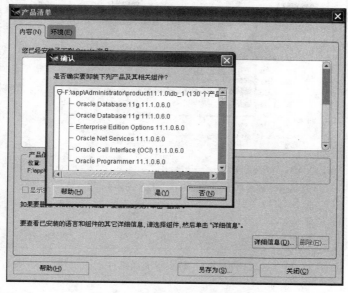

图 2-18　确认删除的数据库组件

在图 2-19 中为了安全考虑,再次提示用户在图 2-17 中选择的要删除的数据库组件,单击"是"按钮,弹出警告对话框如图 2-19 所示,因为是删除数据库所以继续执行删除操作,单击图 2-19 中的"是"按钮,开始执行删除数据库操作,如图 2-20 所示。当图 2-20 中的删除操作完成后,会自动弹出如图 2-21 所示对话框,说明已经没有"Oracle 产品"了,已经删除了所有数据库组件。

图 2-19　删除前的警告提示

Oracle 数据库概述

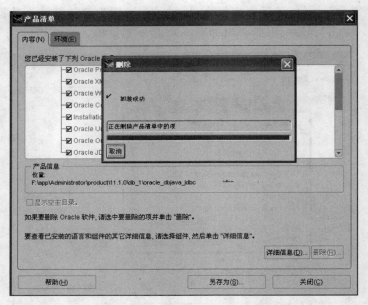

图 2-20　删除所选择组件

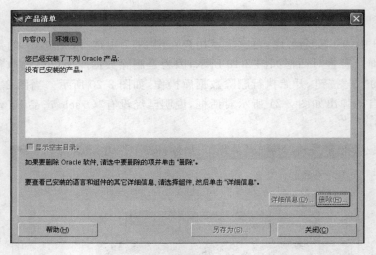

图 2-21　卸载完毕

单击图 2-21 中的"关闭"按钮，退出数据库卸载程序，此时会回到 Oracle Universal Installer 对话框，如图 2-22 所示。单击"取消"按钮，则退出 Oracle Universal Installer。

在执行完上述卸载数据库过程后，需要在"C:\program files"文件夹中手工删除文件夹"oracle"，然后删除 Oracle 数据库软件安装目录的 app 文件夹，但是此时会提示无法删除，提示信息如图 2-23 所示。

解决方法是重新启动计算机，再将 Oracle 数据库软件安装目录的 app 文件夹删除掉。

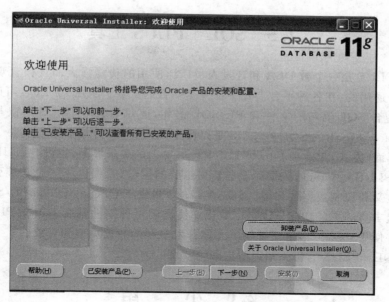

图 2-22　回到 Oracle Universal Installer 画面

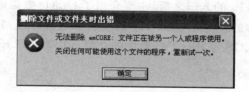

图 2-23　错误信息提示

2.4　企业管理器

Oracle 企业管理器(Oracle Enterprise Manager,OEM)是通过一组 Oracle 程序,为管理分布式环境提供了管理服务。OEM 包括一组 DBA 工具、一个 repository 以及一个图形化显示的控制台。OEM 控制台与每一个服务器上的智能化代理(Intelligent Agent)相对应。

智能化代理能够监控系统的特定事件并且执行任务(作业),就像在系统本地一样。事件和作业的结果会被送回控制台,这样可以在一个地方管理所有的系统。

DBA 通过 OEM 数据库工具组管理 Oracle 数据库。OEM 数据库工具组是一组通过 GUI 界面管理 Oracle 数据库的工具。包括以下工具:DataManager(数据管理器)、SchemaManager(模式管理器)、SecurityManager(安全性管理器)、StorageManager(存储管理器)、InstanceManager(实例管理器)、SQL * Worksheet BackupManager(备份管理器)、SoftwareManager(软件管理器)等。有关 OEM 的详细介绍和使用,请参阅第 4 章的内容。

2.5 SQL＊PLUS 工具

SQL＊PLUS 是一个被 DBA 和开发人员广泛使用的功能强大而且很直观的 Oracle 工具,也是一个通用的、在各种平台上几乎都完全一致的工具。SQL＊PLUS 可以执行输入的 SQL 语句,包含 SQL 语句的文件和 PL/SQL 语句,通过 SQL＊PLUS 可以与数据库进行"对话"。Oracle 11g 中的 SQL＊PLUS 是以命令方式启动的,并不像 Oracle 10g 中的 GUI(图形用户界面)方式,因此在 Oracle 11g 中没有单独的登录界面,也没有 GUI 界面。

SQL＊PLUS 是 Oracle 数据库服务器最主要的接口,它提供了一个功能强大但易于使用的查询、定义和控制数据的环境。SQL＊PLUS 提供了 Oracle SQL 和 PL/SQL 的完整实现,以及一组丰富的扩展功能。Oracle 数据库优秀的可伸缩性结合 SQL＊PLUS 的关系对象技术,允许使用 Oracle 继承系统解决方案开发复杂的数据类型和对象。

有关 SQL＊PLUS 的相关知识请参阅第 6 章的内容。

2.6 小　　结

本章是学习 Oracle 11g 的入门之篇,主要介绍了 Oracle 数据库产品的发展历史,Oracle 11g 不同于其他早期版本的特性、Oracle 11g 的安装和卸载过程,并对在后续章节中会使用的企业管理器、SQL＊PLUS 等进行了概要性的介绍。从第 3 章开始,将进入 Oracle 11g 的学习中。

第 3 章　Oracle 的体系结构

Oracle 是一个可以移植到不同平台的数据库,它从 Windows 到 UNIX 都可以工作得很好,原因在于,在不同的操作系统上,Oracle 的物理体系结构是不同的,以适应不同的操作系统。尽管在不同的操作系统下,Oracle 的物理机制不同,但是它的体系结构还是具有一般性的,本章将从宏观上把握 Oracle 的组成,包括 Oracle 的逻辑存储结构、物理存储结构、内存结构和各种后台进程。通过本章的学习,读者将学习到 Oracle 在所有平台上是如何工作的。

3.1　Oracle 体系结构概述

体系结构是对一个系统的框架描述,是设计一个系统的宏观工作。Oracle 体系结构设计了整个数据库系统的组成、各部分组件的功能及各组件之间的相互关系,这些组件各司其职、相互协调完成数据库的管理和数据维护工作。

为了满足数据库系统的功能需求,Oracle 设计了如图 3-1 所示的体系结构。从图中可以看出,Oracle 体系结构包括内存结构、进程结构、物理结构三部分。内存结构和进程结构又逻辑地组成了 Oracle 的实例(Instance),物理结构包含的各种存储文件构成了 Oracle 的数据库(Database)(Instance 和 Database 是 Oracle 数据库体系结构的核心部分,DBA 很重要的工作就是维护实例和数据库本身的正常工作)。下面对该体系结构的三个部分分别做简单的介绍。

1. 内存结构

从图 3-1 可以看出,Oracle 的内存结构主要由两部分组成,即 SGA(系统全局区)和 PGA(程序全局区)。SGA 对系统内的所有进程都是共享的;PGA 是为了某个用户进程所服务的,这个内存区不是共享的。

2. 进程结构

Oracle 的进程结构主要有后台进程(Background Process)、用户进程(User Process)和服务器进程(Server Process)。后台进程主要是 Oracle 系统启动、内部协调使用的一些进程,用户进程和服务器进程主要是为连接数据库使用。

3. 物理结构

Oracle 的物理结构是由一系列文件构成的,主要包括 4 类文件:数据文件(Data Files)、控制文件(Control Files)、重做日志文件(Redo Log Files)以及其他文件。数据文件是存储数据内容的文件;控制文件是记录 Oracle 系统需要的其他文件存储目录和物理数据库相关状态信息的文件;其他文件主要有参数文件(Parameter File)、密码文件(Password File)和归档日志文件(Archived Log File)等。

下面将对 Oracle 体系结构中的这三部分内容分别进行详细介绍。

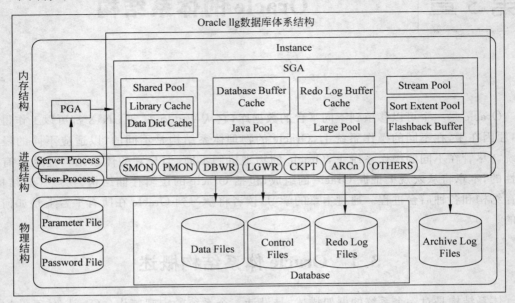

图 3-1   Oracle 数据库体系结构

3.2   Oracle 的物理存储结构

本节将详细介绍 Oracle 物理存储结构的几类文件。

3.2.1   Oracle 数据库的文件类别

3.1 节中已经介绍了 Oracle 的物理结构主要是由几类文件构成,数据库系统是运行在操作系统之上的,数据库的最终目的就是存储和获取相关的数据,因此,这些数据实际上存储在操作系统文件中,这些操作系统文件组成 Oracle 数据库物理结构。Oracle 数据库主要由 4 类文件组成,下面分别介绍这几类文件。

(1)数据文件(Data Files)。数据文件包含数据库中的实际数据,是数据库操作中数据的最终存储位置。如图 3-2 所示,扩展名为".DBF"的文件都是数据文件。

(2)控制文件(Control File)。包含维护数据库和验证数据库完整性的信息,它是二进制文件。如图 3-2 所示,扩展名为".CTL"的文件是控制文件。

(3)重做日志文件(Redo Log File)。重做日志文件包含数据库发生变化的记录,在发生故障时用于数据恢复。如图 3-2 所示,扩展名为".LOG"的文件都是重做日志文件。

(4)其他文件。包含数据库系统运行的参数文件及重做日志的文件归档等。如图 3-3 所示,扩展名为".ora"的文件是 Oracle 系统的参数文件。

图 3-2　Oracle 系统的数据文件、控制文件、重做日志文件

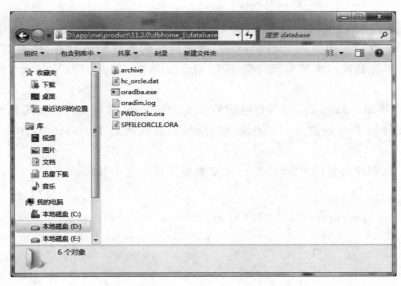

图 3-3　Oracle 系统的参数文件

3.2.2　数据文件

Oracle 的数据文件在数据库打开之后,由 Oracle 进程进行数据的读取、存放操作。这些数据文件的内容存储和读取,对于用户来说是透明的。因此用户不能自行打开数据文件查看里面的信息,如果用户自行打开数据文件进行数据的存储操作,将会导致数据文件的损坏。Oracle 数据文件的位置记录在 Oracle 的控制文件中,因此用户也不能随便移动数据文件的位置,只能通过 Oracle 系统内部的命令来进行数据文件移动操作。

Oracle 数据库的数据文件默认存放在 oradata 目录下，如果第 2 章中安装 Oracle 数据库时，在图 2-6 中创建了一个名称为 orcle 的数据库实例，则这个数据库实例中默认所有数据文件都存储在 Oracle 安装目录下的 oradata\orcle 目录中。当然，也可以选择将数据文件存放在其他目录下。为了管理维护方便，在定义数据文件存储目录时，应该有一个清晰的层次结构，命名上也要易于标识隶属于哪个数据库。

如果数据文件不是在默认目录下，也可以通过查询动态视图 v＄datafile（有关动态视图的查询见后继章节）获取当前数据库所在的目录及数据文件列表，如例 3-1 所示。

例 3-1 查询动态视图 v＄datafile，获取数据文件的存储位置

```
SQL>select name from v$datafile;

NAME
-----------------------------------
D:\APP\ME\ORADATA\ORCLE\SYSTEM01.DBF
D:\APP\ME\ORADATA\ORCLE\SYSAUX01.DBF
D:\APP\ME\ORADATA\ORCLE\UNDOTBS01.DBF
D:\APP\ME\ORADATA\ORCLE\USERS01.DBF
D:\APP\ME\ORADATA\ORCLE\EXAMPLE01.DBF
```

细心的读者可以发现，查询动态视图 v＄datafile 获取的数据文件中并不包含 TEMP01.DBF 文件。因为，TEMP01.DBF 文件由临时表空间所拥有，该表空间主要存储排序数据，并不存储数据库的实际数据，所以 Oracle 不在 v＄datafile 中显示 TEMP01.DBF 数据文件。

通过动态视图 v＄datafile，也可以查询数据文件的大小，数据文件状态等信息。如例 3-2 所示，数据文件的大小是由 bytes 记录，单位是 B，可以通过 bytes/1024/1024 换算成 MB 单位。

例 3-2 查询动态视图 v＄datafile，获取数据文件的大小及状态

```
SQL>col name for a40
SQL>select name,bytes/1024/1024 as MB,status from v$datafile;

NAME                                     MB STATUS
-----------------------------------
D:\APP\ME\ORADATA\ORCLE\SYSTEM01.DBF     690 SYSTEM
D:\APP\ME\ORADATA\ORCLE\SYSAUX01.DBF     520 ONLINE
D:\APP\ME\ORADATA\ORCLE\UNDOTBS01.DBF    100 ONLINE
D:\APP\ME\ORADATA\ORCLE\USERS01.DBF        5 ONLINE
D:\APP\ME\ORADATA\ORCLE\EXAMPLE01.DBF    100 ONLINE
```

3.2.3 控制文件

控制文件记录了数据库的名字、数据文件的位置等信息。控制文件是一个很小的二进制文件，用于记录数据库的物理结构。一个控制文件只属于一个数据库。创建数据库时，控

制文件随之创建。当数据库的物理结构发生改变的时候,Oracle 会更新控制文件。用户不能编辑控制文件,控制文件的修改只能通过 Oracle 内部命令完成。

数据库的启动和正常运行都离不开控制文件。启动数据库时,Oracle 从初始化参数文件中获得控制文件的名字及位置,并打开控制文件,然后从控制文件中读取数据文件和联机日志文件的信息,最后打开数据库。数据库运行时,Oracle 会修改控制文件,所以,一旦控制文件损坏,数据库将不能正常运行。

因为控制文件是数据库启动时非常重要的一个文件,在 Oracle 早期的版本,通常数据库在创建时有三个控制文件,并且 Oracle 建议这些控制文件不要放在同一个磁盘上,这样可以防止磁盘故障造成数据库无法启动。

1. 查看控制文件的存储位置

在 Oracle 11g 中,数据库在创建时默认生成两个控制文件。可以使用 show parameter control_files 命令查看控制文件所在的位置,如例 3-3 所示。

例 3-3 使用命令查看控制文件的存储位置

```
SQL>show parameter control_files;

NAME                            TYPE     VALUE
------------------------------- -------- --------------------------------
control_files                   string   D:\APP\ME\ORADATA\ORCLE\CONTRO
                                         L01.CTL, D:\APP\ME\FLASH_RECOV
                                         ERY_AREA\ORCLE\CONTROL02.CTL
```

使用该方式查看控制文件的位置时,默认输出三列,分别是参数名 NAME,参数类型 TYPE 和参数值 VALUE。从例 3-3 的输出结果中可以看到,Oracle 11g 在数据库创建时,自动将控制文件放在了不同的区域,一个存储在 Oracle 数据的 ORADATA 目录中(与数据文件存储位置相同),另一个在快速恢复区的 FLASH_RECOVERY_AREA 目录中。

通过数据字典 v$controlfile 也可以查看控制文件的名字和存储目录,如例 3-4 所示。

例 3-4 通过数据字典查看控制文件的存储位置

```
SQL>col name for a60
SQL>select name from v$controlfile;

NAME
------------------------------------------------------------
D:\APP\ME\ORADATA\ORCLE\CONTROL01.CTL
D:\APP\ME\FLASH_RECOVERY_AREA\ORCLE\CONTROL02.CTL
```

在动态视图 v$parameter 中记录控制文件信息的列名为 VALUE,而在 v$controlfile 视图中记录控制文件名字和目录的列名为 NAME。从例 3-4 的输出结果中,可以看出和使用例 3-3 中采用命令方式输出结果相同。

2. 查看控制文件的内容

在 Oracle 的控制文件中,记录了与数据库密切相关的信息,主要包括以下几方面内容。

(1) 数据库名。在初始化参数 DB_NAME 中获得。

37

第3章

Oracle 的体系结构

（2）数据库 SID。数据库创建时 Oracle 记录的标识符。

（3）数据库创建时间。创建数据库时由 Oracle 自动记录。

（4）表空间信息。当表增加或删除表空间时记录该信息。

（5）数据文件信息。当数据文件增加或删除时记录该信息。

（6）重做日志文件历史。在日志切换时记录。

（7）归档日志文件的位置和状态信息。在归档进程发生时完成。

（8）备份的状态信息和位置。有恢复管理器记录。

（9）当前日志序列号。日志切换时记录。

（10）检验点信息。当检验点事件发生时记录。

控制文件是二进制文件，无法通过文本编辑器查看。该文件由 Oracle 数据库服务器自动维护，要查看控制文件中的内容，可以使用 v$controlfile_record_section 视图查看相关的记录信息，如例 3-5 所示。

例 3-5　查询控制文件内容

```
SQL> col type for a30
SQL> select type,record_size,records_total,records_used from v$controlfile_
record_section;
```

TYPE	RECORD_SIZE	RECORDS_TOTAL	RECORDS_USED
DATABASE	316	1	1
CKPT PROGRESS	8180	11	0
REDO THREAD	256	8	1
REDO LOG	72	16	3
DATAFILE	520	100	5
FILENAME	524	2298	9
TABLESPACE	68	100	6
TEMPORARY FILENAME	56	100	1
RMAN CONFIGURATION	1108	50	0
LOG HISTORY	56	292	14
OFFLINE RANGE	200	163	0

TYPE	RECORD_SIZE	RECORDS_TOTAL	RECORDS_USED
ARCHIVED LOG	584	28	0
BACKUP SET	40	409	0
BACKUP PIECE	736	200	0
BACKUP DATAFILE	200	245	0
BACKUP REDOLOG	76	215	0
DATAFILE COPY	736	200	1
BACKUP CORRUPTION	44	371	0
COPY CORRUPTION	40	409	0
DELETED OBJECT	20	818	1
PROXY COPY	928	246	0
BACKUP SPFILE	124	131	0

TYPE	RECORD_SIZE	RECORDS_TOTAL	RECORDS_USED
DATABASE INCARNATION	56	292	2
FLASHBACK LOG	84	2048	0
RECOVERY DESTINATION	180	1	1
INSTANCE SPACE RESERVATION	28	1055	1
REMOVABLE RECOVERY FILES	32	1000	0
RMAN STATUS	116	141	0
THREAD INSTANCE NAME MAPPING	80	8	8
MTTR	100	8	1
DATAFILE HISTORY	568	57	0
STANDBY DATABASE MATRIX	400	31	31
GUARANTEED RESTORE POINT	212	2048	0

TYPE	RECORD_SIZE	RECORDS_TOTAL	RECORDS_USED
RESTORE POINT	212	2083	0
DATABASE BLOCK CORRUPTION	80	8384	0
ACM OPERATION	104	64	6
FOREIGN ARCHIVED LOG	604	1002	0

已选择 37 行。

例 3-5 的结果表明,通过查询可以得知,当前的控制文件为数据文件分配了 100 条记录,每条记录的大小为 520B,当前使用了 5 条记录。这与之前通过 v＄datafile 查询到有 5 个数据文件是一致的。

3.2.4　重做日志文件

重做日志是为了数据库恢复而引入的非常重要的概念。数据是有价值的资产,由于数据库本身崩溃或者操作系统故障都会引起数据丢失,因此,必须给数据加上"保险"。Oracle 11g 提供了大量的功能来保护数据,本节主要介绍重做日志,有了重做日志的存在,使得在发生故障时,不会丢失用户提交的数据而实现数据库恢复或实例恢复。下面来了解一下这个过程。

在数据库运行过程中,用户更改的数据会暂时存放在数据库高速缓冲区中,当数据库高速缓冲区中的数据达到一定量或者满足一定条件时,DBWR 进程才会将变化了的数据提交到数据库中,也就是 DBWR 将变化了的数据写到数据文件中。如果在 DBWR 把变化了的更改写到数据文件之前发生了故障,那么数据库高速缓冲区中的数据就会丢失,如果在数据库重新启动后无法恢复这部分用户更改的数据,就无法保障数据的完整性和准确性。

而重做日志就是把用户改变了的数据首先保存起来,其中 LGWR 进程负责把用户改变的数据先写到重做日志文件中。这样在数据库重新启动时,数据库系统会从重做日志文件中读取这些变化了的数据,将用户更改的数据提交到数据库中,最后写入数据文件中。

根据这种数据保护的机制,Oracle 要求最少有两个重做日志组,每个日志组至少一个日志成员。一般地,Oracle 建议在生产数据库中至少需要三个重做日志组,而每个重做日

Oracle 的体系结构

志组需要多于三个重做日志成员,这些日志成员最好部署在不同磁盘的不同目录下,防止磁盘损坏造成的重做日志失效。重做日志工作的流程如图 3-4 所示。

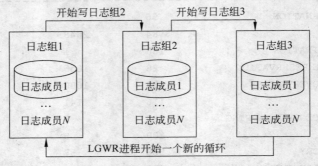

图 3-4   重做日志文件的工作过程

在图 3-4 中,重做日志文件由三个重做日志组构成,每个重做日志组中有多个重做日志成员(对应单个重做日志文件),当重做日志组中有多个日志成员时,每个重做日志成员的内容相同,Oracle 会同步同一个重做日志组中的每个成员。数据库系统在运行过程中,首先会使用重做日志组 1,当该组写满后,就切换到重做日志组 2,当日志组 2 写满后,继续切换到重做日志组 3,然后再循环使用重做日志组 1……Oracle 就是以这种循环的方式重复使用重做日志组,以保证改变的数据始终能写入到重做日志文件中。

v＄logfile 动态视图记录了重做日志组的文件信息,通过查询 v＄logfile 可以了解日志组号、日志组的状态、日志组成员文件等信息,如例 3-6 所示。

例 3-6   查看重做日志组的文件信息

```
SQL>conn /as sysdba
SQL>col member for a50
SQL>select group#,status,member from v$logfile;


    GROUP# STATUS    MEMBER
    ----- -----     ------------------------------------
         3           D:\APP\ME\ORADATA\ORCLE\REDO03.LOG
         2           D:\APP\ME\ORADATA\ORCLE\REDO02.LOG
         1           D:\APP\ME\ORADATA\ORCLE\REDO01.LOG
```

从例 3-6 可以知道,该数据库系统有三个重做日志组,每个日志组有一个重做日志成员,并且都存储在同一个目录下(与数据文件在同一目录)。上例中 STATUS 列的值均为空说明目前三个日志组都处于使用状态。STATUS 参数的含义如下。

(1) STALE。说明该文件内容为不完整的。

(2) 空白。说明该日志组正在使用。

(3) INVALID。表示该文件不能被访问。

(4) DELETED。表示该文件已经不再使用。

v＄log 动态视图记录了重做日志的信息,主要有重做日志组号、日志序列号、每个日志文件的大小(以字节为单位)、每个日志组的成员数量以及日志组的当前状态。下面给出查询 v＄log 动态视图详细信息的实例,如例 3-7 所示。

例 3-7   查看重做日志的信息

```
SQL>conn /as sysdba
SQL>col status for a10
SQL>select group#,sequence#,bytes/1024/1024 as MB,members,archived,status from
v$log;

   GROUP#   SEQUENCE#      MB   MEMBERS ARCHIVED STATUS
-------- ---------- ------ ----------------------
       1          13      50        1 NO       INACTIVE
       2          14      50        1 NO       INACTIVE
       3          15      50        1 NO       CURRENT
```

例 3-7 的输出表明,当前有三个日志组,每个日志组的成员数量都是一个,每个日志成员的大小都是 50MB。重做日志组 1、2 当前处于不活动状态,重做日志组 3 为当前正在使用的重做日志组,该日志组中有最大日志序列号,该日志文件还没有归档。

如果数据库处于非归档模式,ARCH 进程将不会归档重做日志,当一个循环结束,再次使用先前的重做日志组时,会以覆盖的方式向该组的重做日志文件中写数据。

如果数据库处于归档模式下,当前正在使用的重做日志写满后,Oracle 会关闭当前的日志文件,寻找下一个可用重做日志组,找到下一个可用重做日志组中的日志文件后,打开该日志文件并实现写操作。与此同时,ARCH 进程把写满的重做日志文件中的数据移动到归档日志文件中,这就完成了数据库日志归档的步骤。

可以通过 archive log list 命令来查看当前的数据库是否处于归档模式,如例 3-8 所示。

例 3-8   查看数据库是否运行在归档模式

```
SQL>conn /as sysdba
SQL>archive log list;
数据库日志模式              非存档模式
自动存档                禁用
存档终点                USE_DB_RECOVERY_FILE_DEST
最早的联机日志序列          13
当前日志序列              15
```

例 3-8 的输出表明,该数据库没有运行在日志归档模式,自动存档禁用。也可以发现,当前日志序列和通过 v$log 查询的当前日志序列是一致的,这说明了日志序列号是唯一的。

在例 3-8 中,数据库未运行在日志归档模式下,在生产数据库中,这是非常危险的。为了防止介质失败造成的数据丢失,应该让数据库运行在归档模式下。

要设置数据库为归档模式,首先要关闭数据库,再启动数据库到 mount 状态,然后通过命令 alter database archivelog 来完成,如例 3-9 所示。

例 3-9   设置数据库为归档模式

```
SQL>shutdown immediate
数据库已经关闭。
已经卸载数据库。
```

```
ORACLE 例程已经关闭。
SQL>startup mount
ORACLE 例程已经启动。

Total System Global Area   778387456 bytes
Fixed Size                   1374808 bytes
Variable Size              251659688 bytes
Database Buffers           520093696 bytes
Redo Buffers                 5259264 bytes
数据库装载完毕。
SQL>alter database archivelog;

数据库已更改。

SQL>alter database open;

数据库已更改。
SQL>archive log list;
数据库日志模式              存档模式
自动存档            启用
存档终点            USE_DB_RECOVERY_FILE_DEST
最早的联机日志序列      13
下一个存档日志序列      15
当前日志序列          15
SQL>
```

经过如例 3-9 所示的操作后,数据库已经运行在存档模式下了,归档日志的存储目录为 USE_DB_RECOVERY_FILE_DEST,即 USE 参数 DB_RECOVERY_FILE_DEST 的目录,可以使用如下查询知道该参数对应的文件目录。

```
SQL>show parameter db_recovery_file_dest;

NAME                           TYPE          VALUE
------------------------------ ------------- ------------------------------
db_recovery_file_dest          string        D:\app\me\flash_recovery_area
db_recovery_file_dest_size     big integer   3852M
```

从参数 db_recovery_file_dest 可以看出,归档的重做日志的存储目录为 Oracle 安装目录下"flash_recovery_area"文件夹。参数 db_recovery_file_dest_size 指出该目录存储文件的大小为 3852MB。

同样,也可以把运行在归档模式下的数据库切换回非归档模式下。要切换数据库为非归档模式,首先也要关闭数据库,再启动数据库到 mount 状态,然后通过命令 alter database noarchivelog 来完成,如例 3-10 所示。

例 3-10 设置数据库为非归档模式

```
SQL>shutdown immediate
```

数据库已经关闭。

已经卸载数据库。

ORACLE 例程已经关闭。

SQL>startup mount

ORACLE 例程已经启动。

```
Total System Global Area    778387456 bytes
Fixed Size                    1374808 bytes
Variable Size               251659688 bytes
Database Buffers            520093696 bytes
Redo Buffers                  5259264 bytes
```
数据库装载完毕。

SQL>alter database noarchivelog;

数据库已更改。

SQL>alter database open;

数据库已更改。

SQL>archive log list

```
数据库日志模式                非存档模式
自动存档              禁用
存档终点              USE_DB_RECOVERY_FILE_DEST
最早的联机日志序列       13
当前日志序列           15
```

3.2.5　其他文件

除了数据文件、控制文件、重做日志文件外，一个健全的 Oracle 系统还应该包括参数文件、密码文件，还有运行在归档模式下的归档日志文件。虽然参数文件和密码文件不是 Oracle 的数据库文件，但是在 Oracle 数据库的启动中，它们是必不可少的两个文件。归档日志文件可以在 Oracle 数据库出现介质故障时恢复数据，因此也是一类十分重要的文件，下面做简单的介绍。

1. 参数文件

参数文件(Parameter File)中提供了数据库实例启动的一些必要参数，分为动态参数文件(SPFILE)和静态参数文件(PFILE)。在参数文件中包含为 SGA 中内存结构分配的参数，如分配数据库高速缓冲区、共享池的大小等。静态参数文件是文本文件，可以使用操作系统文本编辑器查看参数，如在 Windows 操作系统中使用记事本工具。动态文件是二进制文件，只能使用 Oracle 的 show parameter 命令来查看参数。

2. 密码文件

在 Oracle 数据库系统中，用户如果要以特权用户身份(如 SYSDBA/SYSOPER)登录数据库，可以有两种身份验证的方法，即，使用与操作系统集成的身份验证或使用 Oracle 数据库的密码文件(Password File)进行身份验证。Oracle 数据库的密码文件存放有特权用户的用户名/口令,它一般存放在 Oracle 安装目录下的"ORACLE_HOME\DATABASE"文件夹下。在安装数据库时,Oracle 的默认用户名和密码存储在密码文件中。

3. 归档日志文件

归档日志文件(Archive Log File)是非活动的重做日志备份,当数据库处于 ARCHIVELOG 模式并写满一组重做日志时,后台进程 ARCH 会将重做日志的内容保存到归档日志文件中。通过使用归档日志文件,可以保留所有重做日志的历史记录。当数据库出现介质故障时,使用数据文件备份、归档日志和重做日志可以完全恢复数据库。

3.3　Oracle 的逻辑存储结构

在 3.2 节中,读者学习了 Oracle 数据库的物理存储结构。而 Oracle 数据库的物理存储结构主要表现在一些操作系统文件上。本节将学习 Oracle 的逻辑存储结构,逻辑存储结构是 Oracle 内部组织和管理数据的方式,是与物理存储结构相互对应又相互独立的体系结构。

如图 3-5 所示,Oracle 的逻辑结构主要包括表空间(Tablespace)、段(Segment)、区(Extent)、Oracle 数据块(Data Block)等几种基本结构。

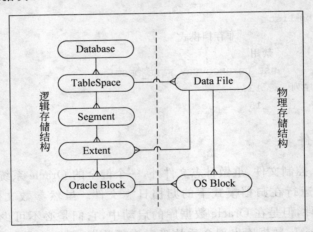

图 3-5　Oracle 数据库逻辑存储结构

从图 3-5 中,可以很容易地看出,一个数据库包括多个表空间,一个表空间包括多个段,一个段由多个区构成,区又由多个 Oracle 块组成。对应物理存储结构,表空间由数据文件组成,一个 Oracle 块由若干个操作系统块组成。下面将对这些对象做个简单介绍。

(1) 表空间(Tablespace)。是数据库的逻辑划分,用来存储数据库对象的容器。每个数据库至少有一个表空间,一个表空间只能属于一个数据库,每个表空间由一个或多个数据文件组成。

(2) 段(Segment)。是存储特定数据库对象的区域。

(3) 区(Extent)。数据库为段分配的一组连续的数据块。

(4) 数据块(Data Block)。是 Oracle 数据库在磁盘上的最小存储单元,在数据库工作时,Oracle 通过数据块来存储和读取磁盘上的数据。

下面小节中,将结合具体的例子进一步学习 Oracle 的逻辑结构。

3.3.1 数据块

数据块是数据库中最基本的存储单元,它是数据库分配给对象的最小存储单元,也是 Oracle 从磁盘读取和写入的最小单元。数据块由一个或多个操作系统块组成,数据块的大小在数据库创建时设定,由参数 DB_BLOCK_SIZE 决定。数据库一旦创建,如果想要更改块的大小,就必须通过重建数据库来完成。所以,在创建数据库时要首先确定好块的大小。Oracle 11g 在创建数据库时,默认块大小为 8KB,也可以根据数据库的应用类型选择别的数据块尺寸。可以通过命令 show parameter db_block_size 来查看当前数据块的大小,如例 3-11 所示。

例 3-11 查看数据块的大小

```
SQL>show parameter db_block_size

NAME              TYPE              VALUE
-------------- --------------- ----------
db_block_size     integer            8192
```

例 3-11 的查询结果表明,当前数据块的大小为 8KB。

3.3.2 区

区是由连续分配的相邻的数据块组成,在 Oracle 的逻辑存储中,表空间由各种类型的段组成,而段则由区组成,区是段分配存储的单位。当建立一个表段时,Oracle 为该段分配初始区,如果之后由于数据的插入,初始区装满后,将继续分配下一个区,区的大小在表段或者更高一级的存储参数中指定。例 3-12 给出了查询表的区分配情况的实例。

例 3-12 区分配情况查询

```
SQL>col segment_name for a20
SQL>select segment_name,extent_id,bytes from dba_extents where segment_name=
'JOBS';

SEGMENT_NAME      EXTENT_ID       BYTES
-------------- --------------- ----------
JOBS                 0            65536
```

从查询结果上可以看到,表 JOBS 的初始区 ID 为 0,大小为 65 536B。

3.3.3 段

段由若干个区组成,区和块是数据库存储空间的单位,而段是一种独立的逻辑存储结构。段属于特定的数据库对象,如表、索引等。在 Oracle 中,不同的数据库对象有不同的段,如表、分区表属于数据段、索引属于索引段。一般有以下几类段。

Oracle 的体系结构

1. 数据段

数据段主要包括表、分区表、簇、大对象段等。

(1) 表。是最常见的数据段类型,普通表没有分区,则每个表有一个类型为 TABLE 的段。

(2) 表分区。每个分区或子分区都有一个 TABLE PARTITION 段。

(3) 簇。每个簇有一个 CLUSTER 段,一个簇中可以存储一个或多个表。由于 CLUSTER 不能分区,所以没有 CLUSTER PARTITION 这样的段。

(4) 大对象段。表中的每个 LOB 字段,有 LOBSEGMENT 段,如果表进行了分区,则在每个分区上相应有 LOB PARTITION 和 LOB SUBPARTITION 段。

2. 索引段

索引段是除了数据段之外最常见的段类型。表的普通索引,每个索引有一个类型为 INDEX 的段。除了表上的普通索引之外,簇上的索引也是 INDEX 段,索引分区,每个分区或子分区都有一个段。

大字段索引:表的每个 LOB 字段,都有一个 LOBINDEX 段。注意对于分区表的 LOB 字段,每个分区上的 LOB 字段均会有 LOBINDEX 段,但是段类型为 INDEX PARTITION 或 INDEX SUBPARTITION。

3. 临时段

临时段是用于临时保存查询及排序过程中的临时数据,除了磁盘排序产生临时段之外,临时表也会有临时段。

4. 还原段

还原段也称为回滚段(Rollback Segment),是用来存放事务改变前的数据,记录事务对数据库所做的改变。

下面给出查询 Oracle 里存在的详细段类型的实例,如例 3-13 所示。

例 3-13 段类型查询

```
SQL>select distinct segment_type from dba_segments;


SEGMENT_TYPE
--------------------------------------

LOBINDEX
INDEX PARTITION
NESTED TABLE
TABLE PARTITION
ROLLBACK
LOB PARTITION
LOBSEGMENT
TABLE
INDEX
CLUSTER
TYPE2 UNDO


已选择 11 行。
```

上述查询结果给出了当前 Oracle 中可用段类型的列表。

3.3.4 表空间

表空间是 Oracle 逻辑存储结构中数据的逻辑组织形式,表空间的作用主要是帮助组织数据库,可以把表空间想象成一个用来存储各种数据库对象的大容器。在创建一个 Oracle 数据库时,系统会自动创建系统表空间、临时表空间和还原表空间。这三类表空间是一个完整数据库的必要组成部分。

1. 系统表空间

数据库在创建时,默认会创建一个系统表空间(System Tablespace),该表空间存储了数据库运行必要的一些信息。例如,Oracle 数据库的数据字典、系统使用的各种数据库对象(表、视图、序列、同义词等)、系统需要的一些 PL/SQL 程序等。因此,系统表空间对于 Oracle 运行来说是十分重要的,在使用过程中,应尽量保持系统表空间只存储 SYS 的系统数据,其他用户数据应放在用户表空间中。

2. 临时表空间

临时表空间(Temp Tablespace)主要是 Oracle 用于存储临时排序数据的表空间。当用户使用 SQL 语句执行 Order by、Group by 等语句时,Oracle 首先会把查询出来的数据放在 PGA 内存中,如果查询出来的数据很多,可能会导致 PGA 内存存储不下,因此,Oracle 就把查询出来的这些数据放在临时表空间里。临时表空间不会存储永久性的数据,临时表空间可以由多个用户共享。

3. 还原表空间

还原表空间(Undo Tablespace)主要用于保存还原段的表空间,还原段是用来存放事务改变前的数据。当一个事务进行时,为了保证另一个事务的读一致性,会把该事务的数据放在还原段中。在出现实例崩溃或事务回滚时,还原段会把保存的数据恢复到原始数据中。

除了系统表空间、临时表空间、还原表空间外,还经常会使用到用户表空间和索引表空间。这两种表空间是用户创建的,主要是用来存储用户的数据库对象。

4. 用户表空间

用户表空间(Users Tablespace)是专门用于存放用户创建的数据库对象,如用户的表、索引、存储过程、函数等。使用用户表空间是为了简化数据库的管理,一般地,凡是属于用户创建的对象,都应该存储在用户表空间里。并且,建议不同用户的数据库对象存储在不同的用户表空间,这样可以方便以后的数据库维护及管理。

5. 索引表空间

索引是一种特殊的数据库对象,使用索引可以使 Oracle 更快地找出表中存放的数据。因此,在大部分的数据表中都会使用索引。为了提高查询性能及方便管理,一般将数据表和索引存放在不同的表空间中,即把索引放在单独的索引表空间(Index Tablespace)里。例 3-14 给出了查看 Oracle 的表空间信息的方法。

例 3-14 查看 Oracle 表空间信息

```
SQL>col tablespace_name for a25
SQL>select tablespace_name,allocation_type from dba_tablespaces;
```

```
TABLESPACE_NAME              ALLOCATION_TYPE
------------------------      --------------------------
SYSTEM                       SYSTEM
SYSAUX                       SYSTEM
UNDOTBS1                     SYSTEM
TEMP                         UNIFORM
USERS                        SYSTEM
EXAMPLE                      SYSTEM
已选择 6 行。
```

从例 3-14 的查询结果可以看出,目前数据库中包含 6 个表空间,其中,SYSTEM 为系统表空间、TEMP 为临时表空间、UNDOTBS1 为还原表空间,而 USERS 为用户表空间。

一个表空间至少由一个物理的数据文件组成,也可以由多个数据文件组成。可以通过例 3-15 所示的方法查询表空间所包含的物理数据文件。

例 3-15 查询表空间包含的数据文件

```
SQL>col file_name for a40
SQL>select tablespace_name,file_name from dba_data_files;

TABLESPACE_NAME              FILE_NAME
------------------------      --------------------------------------
USERS                        D:\APP\ME\ORADATA\ORCLE\USERS01.DBF
UNDOTBS1                     D:\APP\ME\ORADATA\ORCLE\UNDOTBS01.DBF
SYSAUX                       D:\APP\ME\ORADATA\ORCLE\SYSAUX01.DBF
SYSTEM                       D:\APP\ME\ORADATA\ORCLE\SYSTEM01.DBF
EXAMPLE                      D:\APP\ME\ORADATA\ORCLE\EXAMPLE01.DBF
```

3.4　Oracle 的内存结构

Oracle 的内存结构由两大部分组成,一个是 SGA(System Global Area,系统全局区),一个是 PGA(Program Global Area,程序全局区)。

(1) SGA。它是数据库实例的一部分,当数据库实例启动时,会首先分配内存给系统全局区,在系统全局区中包含几个重要的内存区,即共享池(Shared Pool)、数据库高速缓存(Database Buffer Cache)、重做日志缓存(Redo Log Buffer Cache)、大池(Large Pool)、Java 池(Java Pool)、流池(Streaming Pool)等。

(2) PGA。程序全局区不是实例的一部分,当服务器进程启动时,才分配 PGA 内存。

在 Oracle 11g 中,使用了 Auto Memory Management 技术,即自动内存管理技术。在这种模式下,SGA 和 PGA 初始化参数值是自动分配的,Oracle 将根据系统运行情况自动分配 SGA 和 PGA 的大小。

本节将详细介绍 Oracle 数据库的内存结构。

3.4.1　系统全局区

SGA 是 Oracle Instance 的基本组成部分,在实例启动时,分配内存给系统全局区。

SGA 是一组共享内存结构,包含一个 Oracle 实例的数据和控制信息,主要用于存储数据库信息的内存区域,该信息为数据库进程所共享(PGA 不能共享的)。

如图 3-6 所示,SGA 主要由共享池(Shared Pool)、数据高速缓冲区(Database Buffer Cache)、重做日志缓冲区(Redo Log Cache)、大型池(Large Pool)、Java 池(Java Pool)、流池(Streams Pool)等结构组成。

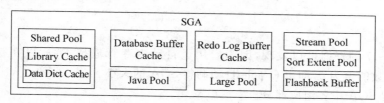

图 3-6　SGA 的组成

SGA 具有以下几个重要的特性:

(1) SGA 是由实例的数据和控制信息构成的。

(2) SGA 是共享的,即当有多个用户同时登录了这个实例,SGA 中的信息可以被它们同时访问。

(3) 一个 SGA 对应一个实例,也就是说,当一台机器上有多个实例运行时,每个实例都有一个自己的 SGA。尽管 SGA 来自于 OS 的共享内存区,但实例之间并不能相互访问对方的 SGA 区。

SGA 是 Oracle 中所有进程共享的一段内存区,其中共享了数据库信息,如:数据库高速缓冲区中的数据,共享池中的库高速缓存的 SQL 语句等。了解这些内存缓冲区的大小有助于理解 Oracle 的内存分配情况。

可以通过 show sga 命令来查看当前实例 SGA 中内存的分配情况,如例 3-16 所示。

例 3-16　查看 SGA 中内存分配情况

```
SQL>show sga

Total System Global Area    778387456 bytes
Fixed Size                    1374808 bytes
Variable Size               251659688 bytes
Database Buffers            520093696 bytes
Redo Buffers                  5259264 bytes
```

从例 3-16 的查询结果可以看出 SGA 总的分配大小、Database Buffers 大小、Redo Buffers 大小等。其中还包括 Fixed Size 和 Variable Size 两个参数,它们和以下两个内存区有关。

(1) Fixed Size。存储一组指向 SGA 中其他组件的变量。它的大小用户无法控制,因平台不同而有差异,但通常固定 SGA 区很小。Oracle 使用这个内存区来寻找其他 SGA 区,可以理解为数据库的自举区。

(2) Variable Size。该部分内存区包括共享池、Java 池和大池等,其中 Variable Size 大小会大于上述三个内存结构之和,并且会动态地调整大小。

同时也可以通过输入数据库初始化参数显示命令,来查询当前数据库参数文件中设置

Oracle 的体系结构

的 SGA 的大小,如例 3-17 所示。

例 3-17 查询数据库参数中 SGA 的设置大小

```
SQL>show parameter sga_target

NAME                                 TYPE        VALUE
------------------------------------ ----------- -------------
sga_target                           big integer       0
```

通过例 3-17 的查询可以发现,因为启用了自动内存管理技术,所以在初始化参数中 sga_target 参数的值为 0,即由 Oracle 自动调整 SGA 的大小。

下面介绍 SGA 中各组成部分。

1. 共享池

共享池用于缓存最近被执行的 SQL 语句和最近被使用的数据字典信息,如图 3-7 所示,它主要由两个内存结构构成:库缓存(Library Cache)和数据字典缓存(Data Dictionary Cache)。

```
Shared Pool
Library Cache
Data Dict Cache
```

图 3-7 共享池的组成

1)库缓存

库缓存存储了最近被执行的 SQL 和 PL/SQL 信息,实现常用 SQL 语句的共享。库缓存使用 LRU(Least Recently Used,最近最少使用)算法进行管理,LRU 算法的基本思想是把一段时间内没有被使用过的 SQL 语句清除,一旦库缓存区填满,LRU 算法把最近最少使用的执行计划和解析树从库缓存区中清除。库缓存主要由 Shared SQL area 和 Shared PL/SQL area 两个内存结构组成。

Oracle 引入库缓存的目的就是共享 SQL 或 PL/SQL 代码,即把解析得到的 SQL 代码的结果在这里缓存,其中 PL/SQL 代码不仅在这里缓存,同时也在这里共享。从这里也可以知道,库缓存设置得越大,就可以共享更多的 SQL 或 PL/SQL 代码,但是,Oracle 并没有提供直接设置库缓存的命令,只能通过设置共享池的大小来间接地更改库缓存的大小。

2)数据字典缓存

数据字典缓存存储最近被使用的数据字典信息,主要包括关于数据库的文件、表、索引、列、用户、权限以及其他数据库对象等信息。数据字典缓存的作用就是把相关的数据字典信息放入缓存以提高查询的响应时间,在 Oracle 内部语法分析阶段,服务器进程访问数据字典表中的信息以解析对象名,把数据字典表信息缓存在内存中有助于缩短存取响应时间。

同样地,数据字典缓存的大小取决于共享池尺寸的大小。设置数据字典缓存的大小需要通过设置 shared_pool_size 间接实现。数据字典缓存如果设置的太小,查询需要的数据字典信息时,Oracle 将不断地访问数据字典表来获得所需的信息,由于数据字典是存储在磁盘上的数据文件,频繁的磁盘 I/O 无疑会降低数据库的查询速度。

在 Oracle 11g 中,因为使用了自动内存管理技术,用户可以不用去设置具体的共享池大小,Oracle 将根据系统运行情况自动分配共享池的大小。如例 3-18 所示,使用命令查看共享池的大小时,发现值为 0,即是启用了自动内存管理。

例 3-18 查询数据库参数中共享池的设置大小

```
SQL>show parameter shared_pool_size
```

```
NAME                          TYPE        VALUE
----------------------------- ----------- -----------------------------
shared_pool_size              big integer       0
SQL>
```

2. 数据库高速缓冲区

数据库高速缓冲区中存储了最近从数据文件读取的数据块,当用户执行查询语句从数据库中获取数据时,如果查询结果包含的数据块在数据库高速缓冲区中,Oracle 就会直接从数据库高速缓冲区中读取,而不必从磁盘中读取。我们知道,物理磁盘读取数据的速度比内存读取数据的速度慢很多,所以把常用数据存放在数据库高速缓冲区中能提高查询速度,减少用户查询的响应时间。

数据库高速缓冲区中还存储了未提交到数据文件中的"脏数据"。所谓"脏数据",就是指已经在数据库高速缓冲区中修改,但还没有写入到数据文件中的数据。

同样地,Oracle 使用 LRU 算法管理数据库高速缓冲区,即把最近没有被使用的数据从数据库高速缓冲区中去除,为常用的查询数据块保留空间。

可以使用 show sga 命令查看分配给数据库高速缓冲区的内存大小,如例 3-19 所示。

例 3-19　查看高速缓冲区的内存大小

```
SQL> show sga

Total System Global Area   778387456 bytes
Fixed Size                   1374808 bytes
Variable Size              260048296 bytes
Database Buffers           511705088 bytes
Redo Buffers                 5259264 bytes
```

通过例 3-19 的查询,可以知道 Oracle 在分配内存时数据库高速缓冲区占了大部分,很明显这样做是为了让尽可能多的数据放入内存中,从而提高查询性能。

也可以通过命令查看初始化参数文件中指定的数据库高速缓冲区大小,如例 3-20 所示。

例 3-20　查看初始化参数文件

```
SQL> show parameter db_cache_size;

NAME                          TYPE        VALUE
----------------------------- ----------- -----------------------------
db_cache_size                 big integer       0
```

因为在 Oracle 11g 中,启用了数据库服务器自动内存管理,所以该参数值为 0。

虽然在 Oracle 11g 中数据库高速缓冲区的内存大小会自动管理,但还是可以通过命令手工设置该参数的大小,如例 3-21 所示。

例 3-21　手工设置高速缓冲区的内存大小

```
SQL> alter system set db_cache_size=450M;
系统已更改。
```

Oracle 的体系结构

```
SQL> show parameter db_cache_size;
NAME                          TYPE          VALUE
----------------------        ----------    ----------------------------
db_cache_size                 big integer   456M
```

在 Oracle 中引入了 Buffer Cache Advisory Parameter 参数,其目的是让 Oracle 对于数据库缓冲区的内存分配提供一些建议,下面介绍缓冲区顾问参数(Buffer Cache Advisory Parameter)的作用。缓冲区顾问用于启动或关闭统计信息,这些信息用于预测不同缓冲区大小导致的不同行为特性。对于 DBA 可以参考这些统计信息,基于当前的数据库工作负载设置优化的数据库高速缓冲区。

缓冲区顾问通过初始化参数 DB_CACHE_ADVICE 启动或关闭顾问功能,该参数有三个状态。

(1) OFF:关闭缓冲区顾问,不分配缓存顾问的工作内存。

(2) ON:打开缓冲区顾问,分配工作内存。

(3) READY:打开缓冲区顾问,但不分配缓冲区顾问的工作内存。

可以通过 show 命令来查看当前缓冲区顾问的状态,如例 3-22 所示。

例 3-22 查看当前缓冲区顾问的状态

```
SQL> show parameter db_cache_advice
NAME                          TYPE          VALUE
----------------------        ----------    ----------------------------
db_cache_advice               string        ON
```

从例 3-22 的输出可以看出,参数 db_cache_advice 的值为 ON,所以默认是打开缓冲区顾问的。可以用命令 alter system set db_cache_advice= off(或 on)来设置缓存顾问为关闭(或打开)状态。

在缓冲区顾问开启后,Oracle 开始统计与设置数据库缓冲区相关的建议信息,可以通过动态性能视图 v$DB_CACHE_ADVICE 查看缓冲区的建议信息,如例 3-23 所示。

例 3-23 查看缓冲区的建议信息

```
SQL> col name for a10
SQL> SELECT name, block_size/1024 as KB, buffers_for_estimate, size_for_estimate
as MB from v$db_cache_advice;

NAME          KB   BUFFERS_FOR_ESTIMATE         MB
------------  ----  --------------------   --------------
DEFAULT       8                    5970          48
DEFAULT       8                   11940          96
DEFAULT       8                   17910         144
DEFAULT       8                   23880         192
DEFAULT       8                   29850         240
DEFAULT       8                   35820         288
DEFAULT       8                   41790         336
```

NAME	KB	BUFFERS_FOR_ESTIMATE	MB
DEFAULT	8	47760	384
DEFAULT	8	53730	432
DEFAULT	8	59700	480
DEFAULT	8	61690	496

NAME	KB	BUFFERS_FOR_ESTIMATE	MB
DEFAULT	8	65670	528
DEFAULT	8	71640	576
DEFAULT	8	77610	624
DEFAULT	8	83580	672
DEFAULT	8	89550	720
DEFAULT	8	95520	768
DEFAULT	8	101490	816
DEFAULT	8	107460	864
DEFAULT	8	113430	912
DEFAULT	8	119400	960

已选择 21 行。

3. 重做日志缓冲区

重做日志缓冲区缓存 Oracle 对数据块所做的修改,当用户执行了如 INSERT、UPDATE、DELETE、CREATE、ALTER 和 DROP 操作后,数据发生了变化,这些变化了的数据在写入数据库高速缓存之前会先写入重做日志缓冲区,同时变化之前的数据也放入重做日志缓存区,这样在数据库发生故障时可以保证数据可恢复。如例 3-24 所示,可以通过命令查看重做日志缓存区大小。

例 3-24 查看重做日志缓存区大小

```
SQL>show parameter log_buffer
```

NAME	TYPE	VALUE
log_buffer	integer	5070848

4. 大池和 Java 池

大池是 SGA 的一段可选内存区,它可以提供一个大的区以供像数据库的备份与恢复等操作,只在共享服务器模式中配置大池。在共享服务器模式下,Oracle 在共享池中分配额外的空间用于存储用户进程和服务器进程之间的会话信息,但是用户进程区域 UGA(可理解为 PGA 在共享服务器中的另一个称呼)的大部分将在大池中分配,这样就减轻了共享池的负担。在大规模输入、输出及备份过程中也需要大池作为缓存空间。设置 MTS 服务器的时候,用户信息的存放也使用到大池。

Oracle 提供了 large_pool_size 参数设置大池的尺寸。可以使用命令查看大池大小,如例 3-25 所示。

第3章

Oracle 的体系结构

例 3-25 查看大池大小

```
SQL> show parameter large_pool_size

NAME                    TYPE        VALUE
----------------        --------    -----------------------------------
large_pool_size         big integer    0
```

Java 池也是可选的一段内存区,但是在安装了 Java 或者使用 Java 程序时则必须设置 Java 池,它用于编译 Java 语言编写的指令。Java 语言与 PL/SQL 在数据库中有相同的存储方式。Oracle 提供了 JAVA_POOL_SIZE 参数设置 Java 池的大小。同样地,可以查看 Java 池的大小,如例 3-26 所示。

例 3-26 查看 Java 池大小

```
SQL> show parameter java_pool_size;

NAME                    TYPE        VALUE
----------------        --------    -----------------------------------
java_pool_size          big integer    0
```

Oracle 11g 中,在数据库服务器启用内存自动管理后,大池和 Java 池的值同样为 0,不需要用户手工设置,当然用户也可以使用 alter system 命令修改该参数的值。

5. 流池

流池是从 Oracle 10g 开始才增加的一个新的 SGA 结构。流池会用于缓存流进程在数据库间移动/复制数据时使用的队列消息。这里并不是使用持久的基于磁盘的队列(这些队列有一些附加的开销),流使用的是内存中的队列。如果这些队列满了,最终还是会写出到磁盘。如果使用内存队列的 Oracle 实例由于某种原因失败了,比如因为实例错误(软件瘫痪)、掉电或其他原因,就会从重做日志重建这些内存中的队列。

因此,流池只对使用了流数据库特性的系统是重要的。在这些环境中,必须设置流池,如果没有配置流池,则会在共享池中占用至多 10%的空间。

3.4.2　程序全局区

PGA 是服务器进程专用的一块内存,它是操作系统进程专用的内存,系统中的其他进程是无法访问这块内存的。PGA 独立于 SGA,PGA 不会在 SGA 中出现,它由操作系统在本地分配。

1. PGA

PGA 中存储了服务器进程或单独的后台进程的数据信息和控制信息。它随着服务器进程的创建而被分配内存,随着进程的终止而释放内存。PGA 与 SGA 不同,它不是一个共享区域,而是服务器进程专有的区域。在专有服务器(与共享服务器相对的概念)配置中包括如下的组件。

(1)排序区。对某些 SQL 语句执行结果进行排序。

(2)会话信息。包含本次会话的用户权限和性能统计信息。

(3)游标状态。标明当前会话执行的 SQL 语句的处理阶段。

(4)堆栈区。包含其他的会话变量。

2. UGA

在共享服务器模式下有一个重要的概念,即 UGA(用户全局区),它就是用户的会话状态,这部分内存会话总可以访问,UGA 存储在 SGA 中,这样任何服务器都可以使用用户会话的数据和其他信息。而在专有服务器模式下,用户会话状态不需要共享,用户进程与服务器进程是一一对应的关系,所以 UGA 总是在 PGA 中分配。

3.5 Oracle 的进程结构

Oracle 的进程结构主要包括后台进程、服务器进程和用户进程。服务器进程和用户进程是用户和数据库服务器建立连接时涉及的两个概念,通常所说的 Oracle 进程结构是指后台进程结构。

如图 3-8 所示,用户通过 SQL＊PLUS 工具访问数据库,当输入的用户名和密码经过服务器验证后,服务器就会自动创建一个与该用户进程对应的服务器进程,这里服务器进程就像用户进程的代理,代替用户进程向数据库服务器发出各种请求,并把从数据库服务器获得的数据返回给用户进程。当用户退出或发生异常时(如操作系统重启)会话结束。

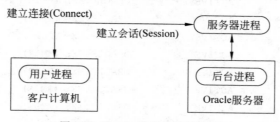

图 3-8　Oracle 进程结构示意图

3.5.1　服务器进程

服务器进程犹如一个中介,处理用户的各种数据服务请求,并把数据库服务器返回的数据和结果发送给用户端。

在专用服务器模式中,一个服务器进程对应一个用户进程,二者是一对一的关系。当用户连接中断,服务器进程结束。

在共享服务器模式中,一个服务器进程对应多个用户进程,二者是一对多的关系。此时服务器进程通过 OPI(Oracle Program Interface)与数据库服务器通信。例 3-27 给出了查看服务器进程具体内容的示例。

例 3-27　查看服务器进程

```
SQL>col username for a15
SQL>col program for a20
SQL>col process for a15
SQL>SELECT paddr,username,status,program,process from v$session;
```

PADDR	USERNAME	STATUS	PROGRAM	PROCESS
3E35F414		ACTIVE	ORACLE.EXE (PMON)	2872

PADDR	USERNAME	STATUS	PROGRAM	PROCESS
3E360A24		ACTIVE	ORACLE.EXE (GEN0)	760
3E362034		ACTIVE	ORACLE.EXE (DBRM)	3004
3E363644		ACTIVE	ORACLE.EXE (DIA0)	2368
3E364C54		ACTIVE	ORACLE.EXE (DBW0)	3372
3E366264		ACTIVE	ORACLE.EXE (CKPT)	4092
3E367874		ACTIVE	ORACLE.EXE (RECO)	2336
3E368E84		ACTIVE	ORACLE.EXE (MMNL)	3072
3E36D0B4		ACTIVE	ORACLE.EXE (QMNC)	3420
3E36BAA4		ACTIVE	ORACLE.EXE (W000)	3468
3E36FCD4		ACTIVE	ORACLE.EXE (Q000)	3340

PADDR	USERNAME	STATUS	PROGRAM	PROCESS
3E3712E4		ACTIVE	ORACLE.EXE (CJQ0)	2964
3E36E6C4		ACTIVE	ORACLE.EXE (J000)	3316
3E36DBBC	SYS	INACTIVE	sqlplus.exe	2744: 1548
3E35FF1C		ACTIVE	ORACLE.EXE (VKTM)	3596
3E36152C		ACTIVE	ORACLE.EXE (DIAG)	2836
3E362B3C		ACTIVE	ORACLE.EXE (PSP0)	3536
3E36414C		ACTIVE	ORACLE.EXE (MMAN)	3048
3E36575C		ACTIVE	ORACLE.EXE (LGWR)	3380
3E366D6C		ACTIVE	ORACLE.EXE (SMON)	1260
3E36837C		ACTIVE	ORACLE.EXE (MMON)	3968
3E3733FC		ACTIVE	ORACLE.EXE (Q001)	2036

PADDR	USERNAME	STATUS	PROGRAM	PROCESS
3E36F1CC		ACTIVE	ORACLE.EXE (J001)	3084
3E36AF9C		ACTIVE	ORACLE.EXE (SMCO)	3704
3E36C5AC	SYS	ACTIVE	sqlplus.exe	2812: 2808

已选择 25 行。

如例 3-27 所示,在专用服务器模式下,用户用 SYS 账号开启了两个 SQL * PLUS 命令行窗口连接,通过查询会话信息可以发现,这两个 sqlplus.exe 程序的用户进程对应了两个服务器进程(不同的 PADDR 值对应不同的服务器进程)。

3.5.2　用户进程

当用户使用数据库工具与数据库服务器建立连接时,就启动一个用户进程,如使用 SQL * PLUS 工具,即开启一个 SQL * PLUS 用户进程。在上面的查询中,使用了两个 SQL * PLUS 窗口与数据库服务器连接,即启用了两个用户进程(不同的 PROCESS 值对应不同的用户进程)。

如图 3-9 所示,也可以通过操作系统的任务管理器查看开启的用户进程。

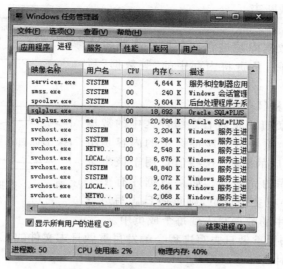

图 3-9　在任务管理器中查看用户进程

3.5.3　后台进程

后台进程是 Oracle 数据库内存结构和物理结构之间沟通的桥梁。在实例启动时，Oracle 数据库服务器端将启动一系列的后台进程，这些后台进程负责处理内存和文件间的数据交互。从功能上来看，Oracle 数据库后台进程和数据库的物理结构、内存结构之间的关系可以用图 3-10 来描述。

Oracle 数据库打开时，有 5 个后台进程是必须启动的，它们分别是：数据库写进程（DBWR）、重做日志写进程（LGWR）、检查点进程（CKPT）、系统监控进程（SMON）、进程监控进程（PMON）。

图 3-10　内存结构、后台进程和物理结构的关系图

接下来将一一介绍这 5 个后台进程以及归档进程（ARCN），这些进程也是 Oracle 数据库服务器中最重要的几个后台进程。

1. 数据库写进程（DBWR）

在前面介绍数据库高速缓冲区时，提到了"脏数据"的概念。因为数据库高速缓存中的数据和当前数据文件的数据不一致，所以这些"脏数据"必须在特定的条件下写到数据文件中，这样才能保证数据库的完整性，这个过程就是通过数据库写进程来完成的。

当以下事件发生时，会触发数据库写进程把"脏数据"写到数据库的物理数据文件中。

(1) 发生检查点事件。

(2) 脏数据量达到了限制值。

(3) 数据库缓冲区没有足够的缓存为其他事务提供足够的空间。

(4) 表空间处于热备份状态。

(5) 表空间被置为离线状态。

(6) 表空间被置为只读状态。

（7）删除表或者截断表。

（8）超时。

如图 3-11 所示，数据库写进程在数据库高速缓冲区与物理数据文件之间，负责将内存中的"脏数据"写入到数据文件之中。

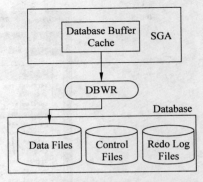

图 3-11　数据库写进程工作示意图

2. 重做日志写进程（LGWR）

重做日志写进程负责将重做日志缓冲区中的数据写到重做日志文件中，重做日志缓冲区中的内容是事务修改之前和修改之后的数据，这些信息用于该事务的恢复，以确保数据库的完整性。如果数据库有多个重做日志组，每个组中有多个成员，则重做日志写进程会把重做日志缓冲区中的数据写入到每个成员中。

在满足以下条件时，重做日志写进程会触发写重做日志文件的工作。

（1）当事务提交时。

（2）当重做日志缓冲区的 1/3 空间被占用时。

（3）当重做日志缓冲区中有 1MB 的数据时。

（4）当数据库写进程把脏数据写到数据文件之前。

（5）每 3s。

如图 3-12 所示，重做日志写进程负责将 SGA 中重做日志缓冲区的数据写入到物理的重做日志文件中。

3. 检查点进程（CKPT）

在了解检查点进程前，先介绍一下检查点，检查点是一个事件，发生检查点事件时，Oracle 会记录"脏数据"写入到数据文件的信息。在数据库恢复时，就不必恢复检查点之前的重做日志中的数据，提高了系统恢复的效率。

检查点进程的工作目的并不是用于生成检查点，而是在检查点发生时，通知数据库写进程工作，触发检查点进程写入信息到数据文件和控制文件，主要包括以下几方面。

（1）发送信号给 DBWR 进程，通知数据库写进程工作。

（2）将检查点号码写入到相关数据文件的文件头中。

（3）将检查点号码、SCN 号、重做日志序列号、归档日志名字等信息写入到控制文件中。

如图 3-13 所示，在检查点发生时，检查点进程将发送信号给 DBRW 进程，同时写入相关信息到数据文件和控制文件。

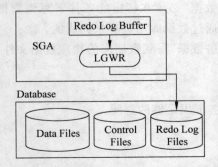

图 3-12　数据库重做日志写进程工作示意图

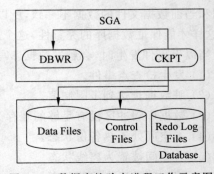

图 3-13　数据库校验点进程工作示意图

在 Oracle 中用户可以使用 alert system checkpoint 命令手工强制执行检查点。

4. 系统监视进程（SMON）

系统监视进程的主要作用是数据库崩溃后的实例恢复。当数据库发生故障时，如操作系统掉电重启，此时实例 SGA 已提交但没有写入到磁盘的信息都将丢失。当数据库重新启动后，系统监视进程将自动读取重做日志文件并执行数据库恢复。包括以下两方面。

（1）前滚所有没有写入数据文件而记录在重做日志文件中的数据。此时，系统监控进程读取重做日志文件，把用户更改的数据重新写入数据块。

（2）回滚未提交的事务。

除此之外，系统监视进程还执行表空间的维护作用。SMON 进程会将各个表空间的空闲碎片合并在一起，让数据库系统更加容易分配，从而提高数据库的性能。

5. 进程监视进程（PMON）

进程监视进程负责服务器进程的管理和维护工作，在进程失败或连接异常发生时该进程负责一些清理工作。

（1）释放所持有的当前的表或行锁。

（2）释放进程占用的 SGA 资源。

（3）监视其他 Oracle 的后台进程，在必要时重启这些后台进程。

（4）向 Oracle TNS 监听器注册刚启动的实例。如果监听器在运行，就与这个监听器通信并传递如服务名和实例的负载等参数，如果监听器没有启动，进程监控会定期地尝试连接监听器来注册实例。

6. 归档进程（ARCN）

归档进程不是 Oracle 启动的必要进程，该进程在实例启动时并不会自动启动。归档进程的作用是把写满的重做日志文件生成到一系列的归档日志文件中，在 Oracle 发生介质故障时能使用归档日志文件进行数据库恢复。

在 Oracle 发生实例故障时，系统监视进程可以使用重做日志文件进行数据库的恢复。如果发生介质故障，比如数据文件损坏，通过重做日志文件是无法恢复的，这时只能使用以前的数据库备份、归档日志文件和重做日志才可以完全恢复数据库。

归档进程不是实例启动时自动启动的，只有数据库运行在归档模式下才会自动启动该进程，因此，在生产数据库中必须启用归档模式，定期做好数据库的备份及日志归档，以防止数据库介质损坏后不能恢复的灾难性后果。

3.6　数 据 字 典

Oracle 数据字典是由一系列的表和视图构成，在创建数据库时生成，这些表和视图记录了数据库和它的对象信息，物理存储在 SYSTEM 表空间中，拥有者是 SYS 用户。数据字典的表和视图对于用户来说是只读的，用户可以通过 SELECT 语句访问查询数据，但只能由 Oracle 服务器内部维护管理这些数据。数据字典主要包括以下内容。

（1）数据库中所有模式对象的信息，如表、视图、簇、及索引等。

Oracle 的体系结构

（2）逻辑和物理的数据库结构。

（3）对象的定义和空间分配。

（4）用户、角色、权限。

（5）用户访问或使用的审计信息。

（6）列的缺省值、约束信息的完整性。

（7）其他产生的数据库信息。

Oracle 中的数据字典可分为静态数据字典和动态数据字典，静态数据字典在用户访问数据字典时不会发生改变；动态数据字典是依赖数据库运行的性能，反映数据库运行的一些内在信息，所以在访问这类数据字典时往往不是一成不变的。下面就这两类数据字典分别做详细的介绍。

3.6.1　静态数据字典

静态数据字典主要由表和视图组成，应该注意的是，数据字典中的表是基表，存储的信息用户不能直接访问。我们使用数据字典，主要是使用数据字典视图。静态数据字典中的视图根据所查询的范围不同可以分为三类，这三类视图的名称分别由三个不同的前缀来标识：user_*、all_*、dba_*。

（1）user_*。该类视图记录了当前用户所拥有的对象的信息，即包含该用户模式下的所有对象信息。

（2）all_*。该类视图记录了当前用户能够访问的对象的信息，即包括所拥有的对象及其他能访问的对象。与 user_* 相比，all_* 的范围更广。

（3）dba_*。该类视图记录了数据库中所有对象的信息，一般来说必须具有管理员权限的用户具有访问这些数据库的权限。

从图 3-14 中可以看出，这三类视图的记录有重叠的部分，dba_* 视图包含 all_* 视图和 user_* 视图，all_* 视图包含 user_* 视图。其实，它们除了访问范围不同以外，其他内容是相同的。具体来说，由于数据字典视图是由 SYS（系统用户）所拥有的，所以在默认情况下，只有 SYS 和拥有 DBA 系统权限的用户才可以看到所有的视图。没有 DBA 权限的用户只能看到 user_* 和 all_* 视图。

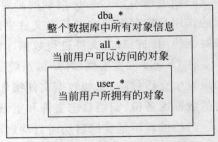

图 3-14　静态数据字典视图

接下来，通过几个例子来进一步了解数据字典。在下面的实例中，使用 HR 与 SYS 用户，HR 用户默认是锁定的，需要将其解锁。为了方便说明，HR 用户的密码设置为 HR，SYS 用户的密码设置为 SYS。

首先，用 HR 用户登录，查询三类数据字典视图。

（1）查询 HR 用户所拥有的表，即查询 user_tables 数据字典视图，如例 3-28 所示。

例 3-28　查询当前用户所拥有的表

```
C:\Users\me>sqlplus /nolog
```

```
SQL*PLUS:   Release 11.2.0.1.0 Production

Copyright (c) 1982, 2010, Oracle.   All rights reserved.

SQL>conn hr/hr
已连接。
SQL>select table_name from user_tables;

TABLE_NAME
------------------------------------------
REGIONS
LOCATIONS
DEPARTMENTS
JOBS
EMPLOYEES
JOB_HISTORY
COUNTRIES

已选择 7 行。
SQL>
```

通过查询 user_tables 数据字典视图,可以发现 HR 用户拥有 7 张表。

(2) 查询 HR 用户所能访问的表,即查询 all_tables 数据字典视图,如例 3-29 所示。

例 3-29　查询当前用户所能访问的表

```
SQL>select table_name from all_tables;

TABLE_NAME
------------------------------------------
DUAL
SYSTEM_PRIVILEGE_MAP
TABLE_PRIVILEGE_MAP
STMT_AUDIT_OPTION_MAP
AUDIT_ACTIONS
WRR$_REPLAY_CALL_FILTER
HS_BULKLOAD_VIEW_OBJ
HS$_PARALLEL_METADATA
HS_PARTITION_COL_NAME
HS_PARTITION_COL_TYPE
HELP
...
```

这里省略部分输入结果
```
...
已选择 106 行。
```

通过查询 all_tables 数据字典视图,可以发现 HR 用户能读取 106 张表。

（3）查询数据库所有表，即查询 dba_tables 数据字典视图。

例 3-30 查询数据库所有的表

```
SQL>select table_name from dba_tables;
select table_name from dba_tables
                          *
第 1 行出现错误:
ORA-00942:  表或视图不存在
```

如例 3-30 所示查询结果，因为 HR 用户没有 DBA 权限，因此无法查询 dba_tables 数据字典视图。

下面再以 SYS 用户登录，查询数据库所有表，即查询 dba_tables 数据字典视图，如例 3-31 所示。

例 3-31 使用 DBA 身份查询数据库所有的表

```
SQL>conn sys/sys as sysdba
已连接。

SQL>select table_name from dba_tables

TABLE_NAME
--------------------------------------------------------
PRODUCT_DESCRIPTIONS
INVENTORIES
PRINT_MEDIA
JOB_HISTORY
DR$ SUP_TEXT_IDX$ I
CUSTOMERS
LOGMNR_RESTART_CKPT_TXINFO$
WM$ UDTRIG_INFO
PROMOTIONS
CAL_MONTH_SALES_MV
ORDERS_QUEUETABLE
...
这里省略部分输入结果
...

已选择 2783 行。
```

从例 3-31 的查询结果可以看到，以 SYS 用户登录后，查询 dba_tables 数据字典视图，发现数据库共有 2783 张表。

在 dba_ * 、all_ * 数据字典视图中，有一个 owner 字段，标识了视图里的对象属于哪个用户所拥有。如下所示，在 dba_ * 、all_ * 数据字典视图里，同样可以查询出 HR 用户所拥有的表，查询的结果和使用 user_ * 数据字典视图是一样的，如例 3-32 和例 3-33 所示。

例 3-32　在 dba_ * 数据字典视图中,通过限制 owner 字段的值,查询用户所拥有的表

```
SQL>select table_name from dba_tables where owner='HR';

TABLE_NAME
------------------------------------------
REGIONS
LOCATIONS
DEPARTMENTS
JOBS
EMPLOYEES
JOB_HISTORY
COUNTRIES
```

已选择 7 行。

例 3-33　在 all_ * 数据字典视图中,通过限制 owner 字段的值,查询用户所拥有的表

```
SQL>select table_name from all_tables where owner='HR';

TABLE_NAME
------------------------------------------
REGIONS
DEPARTMENTS
COUNTRIES
JOB_HISTORY
EMPLOYEES
LOCATIONS
JOBS
```

已选择 7 行。

从例 3-31~例 3-33 的查询结果可知,这三类视图的主要区别是根据用户的权限不同,从而能够查询的数据范围也不一样。

下面以 user_objects 视图再次练习数据字典的用法。user_objects 数据字典视图主要描述当前用户拥有的所有对象的信息,对象包括表、视图、存储过程、触发器、包、索引、序列等。该视图比 user_tables 视图更加全面。例如,如果需要获取一个名称中包含"JOBS"的各种对象的信息,可以使用例 3-34 的查询语句。

例 3-34　模糊查询用户所拥有的对象

```
SQL>col object_name for a30;
SQL>col object_type for a20;
SQL>select object_name,object_type from user_objects where object_name like
'%JOBS%';
```

```
OBJECT_NAME                              OBJECT_TYPE
---------------------------------------  ------------------------
V_$SCHEDULER_RUNNING_JOBS                VIEW
USER_SCHEDULER_RUNNING_JOBS              VIEW
USER_SCHEDULER_REMOTE_JOBSTATE           VIEW
USER_SCHEDULER_JOBS                      VIEW
USER_JOBS                                VIEW
USER_DATAPUMP_JOBS                       VIEW
SCHEDULER$_JOBSUFFIX_S                   SEQUENCE
MV_RF$_JOBSEQ                            SEQUENCE
KU$_JOBSTATUS1120                        TYPE
KU$_JOBSTATUS1020                        TYPE
KU$_JOBSTATUS1010                        TYPE


OBJECT_NAME                              OBJECT_TYPE
---------------------------------------  ------------------------
JOBSEQLSBY                               SEQUENCE
JOBSEQ                                   SEQUENCE
IDX_RB$JOBSEQ                            SEQUENCE
GV_$SCHEDULER_RUNNING_JOBS               VIEW
DBA_SCHEDULER_RUNNING_JOBS               VIEW
DBA_SCHEDULER_REMOTE_JOBSTATE            VIEW
DBA_SCHEDULER_JOBS                       VIEW
DBA_JOBS_RUNNING                         VIEW
DBA_JOBS                                 VIEW
DBA_DATAPUMP_JOBS                        VIEW
DBA_AUDIT_MGMT_CLEANUP_JOBS              VIEW


OBJECT_NAME                              OBJECT_TYPE
---------------------------------------  ------------------------
DAM_CLEANUP_JOBS$                        TABLE
ALL_SCHEDULER_RUNNING_JOBS               VIEW
ALL_SCHEDULER_REMOTE_JOBSTATE            VIEW
ALL_SCHEDULER_JOBS                       VIEW
```

已选择 26 行。

在例 3-34 中，使用了关键字"like"及通配符"％"来查找名称中含有"JOBS"的对象。查询结果表明，在整个数据库中，共有 26 个名称中包含"JOBS"的对象，这些对象包括 VIEW、SEQUENCE 等。这里需注意的是，数据字典里存储的所有记录均为大写字母，在使用 SQL 语句时一定要注意大小写匹配，这样才能查询出所要的结果。

3.6.2 动态数据字典

动态数据字典是由 Oracle 内部维护的表和视图，这些表和视图记录了当前数据库的行为，在数据库运行的时候它们会不断进行更新，所以称它们为动态数据字典（或者称动态性能视图)。这些动态性能视图都是以 v$开头的视图,包含来自内存和控制文件的信息,DBA 可以使用动态性能视图监视和调优数据库。动态性能视图被 SYS 用户拥有,所以只能对其进行只读访问而不能修改它们。

可以使用常用的动态性能视图来了解数据库目前的状态,结合本章学习的 Oracle 体系结构,可以通过以下几个例子复习前面所学到的知识。

1. 查询 V$DATABASE 视图

通过查询 V$DATABASE 视图,获取数据库目前的状态,如例 3-35 所示。

例 3-35 查询 V$DATABASE 视图

```
SQL>col name for a20
SQL>col open_mode for a20
SQL>select name,log_mode,open_mode from v$database;


NAME                 LOG_MODE             OPEN_MODE
-------------------- -------------------- --------------------
ORCLE                NOARCHIVELOG         READ WRITE
```

从查询结果中可以发现,数据库处于读写状态(READ WRITE)。

2. 查询 V$INSTANCE 视图

通过查询 V$INSTANCE 视图,获取当前实例的状态,如例 3-36 所示。

例 3-36 查询 V$INSTANCE 视图

```
SQL>select instance_name,status from v$instance;


INSTANCE_NAME                    STATUS
-------------------------------- ------------------------------------
orcle                            OPEN
```

查询结果表明实例处于打开的状态(OPEN)。

3. 查询 V$DATAFILE 视图

通过查询 V$DATAFILE 视图,获取当前数据库数据文件的信息,如例 3-37 所示。

例 3-37 查询 V$DATAFILE 视图

```
SQL>col name for a50
SQL>select file#,name,bytes/1024/1024 as MB from v$datafile;


    FILE#  NAME                                                   MB
--------- -------------------------------------------------- ----------
        1 D:\APP\ME\ORADATA\ORCLE\SYSTEM01.DBF                  690
        2 D:\APP\ME\ORADATA\ORCLE\SYSAUX01.DBF                  530
        3 D:\APP\ME\ORADATA\ORCLE\UNDOTBS01.DBF                 100
        4 D:\APP\ME\ORADATA\ORCLE\USERS01.DBF                     5
        5 D:\APP\ME\ORADATA\ORCLE\EXAMPLE01.DF                  100
```

查询结果表明数据库有 5 个数据文件。

4. 查询 V$CONTROLFILE 视图

通过查询 V$CONTROLFILE 视图，获取控制文件的信息，如例 3-38 所示。

例 3-38 查询 V$CONTROLFILE 视图

```
SQL>select name,status from v$controlfile;

NAME                                                        STATUS
----------------------------------------------- ----------
D:\APP\ME\ORADATA\ORCLE\CONTROL01.CTL
D:\APP\ME\FLASH_RECOVERY_AREA\ORCLE\CONTROL02.CTL
```

从查询结果中可以发现，数据库有两个控制文件。

5. 查询 V$LOG 视图

通过查询 V$LOG 视图，获取重做日志文件的状态，如例 3-39 所示。

例 3-39 查询 V$LOG 视图

```
SQL>select group#,members,status from v$log;

    GROUP#   MEMBERS STATUS
---------- ------------------------------------------------
         1         1 CURRENT
         2         1 INACTIVE
         3         1 INACTIVE
```

查询结果表明数据库有三个重做日志组，每个日志组有一个成员。

6. 查询 V$TABLESPACE 视图

通过查询 V$TABLESPACE 视图，获取表空间的信息，例 3-40 所示。

例 3-40 查询 V$TABLESPACE 视图

```
SQL>select name from v$tablespace;

NAME
--------------------------------------------------------
SYSTEM
SYSAUX
UNDOTBS1
USERS
TEMP
EXAMPLE

已选择 6 行。
```

查询结果表明数据库有 6 个表空间。

7. 查询 V$SGA 视图

通过查询 V$SGA 视图，获取目前 SGA 的分配状况，如例 3-41 所示。

例 3-41　查询 V$SGA 视图

```
SQL>col name for a30
SQL>select * from v$sga;

NAME                            VALUE
------------------------------ ----------------
Fixed Size                            1374808
Variable Size                       251659688
Database Buffers                    520093696
Redo Buffers                          5259264
```

通过查询结果可以看出数据库 SGA 的分配大小。

8. 查询 V$VERSION

通过查询 V$VERSION，获取当前安装的 Oracle 软件版本信息，如例 3-42 所示。

例 3-42　查询 V$VERSION

```
SQL>select * from v$version;

BANNER
--------------------------------------------------------------

Oracle Database 11g Enterprise Edition Release 11.2.0.1.0 - Production
PL/SQL Release 11.2.0.1.0 - Production
CORE    11.2.0.1.0        Production
TNS for 32-bit Windows:   Version 11.2.0.1.0 - Production
NLSRTL Version 11.2.0.1.0 - Production
```

通过查询结果可以发现当前 Oracle 数据库版本为 11.2.0.1.0。

以上是有关 Oracle 数据字典的简单介绍，还有很多实用的数据字典视图这里不再详细讲述，读者需要在平时的工作学习中结合实际使用情况加以总结，以便更好地了解 Oracle 数据库的全貌，这样对于数据库优化、管理等也有极大的帮助。

3.7　小　　结

本章主要学习了 Oracle 数据库体系结构的相关知识。Oracle 数据库体系结构主要有物理存储结构、逻辑存储结构、内存结构和进程结构。通过学习，读者应该理解 Oracle 体系结构所包含的组件及其相应的功能，这对于深入学习 Oracle 的知识有很大的帮助。在本章的最后，还介绍了 Oracle 数据字典的知识，读者需要掌握如何通过常用的静态、动态数据字典视图查询相应的信息。

第 4 章 | Oracle 企业管理器

Oracle 企业管理器(Oracle Enterprise Manager,OEM)是 Oracle 11g 提供的一个基于 Web 的图形化数据库管理工具。OEM 是一个帮助 DBA 新手成为高手的很好用的工具,通过 OEM,用户可以完成几乎所有的以命令行方式完成的工作(建议读者还是要学会低级命令,以便能利用 SQL * PLUS 这样的界面来完成工作)。本章主要从客户层与管理服务层的角度来介绍 OEM 的启动与登录、OEM 的使用以及控制台设置等内容,下面将对这些内容进行详细介绍。

4.1 OEM 概 述

OEM 是一个基于 Java 的框架系统,该系统集成了多个组件,为用户提供了一个功能强大的图形用户界面。OEM 可以管理完整的 Oracle 11g 环境,包括数据库、应用程序与服务;在多个系统上,按不同的时间间隔调度服务;通过网络管理数据库的约束条件;管理来自不同位置的多个网络节点与服务;与其他管理员共享任务;将相关的服务组合在一起,便于对任务的管理;启动集成的 Oracle 11g 第三方工具等。

OEM 具有三层框架结构:客户层、管理服务层与节点层。客户层也称为应用层或者交互层,相当于客户端(Client),在这一层上运行控制台程序能够帮助管理员对多个数据库进行管理。除了管理 Oracle 数据库以外,还能管理 Web 服务器与应用服务器、自动重复执行多个目标上的任务、监控整个网络上的目标状态以及与其他的管理员协同工作,同时在客户层还能够建立、编排并打印 HTML 报表、快速查看与分析管理系统的信息。通过 Web 浏览器可以管理分布于不同地域的目标系统,并能够启动 Oracle 公司与第三方厂家提供的集成管理工具。管理服务层则负责执行系统的管理任务,由 Oracle 管理服务器与资料档案库组成。节点层由若干节点组成,一个节点可以是一个数据库,也可以是其他类型的对象或目标,在各个节点上都运行有智能主体,同时负责该节点的本地处理及监控智能主体的独立运行。

Oracle 11g 中 OEM 的主要功能如下。

1. 例程管理

(1) 查看与编辑实例(Instance)参数值。

(2) 管理用户会话,查看当前运行的 SQL 及其解释计划。

(3) 管理分布式 Internet 计算环境中没有及时解决的事务处理冲突。

(4) 监视需要长时间运行的操作。

(5) 通过资源计划控制处理资源。

（6）管理已存储配置。

（7）管理占用资源数量最多的锁与会话。

2．方案管理

（1）创建方案对象。

（2）修改方案对象。

（3）删除方案对象。

（4）显示方案对象的相关性。

3．安全管理

（1）创建用户、角色与概要文件。

（2）修改用户、角色与概要文件。

（3）删除用户、角色与概要文件。

（4）向数据库用户授予权限与角色。

4．存储管理

（1）创建存储对象。

（2）将数据文件与回滚段添加到表空间中。

（3）删除存储对象。

（4）将对象脱机或联机。

（5）显示对象的相关性。

4.2　OEM 的启动与登录

　　OEM 需要在创建数据库的时候特别选定安装，才能使用。在如图 4-1 所示的数据库组件安装界面上，选择"Enterprise Manager 资料档案库"复选框，则表示安装 Oracle 的企业管理器，这样才能在 Oracle 安装完成后启动 OEM。

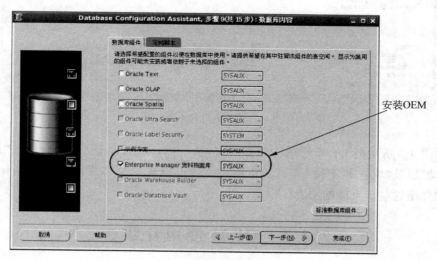

图 4-1　OEM 的安装配置界面

第 4 章

Oracle 企业管理器

选择安装了 OEM 后,打开浏览器,在地址栏中输入 https://bucea-ea74c6dc4:1158/em(读者的地址与本例可能不同),打开如图 4-2 所示的 OEM 登录页面(不同主机上的数据库,其 OEM 的访问端口可能会有所不同,通过查看 Oracle 安装目录下的 product\11.2.0\dbhome-1\install\readme.txt 文件可以知道当前正在使用的端口,默认端口为 1158)。

图 4-2　OEM 登录页面

在如图 4-2 所示的登录页面中,需要用户输入用户名与口令,如果输入的用户是 sys,那么需要在"连接身份"中选择 SYSDBA,然后单击"登录"按钮,进入如图 4-3 所示的 OEM 管理首页面。

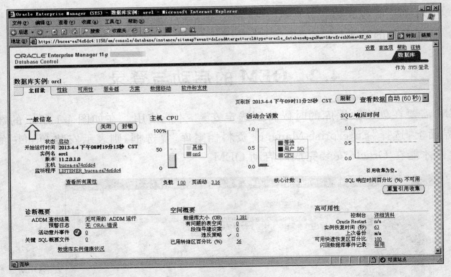

图 4-3　OEM 管理首页面

在如图 4-3 所示的 OEM 管理首页面中,包括"主目录"、"性能"、"可行性"、"服务器"、"数据移动"以及"软件和支持"等属性页面。读者可以通过这些页面管理 Oracle 数据库。下面分别介绍这些子页面的功能。

4.3　OEM 使用介绍

本节主要介绍 OEM 的"主目录"、"性能"、"管理"、"数据移动"等属性页包含的主要功能。

4.3.1 "主目录"属性页

"主目录"属性页是 OEM 管理首页面默认显示的页面,如图 4-4 所示。在这个页面中读者将了解 Oracle 数据库的一般信息、主机 CPU、活动会话数与 SQL 响应时间等信息。

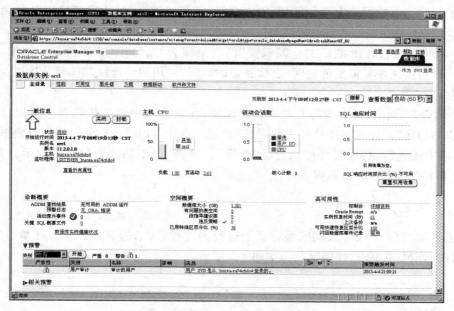

图 4-4 "主目录"属性页面

(1) 一般信息。提供关于数据库状态、运行环境、实例名以及版本信息。

① 状态。指示数据库的当前状态,如图 4-4 所示的"一般信息"区域,"状态"左侧的向上箭头表示数据库处于"启动"状态。其他状态有"关闭"、"已被封锁"、"未受监视"或"未知"。不同状态下左侧图标将显示不同的形状。如果想关闭数据库,单击"状态"右侧的"关闭"按钮即可。

② 开始运行时间。显示上次启动数据库的日期和时间。

③ 实例名。即实例的名称,一般与数据库名称一致。

④ 版本。显示数据库的版本号。

⑤ 主机。显示数据库所在的主机名。

⑥ 监听程序。显示监听程序的名称。以超链接的形式给出,单击时将显示更详细的信息。

(2) 主机 CPU。在图 4-4 中"一般信息"的右侧,即为"主机 CPU"的相关属性显示区域,在该区域显示了 CPU 的负载以及主机上的分页活动。

(3) 活动会话数。在图 4-4 中"主机 CPU"的右侧即为"活动会话数"的属性显示区域,该区域显示了工作中(占用 CPU)的会话或者刷新间隔中活跃等待的会话的平均数量(向下取整)。因为正常情况下总会存在会话空闲时间,所以这个数通常会小于连接的会话总数。

(4) SQL 响应时间。在图 4-4 中"活动会话数"的右侧即为"SQL 响应时间"的属性显示区域,该区域显示了 SQL 响应时间与引用收集的相关信息。该区域提供了"重置引用收集"

Oracle 企业管理器

按钮,用户可以重置引用收集。

(5)诊断概要。在图 4-4 中"一般信息"的下方即为"诊断概要"属性显示区域,在"诊断概要"中可以查看预警日志、活动意外事件等。

(6)空间概要。在图 4-4 中"诊断概要"的右侧即为"空间概要"属性显示区域,在该区域可以了解到当前数据库大小、有问题的表空间、段指导建议案、违反策略以及已用转储区百分比等信息。

(7)高可用性。在图 4-4 中"空间概要"的右侧即为"高可用性"属性显示区域,在该区域可以了解到实例恢复需要的时间、上次备份的时间、可用的快速恢复区百分比以及闪回时间等信息。

(8)预警。在图 4-4 中的最下方是预警区域,在该区域中的下拉列表中可以选择按照"所有"、"归档区"、"按方案统计的无效对象"、"用户审计"以及"表空间已满"(红色框中显示的内容)等方式进行预警,同时可以选择"严重"、"警告"等不同的预警级别提示。并在"预警"区域下方提供了预警信息列表。

4.3.2 "性能"属性页

为了了解当前 Oracle 数据库服务器上运行的进程、活动的会话以及吞吐量、I/O 等信息,可以在 OEM 中单击"性能"标签,如图 4-5 所示。

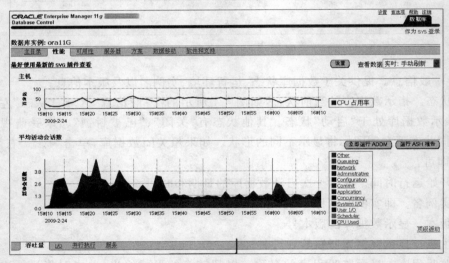

图 4-5 "性能"属性页面

在如图 4-5 所示的"性能"属性页面中默认显示的是"吞吐量"的属性页面,在该页面中可以看到"主机"的 CPU 占有率的性能图表,也可以看到"平均活动会话数"的图表。

在图 4-5 的下方可以单击 I/O、"并行执行"以及"服务"等超链接,查看其相关性能,同时"性能"属性页还提供对 AWR/ADDM 进行管理、报告生成等功能。

4.3.3 管理属性页

管理涉及可用性、服务器以及方案管理功能。单击图 4-4 中"可用性"标签,将出现如

图 4-6 所示的"可用性"管理页面,在该页面上可以对"数据库"、"设置"、"首选项"等功能进行管理,默认显示的是"数据库"管理页面。

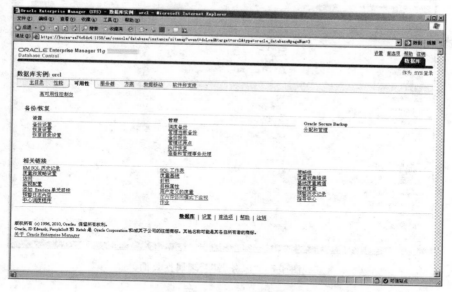

图 4-6　"可用性"管理属性页面

1. "可用性"管理属性页

在"数据库"可用性管理中,包括"备份/恢复"、"Oracle 安全备份"以及"相关链接"三个部分(如图 4-6 所示)。

(1) 备份/恢复。可以对备份、恢复进行设置;可以设置备份目录,同时还可以对调度进行备份,管理当前的备份、执行恢复等功能。

(2) Oracle 安全备份。提供对 Oracle 安全备份设备和介质的设置以及文件系统备份和还原。

(3) 相关链接。提供了 Oracle 一系列对象的链接,例如,SQL 工作表、策略组、监视配置等。

2. "服务器"管理属性页

单击图 4-4 中的"服务器"标签,将出现如图 4-7 所示的"服务器"管理页面。在该页面中可以管理"存储"、"数据库配置"、Oracle Scheduler、"统计信息管理"、"资源管理器"、"安全性"、"查询优化程序"以及"更改数据库"等。

(1) 存储管理。可以管理控制文件、表空间、临时表空间组、数据文件等内容。

(2) 数据库配置管理。可以管理内存、自动还原管理以及初始化参数等。

(3) Oracle Scheduler。可以管理作业、调度、程序、窗口等。

(4) 统计信息管理。包括对自动工作量资料档案库以及 AWR 基线的管理。

(5) 资源管理器。可以管理计划、设置以及统计信息等。

(6) 安全性。可以设置用户、角色、概要文件、审计等内容。

(7) 查询优化程序。可以管理优化程序的统计信息等内容。

(8) 更改数据库。可以添加新的数据库实例以及删除数据库实例。

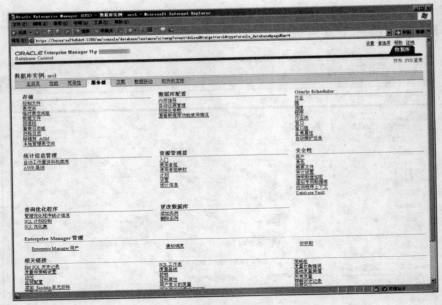

图 4-7 "服务器"管理属性页面

3. "方案"管理属性页面

单击图 4-4 中的"方案"标签,将出现如图 4-8 所示的"方案"管理页面。在该页面中可以对"数据库对象"、"程序"、"更改管理"、"实体化视图"、"用户定义类型"以及"文本管理器"等内容进行管理。

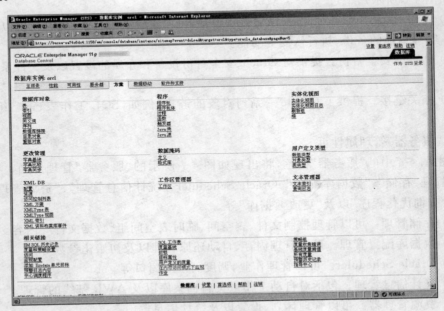

图 4-8 "方案"管理属性页面

(1) 数据库对象。在如图 4-8 所示的页面中,显示了可以管理的数据库对象,包括:表、索引、视图、同义词、序列、数据库链接、目录对象等内容。

（2）程序。该部分可以管理程序包、过程以及函数等内容。

（3）更改管理。包括字典基线以及字典比较两部分内容。

（4）实体化视图。可以管理实体化视图以及日志。

（5）用户定义类型。这部分可以对用户可以自定义的类型进行管理,包括数组类型、对象类型以及表类型。

（6）XML DB。可以管理 XML 方案、XML Type 表等内容。

（7）工作区管理。可以管理工作区。

（8）文本管理。可以管理文本索引。

4.3.4 "数据移动"属性页

在图 4-4 中单击"数据移动"标签将显示如图 4-9 所示的"数据移动"属性页。该页面主要负责 Oracle 数据库中与数据移动相关的操作,如"移动行数据"、"移动数据库文件"、"流"、"高级复制"以及"相关链接"等内容。

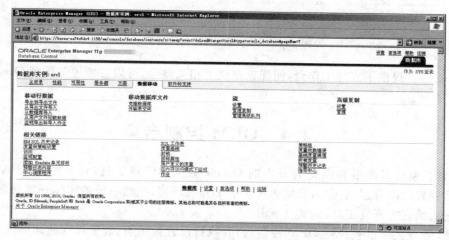

图 4-9 "数据移动"属性页面

（1）移动行数据。这部分管理 Oracle 数据库中的数据导入、导出操作。包括"导出到导出文件"、"从导出文件导入"、"从数据库导入"、"从用户文件加载数据"以及"监视导出和导入作业"。

（2）移动数据库文件。可以"克隆数据库"以及"传输表空间"。

（3）流。可以设置和管理流。

（4）高级复制。提供了设置和管理功能。

（5）相关链接。也提供了与"可用性"管理页面类似的 Oracle 数据库对象的链接。

4.3.5 "软件和支持"属性页

在图 4-4 中单击"软件和支持"标签,将显示如图 4-10 所示的"软件和支持"属性页面。该页面上说明了 OEM 对数据库补丁的安装和管理的支持。

（1）软件。提供了配置、真实应用程序测试、数据库软件打补丁等功能。

Oracle 企业管理器

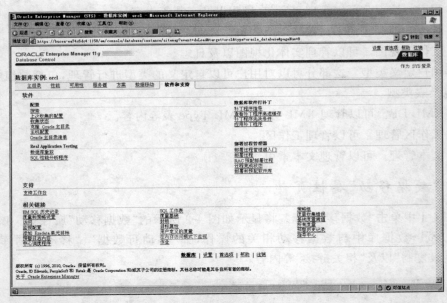

图 4-10　"软件和支持"属性页面

（2）支持。提供了支持工作台，同样也提供了相关链接，可以方便地链接到 Oracle 的其他对象。

4.4　OEM 控制台

OEM 控制台是使用 Java 语言开发的 Oracle 数据库管理工具，它主要为 DBA 提供本地或者远程数据库管理；它也为开发者提供一个开发环境，当然一般的实际开发通常会使用更加先进的第三方开发工具（例如 Toad）。

OEM 管理员可以登录到 OEM 控制台，并执行设置封锁期、电子邮件通知调度、设置首选身份证明等管理任务。在默认情况下，只有 SYS、SYSTEM、与 SYSMAN 三个数据库用户才能登录和使用 OEM 控制台。其中，SYSMAN 用户是 OEM 控制台的超级用户，是在安装 OEM 的过程中创建的，用于执行系统配置、全局配置等任务。通常，需要创建其他普通的 OEM 控制台管理员，进行 OEM 控制台的日常管理与维护工作。

4.4.1　设置 OEM 控制台管理员

管理员具有的权限和角色，限制了他能够在 OEM 控制台中管理任务的范围。同时，管理员也可以将权限与角色授予其他的数据库用户。下面给出管理员将管理权限授予其他数据库用户的过程。

（1）首先如 4.2 节介绍的那样打开 OEM 登录页面，如图 4-11 所示，单击主页面顶部的"设置"链接。出现如图 4-12 所示的"设置"页面。

（2）在"设置"页面左侧是"设置"页面具有的管理功能列表，默认情况在页面的右侧是现存的管理员列表，在右侧页面的中间部分有"刷新"和"创建"两个按钮，单击"创建"按钮，则显示创建新的 OEM 控制台管理员的界面，如图 4-13 所示。

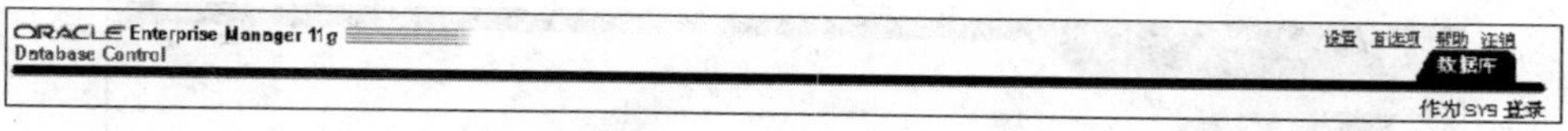

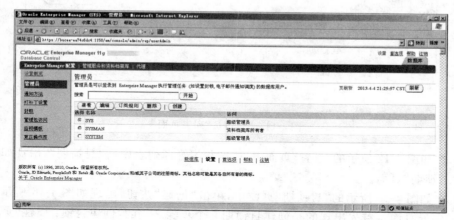

图 4-11　OEM 主页面

图 4-12　"设置"页面

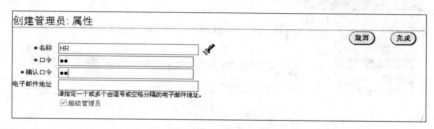

图 4-13　创建新的 OEM 控制台管理员

（3）在如图 4-13 所示的创建管理员页面中，可以输入待创建管理员的名称、口令等信息。例如创建一个名称和口令均为"HR"的管理员，则如图 4-13 所示，单击"完成"按钮即创建了一个新的 OEM 控制台的管理员。

当然，也可以选择现有的数据库用户，为他分配管理员权限，单击"名称"框右侧的"手电"图标，从弹出窗口中选择一个现有的数据库用户，单击"完成"。

（4）返回到"设置"首页面，在右侧可以看到 HR 管理员已经出现在管理员列表中，如图 4-14 所示。

4.4.2　设置封锁期

Oracle 的封锁期允许 OEM 控制台管理员挂起对一个或多个目标的监控操作，以便在目标上执行定期维护操作。要封锁某个目标，至少要对此目标具有"操作者"权限。

当用户计划中断自己的数据库，以进行维护时，可以通过定义一个中断周期来指定不希望接收警报通知。中断还允许暂停监控，以便执行其他的维护操作。

可以通过执行以下步骤，在 OEM 中定义一个中断时间周期，具体步骤如下。

（1）首先如 4.4.1 节那样，打开 OEM 管理页面，并单击页面顶部的"设置"链接。

Oracle 企业管理器

图 4-14 "管理员"列表页面

（2）在如图 4-12 所示的"设置"页面中，单击左侧管理列表中的"封锁期"，出现如图 4-15 所示的"封锁期"页面。

（3）在如图 4-15 所示的"封锁期"页面中，单击"创建"按钮，出现如图 4-16 所示的创建封锁期的向导页面。首先出现的是创建封锁期 5 个步骤之一的"创建封锁：属性"页面。

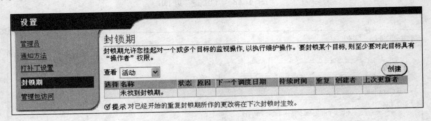

图 4-15 "封锁期"页面

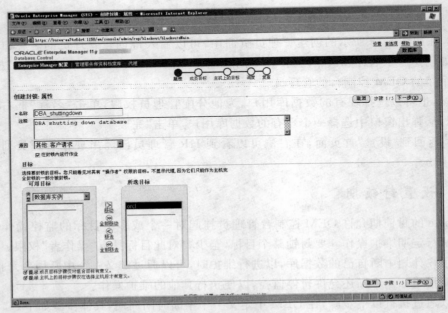

图 4-16 "创建封锁：属性"页面

（4）在如图 4-16 所示的"创建封锁：属性"页面中的"名称"文本框中输入一个中断名称，例如 DBA_shuttingdown，还可以在"注释"文本框（虽然它不是一个必需的字段）中添加注释（本例中添加的为 DBA shutting down database），如图 4-16 所示。

在"原因"区域中输入新的原因，例如 DBA_shutdown，并选中"在封锁期内运行作业"复选框。在"目标"区域中"可用目标"的"类型"下拉菜单中选择"数据库实例"，并选择数据库 orcl，然后单击"移动"。完成上述操作后，数据库实例"orcl"会作为一个选定标签在"所选目标"中列出，单击"下一步"按钮，出现如图 4-17 所示的"创建封锁：调度"页面。

图 4-17 "创建封锁：调度"页面

（5）在如图 4-17 所示的"创建封锁：调度"页面中，可以设置封锁期的"启动"、"持续时间"等内容。在"启动"选项中，可以有"立即"和"以后"两个选择。如果选择"立即"，则表示该封锁期创建完成后立即关闭数据库；如果选择了"以后"，则需要输入计划中断的开始日期和时间，可以如图 4-17 中所示选择关闭数据库的日期和时间。

在"持续时间"选项中，有"不确定"、"长度"和"直到"三个选项，表示封锁期持续的时间，可以如图 4-17 所示设置持续时间为"1 小时"，则表示关闭数据库一个小时后，封锁期过期。

在"重复"选项中，可以选择默认的"不重复"，或在下拉菜单中选择一个重复频率，然后单击"下一步"按钮，出现如图 4-18 所示的封锁期"复查"页面。

（6）在图 4-18 中单击"完成"按钮，则完成了 DBA_shutingdown 封锁期的设置，将返回如图 4-19 所示的页面。此时数据库实例 orcl 已经被封锁，1 小时后解销。

4.4.3 设置数据库首选身份证明

"首选项"是为数据库首选身份证明而设置的。如果设置了数据库首选身份证明，那么当为了执行管理操作（如备份和恢复）而安排作业和任务时，OEM 能够自动提供主机和数

第4章

Oracle 企业管理器

图 4-18   封锁期"复查"页面

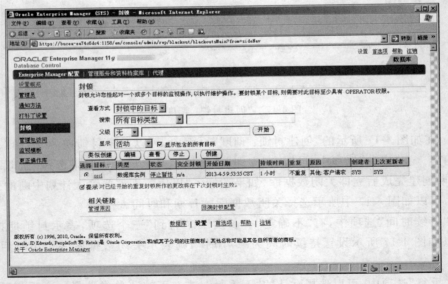

图 4-19   封锁期设置成功后页面

据库登录证书。出于安全性的考虑,Oracle 11g 以加密模式存储首选证书。用户可以通过执行以下步骤在 OEM 中设置首选证书,步骤如下。

(1) 在如图 4-11 所示的 OEM 主页面中,单击数据库主目录页面顶部的"首选项"链接,则出现如图 4-20 所示的"首选项"首页面。默认情况下,显示首选项的"一般信息",在如图 4-20 所示的页面右侧可以看到"口令"、"电子邮件地址"等信息。在这个页面中可以更改管理员的口令。

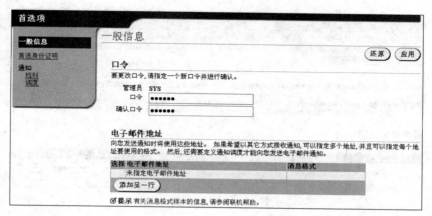

图 4-20 "首选项"首页面

（2）在如图 4-20 所示页面中的左侧窗格中还有"首选身份证明"选项，单击该选项链接，则出现如图 4-21 所示的"首选身份证明"页面。单击数据库"目标类型"中的某一项，然后单击其后的"设置身份证明"图标，则会出现数据库的首选身份证明信息。

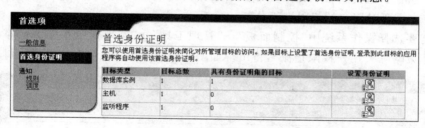

图 4-21 "首选身份证明"页面

（3）在如图 4-21 所示的页面中，选择"数据库实例"项后面的"设置身份证明"按钮，则出现如图 4-22 所示页面，在该页面中可以输入"普通用户名"、"普通口令"、"SYSDBA 用户名"、"SYSDBA 口令"、"主机用户名"与"主机口令"，并单击"测试"按钮。

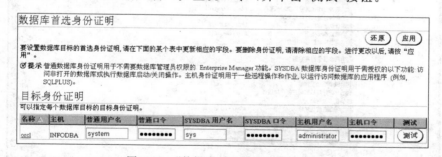

图 4-22 "数据库首选身份证明"页面

（4）单击"测试"按钮后，显示如图 4-23 所示的测试成功的信息页面。在该页面上方区域收到一条确认消息，确认证书验证完成，单击"应用"按钮，则保存了已设置的首选证书。

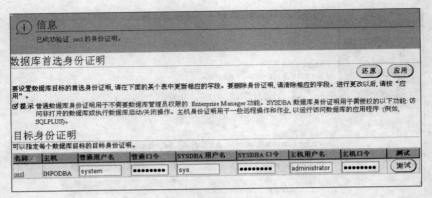

图 4-23 "测试成功"信息页面

4.4.4 设置"主机"首选身份证明

在图 4-21 中可以看到除了"数据库实例"之外还有"主机"也可以设置首选身份证明。为了设置"主机"首选身份证明需要完成如下步骤。

（1）首先需要对用户的权限进行分配。

用户需要选择操作系统中"控制面板"→"管理工具"→"本地安全策略"→"本地安全设置"→"本地策略"→"用户权限指派"，将出现如图 4-24 所示的"本地安全设置"窗口。

图 4-24 本地安全设置

（2）在图 4-24 的右侧"策略"列中双击"作为批处理作业登录"，打开"作为批处理作业登录属性"对话框，如图 4-25 所示，用户可以在该对话框中添加用户，例如，添加 Administrator 用户。

（3）设置完成用户的权限后，在如图 4-21 所示页面中单击"主机"后的"设置身份证明"

按钮,则可以进行"主机"首选身份证明。其过程与在图 4-21 中选择"数据库实例"设置"身份证明"的过程相同,在此不再重复说明。

图 4-25　"作为批处理作业登录属性"对话框

4.5　小　　结

　　本章主要从使用的角度介绍了 Oracle 企业管理器(OEM)的相关内容,包括 OEM 的启动与登录、OEM 各个属性页的主要功能及使用,以及 OEM 控制台的设置。其中有关 OEM 控制台,主要介绍了如何设置 OEM 控制台的管理员、封锁期以及首选身份证明等内容。读者可以在 OEM 中使用可视化工具管理 Oracle 数据库,在后续章节中将主要介绍使用命令行管理数据库的方法。

Oracle 企业管理器

第5章　Oracle 数据库管理

Oracle 公司提供了大量用于管理 Oracle 环境的工具，首要的工具就是 OUI（Oracle Universal Installer），用于安装 Oracle 软件（第 2 章中介绍），其次是 DBCA（DataBase Configuration Assistant），用于创建数据库。本章将主要介绍如何使用 DBCA 创建、管理 Oracle 数据库，如何设置数据库的各种参数，以及如何启动、关闭数据库。

5.1　创建 Oracle 数据库的前期准备

对于 Oracle 数据库来说，最简单也是最重要的战略性任务是在安装和规划阶段。尽管在此阶段的决策不是固定不变的，但通常难以取消。因此，在安装和创建数据库之前需要进行一定的规划，才能保证 Oracle 数据库切实符合需求。

要创建一个健康、稳定、高性能的 Oracle 数据库，首先要确定数据库的应用类型，然后再根据数据库应用类型合理地配置参数及分配资源。目前主流的数据库应用类型有联机事务处理（OLTP）、联机分析系统（OLAP）、决策支持系统（DSS）三种。

当然，对于初学者用于学习的数据库，则无须选择上述三种数据库类型，用户只需要按照所使用的创建数据库的工具自动创建一个一般性的数据库即可。

创建数据库通常有以下三种方式。

(1) 在安装 Oracle 软件时，使用 OUI 自动创建数据库。

(2) 使用 DBCA 图形化界面创建数据库。

(3) 使用 CREATE DATABASE 命令及脚本创建数据库。

第一种方法在第 2 章已经详细介绍过，下面将针对后两种方法分别进行介绍。

5.2　使用 DBCA 创建数据库

本节将学习使用 DBCA 图形化工具来创建数据库，相对于安装 Oracle 软件时自动创建数据库而言，使用 DBCA 工具可以手工配置更多的数据库参数，能根据不同的需求灵活定制数据库。

5.2.1　DBCA 概述

DBCA 是 Oracle 软件的一个工具，即数据库配置助手工具，使用 DBCA 工具可以进行数据库相关的配置工作。DBCA 是基于 Java 的图形界面工具，随 OUI 一同安装，在安装了 Java 虚拟机的任何操作系统平台都可以运行。

使用 DBCA 不仅可以创建数据库，还有其他功能，例如，"配置现有数据库中的数据库选件"、"删除数据库"以及"管理数据库模板"等。

运行 DBCA 有两种方式，一是通过"开始"菜单中，Oracle 程序的"配置和移植工具"→Database Configuration Assistant 程序来运行 DBCA；二是通过在 DOS 命令行中输入DBCA 命令来运行。运行 DBCA 后，将打开数据库配置助手，如图 5-1 所示。

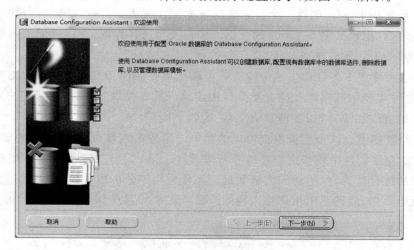

图 5-1　打开 DBCA

在图 5-1 中，单击"下一步"按钮，显示数据库配置界面，如图 5-2 所示，有以下 4 个选项可以使用。

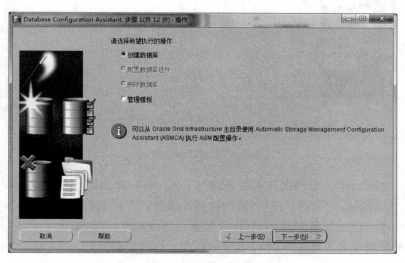

图 5-2　DBCA 选项

（1）创建数据库。根据系统自带的模板创建新数据库，或者不使用模板创建一个定制数据库。

（2）配置数据库选件。主要是在数据库服务器模式中进行转换，还可以添加以前没有配置的数据库选件。

（3）删除数据库。删除与所选数据库有关的所目录和数据文件。

（4）管理模板。创建和删除数据库模板。可以使用现有的模板创建一个新的模板，或者从已存在的数据库中创建一个数据库模板等。

5.2.2　数据库的基本配置

现在开始使用 DBCA 创建一个自定义的数据库。在图 5-2 中，选择"创建数据库"选项单击"下一步"后，出现如图 5-3 所示的数据库模板类型选择界面，在该界面上有三个可供使用的模板，即"一般用途或事务处理"、"定制数据库"和"数据仓库"。

（1）一般用途或事务处理。这个模板适合联机事务处理（OLTP）和决策支持（DSS）的应用类型，这种类型的数据库支持大量并行用户运行的简单事务处理、少量用户对数据执行长时间固定的查询和统计，如各种在线交易、购物系统。

（2）定制数据库。这个模板根据特定的需求定制数据库参数，适合特殊的要求。

（3）数据仓库。这个模板适合联机分析处理（OLAP）的应用类型，这种类型的数据库能根据复杂的统计计算，快速访问大量数据。通常应用于分析历史数据，如通过分析网上购物用户的历史数据，能挖掘出用户感兴趣的产品及潜在的客户等。

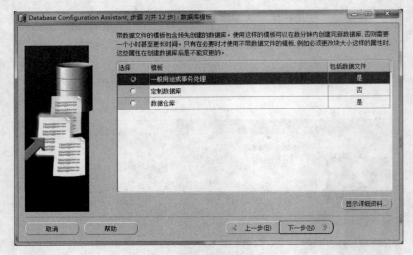

图 5-3　数据库模板选择

在图 5-3 中，选择"一般用途或事务处理"创建一个一般数据库作为学习使用。选择数据库模板类型后，单击"下一步"按钮，将跳转到配置数据库标识的界面，如图 5-4 所示。

在图 5-4 中可以配置数据库标识，包括配置全局数据库名和 SID。

（1）全局数据库名。唯一标识 Oracle 数据库，全局数据库名的命名格式为 ＜database_name＞.＜database_domain＞。对于简单环境的应用，只需输入＜database_name＞（数据库名）部分即可，＜database_name＞部分长度不能超过 8 个字符，并且只能包含字母和数字的字符。在本例中，以"orcle"作为要创建的数据库名。

（2）SID。系统标识符（SID）是标识 Oracle 数据库软件的特定实例。每个数据库至少有一个数据库的实例。通常为了便于维护，SID 和数据库名保持一致。

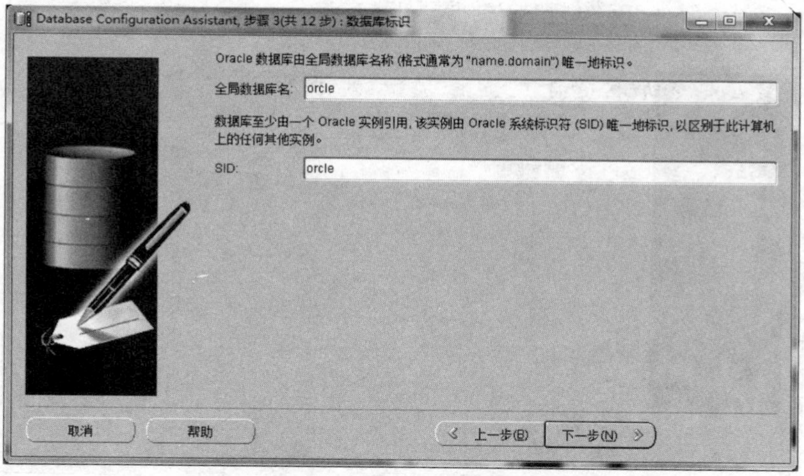

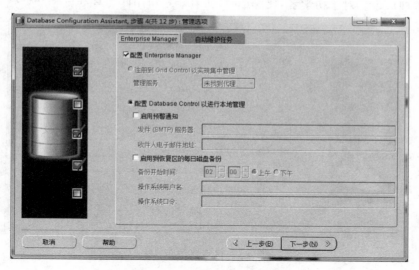

图 5-4 配置数据库标识

在图 5-4 中输入全局数据库名和 SID 后,单击"下一步"按钮,出现"管理选项"的默认配置页面,如图 5-5 所示。

图 5-5 "管理选项"默认配置页面

在图 5-5 中将配置企业管理器(Enterprise Management,EM)的相关信息。安装软件默认选择使用 Enterprise Manager 来管理数据库,在 Oracle 11g 中,建议用户使用 Enterprise Manager 来管理数据库,因此,在如图 5-5 所示的 Enterprise Manager 页面中保持默认的选项即可。"管理选项"还有"自动维护任务"选项卡,选择该选项卡,出现如图 5-6 所示页面。

在图 5-6 中,安装软件默认勾选"启用自动维护任务",这个选项启动优化程序统计信息收集和主动指导报告等功能的维护任务,保持默认的选项即可。

单击"下一步"按钮,进入设置"数据库身份证明"界面,如图 5-7 所示。此时要求设置数

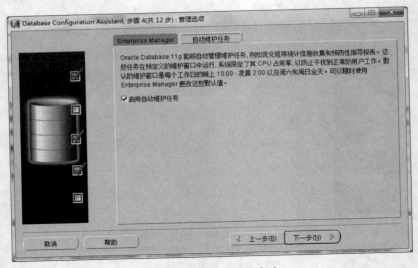

图 5-6 启用自动维护任务

据库口令,有两种方式选择设置数据库口令,一是所有用户使用一个口令,二是不同用户使用不同的管理口令。对于初学者,建议选择"所有账户使用同一管理口令"即可。

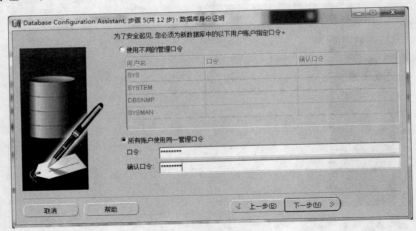

图 5-7 设置数据库口令

Oracle 11g 中建议密码要满足安全策略(如第 2 章所述)。如果在图 5-7 中口令设置不符合 Oracle 规范,则会弹出一个警告对话框,如图 5-8 所示。

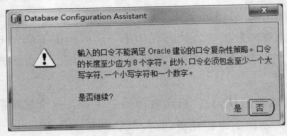

图 5-8 口令警告对话框

5.2.3 存储及恢复配置

设置"数据库身份证明"完成后，将进入"数据库文件所在位置"的配置界面，如图 5-9 所示。这里需要选择数据库的存储类型及存储位置。

图 5-9　选择数据库的存储类型及存储位置

下面详细介绍图 5-9 中的"存储类型"和"存储位置"。

1. 存储类型配置

存储类型可以选择"文件系统"或"自动存储管理（ASM）"。出于学习的目的，此处可以选择使用"文件系统"。为了了解这两者的区别，下面分别对文件系统和自动存储管理（ASM）做简要的说明。

（1）文件系统

选择文件系统则可以在当前文件系统的目录中保存和维护数据库文件。默认情况下，DBCA 工具使用标准命名和位置保存数据库文件，从而使数据库文件和管理文件（包括初始化文件在内）的管理井然有序。

（2）自动存储管理（ASM）

ASM 是 Oracle 数据库的新功能，可简化数据库文件的管理。使用 ASM，只需管理少量的磁盘组而无须管理众多的数据库文件。

对于初学者，选择使用文件系统更易于理解和学习。

2. 存储位置配置

图 5-9 中"存储位置"需要指定数据库文件的存放位置，即数据库的数据文件、控制文件、重做日志文件等的存放目录。

此处有三种方式供选择："使用模板中的数据库文件位置"、"所有数据库文件使用公共位置"和"使用 Oracle-Managed Files"。为了简单起见，使用默认选项——"使用模板中的数据库文件位置"即可。为了了解这三者的区别，下面分别做简要的说明。

（1）使用模板中的数据文件位置。此选项根据数据库模板中预定义的位置存储文件，在 Oracle 11g 中是 Oracle 安装目录下的"oradata"文件夹。

（2）所有文件使用公共位置。此选项可以指定所有数据库文件到一个新的公共位置，可以自定义文件目录。值得注意的是，为了便于以后数据库的维护管理，如果要自定义目录，也应该按照 Oracle 的标准命名来建立文件及层次结构。

（3）使用 Oracle-Managed Files。此选项由 Oracle 系统来管理文件，DBA 不必直接管理 Oracle 数据库的文件，DBA 以后根据数据库对象（而不是文件名）进行操作。在这种方式中，DBA 只需提供数据库存储区域的路径，该区域用做数据库存放其数据库文件的根目录，Oracle 将在内部使用标准文件系统接口来创建表空间、重做日志文件和控制文件等。

若在图 5-9 中选择此选项后，"多路复用重做日志和控制文件"按钮将可用。单击"多路复用重做日志和控制文件"可输入文件副本的多个位置，多路复用技术可以为重做日志和控制文件在某个目标位置出现故障时提供更强的容错能力。

3. 恢复配置

在图 5-9 中选择了"存储类型"及"存储位置"后，单击"下一步"按钮，将进入"恢复配置"的界面，如图 5-10 所示。

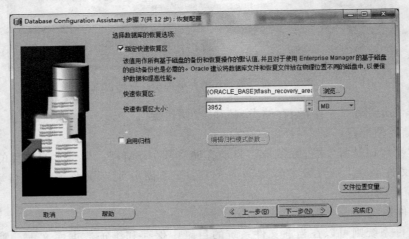

图 5-10   配置数据库的恢复参数

"恢复配置"页面是配置数据库的恢复参数的，可以在系统发生故障时恢复数据。使用此页可以指定快速恢复区并启用归档。在图 5-10 中可以选择数据库的恢复选项，有两种选择："指定快速恢复区"和"启用归档"。

（1）"指定快速恢复区"方式。Oracle 在快速恢复区中存储其备份文件、归档日志文件，Oracle 恢复组件与快速恢复区交互，当数据库在系统发生故障时，在介质恢复过程中使用快速恢复区中的文件恢复。指定快速恢复区时，必须设置快速恢复区的位置及设置恢复区的大小。

（2）"启用归档"方式。数据库安装完成后就进入了归档模式，数据库将归档重做日志。"启用归档"设置与在 Oracle Enterprise Manager 中启用"归档日志模式"相同。启用归档后，可保证在出现操作系统或磁盘故障的情况下恢复数据库；启用归档后，可以执行联机表空间备份，并且在出现介质故障后，使用这些备份还原表空间。

注意：

（1）必须启用归档后才能使数据库从磁盘故障中恢复。

（2）如果启用了归档，应确保为快速恢复区分配了足够的磁盘空间。如果在归档期间磁盘空间不足，则数据库可能会挂起。

如图 5-10 所示，选择"指定快速恢复区"，单击"下一步"按钮，将出现如图 5-11 所示的"数据库内容"设置页面。

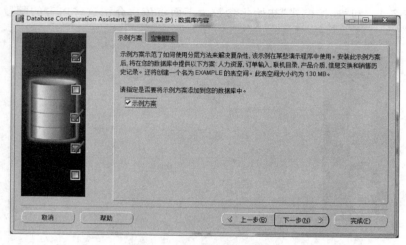

图 5-11　"示例方案"选项卡

4. 数据库内容配置

图 5-11"数据库内容"设置页面中有"示例方案"和"定制脚本"两个选项卡。图 5-11 中显示的即为"示例方案"选项卡页面。在该页面中，表示示例方案会创建一个 EXAMPLE 的表空间，提供了如"人力资源（HR）"、"销售历史"等典型数据库的模型。在后面的章节里，将使用内置的"HR 方案"来学习其他内容。

如图 5-12 所示为"定制脚本"选项卡，在该选项卡中选定"运行以下脚本"选项，则可以指定数据库创建完成后运行的 SQL 脚本。例如，可以运行 SQL 脚本创建自己的数据库方案、表空间、数据文件等。默认选项为"没有要运行的脚本"。

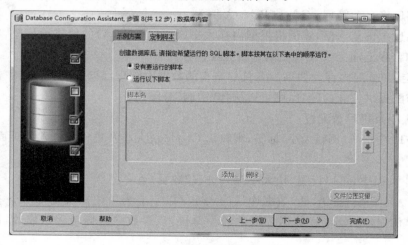

图 5-12　"定制脚本"选项卡

Oracle 数据库管理

5.2.4 初始化参数配置

在图 5-11 和图 5-12 中选好了配置参数后,单击"下一步"按钮,将进入数据库"初始化参数"配置页面,如图 5-13 所示。该设置页面中有 4 个选项卡需要配置,分别是"内存"、"调整大小"、"字符集"和"连接模式"初始化参数。下面将依次介绍这些内容的配置。

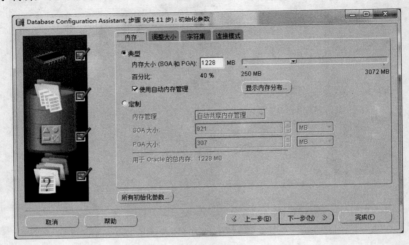

图 5-13 "初始化参数"配置页面

1. 内存大小配置

图 5-13"初始化参数"配置页面中默认显示的选项卡即为"内存"配置选项卡。在这个页面,DBCA 工具提供了"典型"及"定制"两种内存管理的配置方法。

(1)"典型"分配内存。对于大多数环境和初学者来说,该选项已足够。可以通过调整滑块控制,从某一连续值范围中分配内存大小。值得注意的是,可以分配的最小内存值为250MB,最大内存值等于计算机可用于 Oracle 物理内存的总量。

如果选中页面上"使用自动内存管理"复选框,则允许 Oracle 实例自动管理实例内存。即数据库实例将自动管理 SGA 和 PGA 大小。

如果不选中该复选框,实例将根据内存大小(SGA 和 PGA)的值进行调整,在系统全局区(SGA)和程序全局区(PGA)之间重新分配内存。

(2)"定制"分配内存。如果读者具有丰富的数据库管理经验,并且需要对 Oracle 数据库的内存分配提供特殊的配置,则可以选择"定制"分配内存。

2. 块大小及进程数配置

在图 5-13 中单击"调整大小"标签,则显示 Oracle 块大小及进程数设置的页面,如图 5-14所示。

图 5-14 页面中,可以设置"块大小"和"进程"数目。

(1)块大小。设置 Oracle 数据库块的大小(以字节为单位),块是 Oracle 分配存储空间的最小单位,也是 Oracle 数据读取的最小单位,该参数一旦确定无法修改,除非重建数据库。

Oracle 数据库数据存储在这些块中,一个数据块对应磁盘上特定字节数的物理数据库

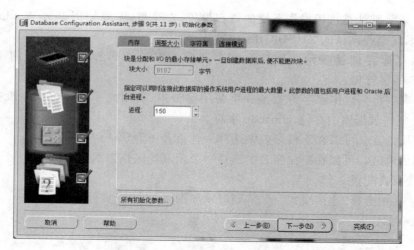

图 5-14　"调整大小"设置页面

空间。通常的数据库应用系统中,保持默认的 8192 字节即可。

（2）进程数。设置可以同时连接到 Oracle 的最大进程数,包括用户进程和所有后台进程,例如锁、作业队列进程和并行执行进程等。

3. 字符集配置

在图 5-13 中单击"字符集"标签,则显示如图 5-15 所示的页面,可进行 Oracle 数据库字符集的设置。

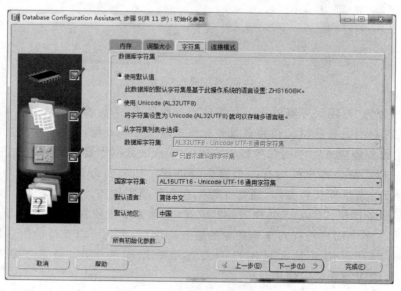

图 5-15　设置 Oracle 数据库字符集

在如图 5-15 所示页面中,包括"数据库字符集"、"国家字符集"、"默认语言"以及"默认地区"的设置。

（1）数据库字符集。数据库字符集关系到可以在数据库中存储及显示不同编码方案的字符,而且还会影响读取数据的性能、存储数据的空间等。因此,选择合适的数据库字符集十分重要。通常默认是选用操作系统的语言设置,在这里,主要使用中文 Windows 系统的编码字符,因此选择默认的 ZHS16GBK 字符集。

如果数据库存储及显示内容涉及多个国家的字符编码方案,应该选用 Unicode 的 AL32UTF8 的字符集。

(2)国家字符集。国家字符集是一个备用字符集,利用此字符集可以在没有 Unicode 数据库字符集的数据库中存储 Unicode 字符。

(3)默认语言。可以在下拉列表中选择一种语言作为默认语言。

(4)默认地区。可以在下拉列表中选择一个国家地区作为默认地区。

4. 连接模式配置

在图 5-13 中选择"连接模式"标签,则显示如图 5-16 所示页面,可设置 Oracle 数据库运行时的默认模式。

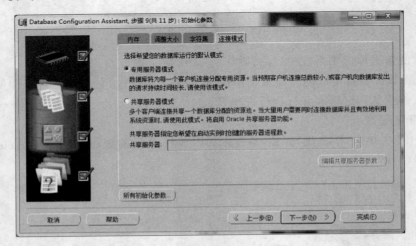

图 5-16 "连接模式"设置页面

连接模式分为"专用服务器模式"和"共享服务器模式"两种模式。为了了解这两者的区别,下面分别对专用服务器模式和共享服务器模式做简要的介绍。

(1)专用服务器模式。专用服务器模式下的 Oracle 数据库要求每个用户进程拥有一个专用服务器进程。每个客户机拥有一个服务器进程。比较适合只有少数客户机发出持久的、长时间运行的请求连接数据库,通常在数据仓库环境中使用。

(2)共享服务器模式。处于共享服务器模式(也称为多线程服务器模式)下的 Oracle 数据库配置为允许多个用户进程共享非常少的服务器进程,因此可以支持的用户数得以增加。比较适合具有内存限制并且大量用户需要连接数据库的情况,通常在联机事务处理(OLTP)、Web 应用等环境中使用。

在图 5-16 中,选择默认设置,即专用服务器模式。在此页面中单击"所有初始化参数"按钮,将打开如图 5-17 所示的页面。

5. 自定义其他初始化参数

图 5-17 显示了所有初始化参数设定值,通过这个界面,还可以自定义所有初始化参数的值。

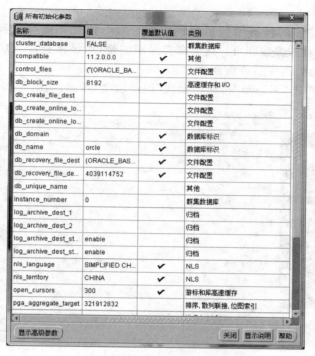

图 5-17 自定义其他初始化参数

5.2.5 完成创建数据库

在图 5-16 中,配置完数据库初始化参数后,单击"下一步"按钮,将进入到"数据库存储"参数配置页面,如图 5-18 所示,可以对数据库的控制文件、数据文件以及重做日志组等参数进行设置,内容包括控制文件的个数、选项,数据文件的文件名、目录,重做日志组的成员个

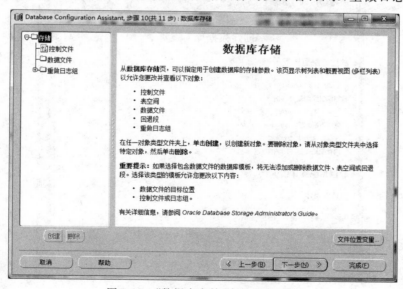

图 5-18 "数据库存储"参数配置页面

数、大小等。

　　在前面选择了"使用模板中的数据库文件位置",因此不需要进行另外的设置,使用 Oracle 系统模板推荐的参数即可。这里需要强调的是,应该检查一下默认的各项参数是否符合要求,以免创建数据库后再重新修改。

　　在图 5-18 中,单击"下一步"按钮将出现"创建选项"界面,如图 5-19 所示。

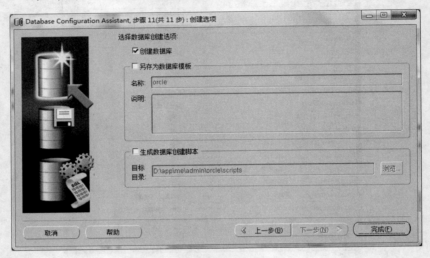

图 5-19　数据库创建选项

　　在该页面中,有"创建数据库"、"另存为数据库模板"和"生成数据库创建脚本"三个选项。勾选"创建数据库",单击"完成"按钮后,将弹出"创建数据库-概要"的确认界面,如图 5-20 所示,还可以将数据库配置概要另存为 HTML 文件。

图 5-20　数据库配置概要页面

在这里,再次强调及时检查各项参数配置的重要性。因为对于一个"健康"、稳定的数据库,前期的规划及配置十分重要,一旦数据库创建完成后,再去改变各项基本的数据库参数将事倍功半,并且容易发生各种意料不到的问题。

确认各项参数无误后,单击"确定"按钮,开始完成创建数据库的过程,如图 5-21 所示。

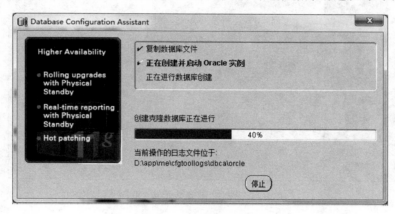

图 5-21　创建数据库过程

图 5-21 中,当数据库创建进度达到 100% 时,会弹出完成创建数据库的详细信息,如图 5-22 所示。将显示数据库名、SID、数据库服务器参数文件位置、EM 地址以及账户信息等。

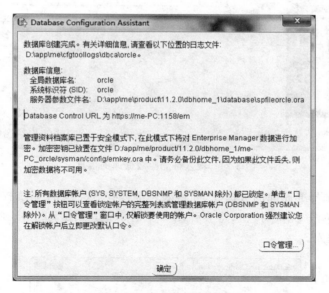

图 5-22　完成数据库创建

至此,使用 DBCA 工具创建数据库完毕,单击"关闭"按钮结束数据库创建过程。

5.2.6　使用 DBCA 删除数据库

使用 DBCA 工具不仅可以创建数据库,也可以删除数据库。如图 5-23 所示,打开

DBCA 工具后,选择"删除数据库",并单击"下一步",弹出如图 5-24 所示的页面。

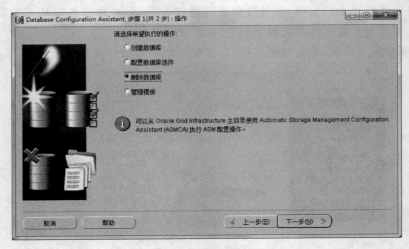

图 5-23　选择"删除数据库"页面

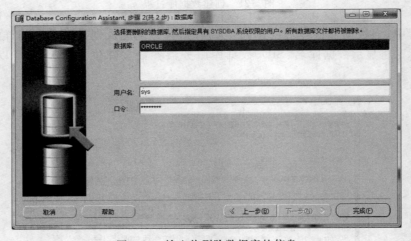

图 5-24　输入待删除数据库的信息

在图 5-24 中选择要删除的数据库,并输入一个具有 SYSDBA 系统权限的账户及密码。

在图 5-24 中单击"完成"按钮,将会弹出一个对话框,如图 5-25 所示,确认是否删除上一步所选择的数据库。

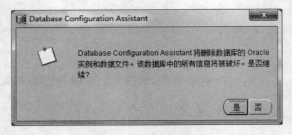

图 5-25　确认删除对话框

值得注意的是,删除数据库后,该数据库对应的数据文件也将自动删除,所以删除时一定要十分慎重,一旦选择删除,将不能找回相关的数据文件。

单击"是"按钮,将开始数据库的删除工作,如图 5-26 所示,DBCA 工具会将删除日志记录在 Oracle 的产品配置目录下。

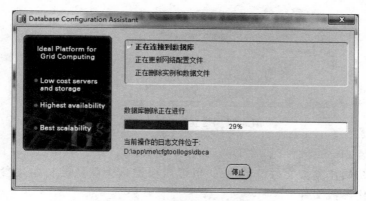

图 5-26   数据库删除进度对话框

5.3   命令方式创建数据库

除了采用 DBCA 工具创建、配置以及删除数据库之外,还可以采用命令方式创建和删除数据库。

5.3.1   命令方式创建数据库的过程

若用户使用命令方式创建数据库,则要求用户十分熟悉 Oracle 的各项参数配置,并且要做好足够的准备工作,使用命令创建数据库的主要过程如下。

(1)确定实例名和数据库名。首先需要确定数据库名和实例名,如 5.2 节所述,将二者的名字设为相同,以便于日常数据库的维护和管理。在这里,将手工创建一个数据库名和实例名均为"mytestdb"的数据库。

(2)选择数据库字符集。根据操作系统的环境选择字符集,通常使用中文 Windows 系统,选择数据库字符集为 ZHS16GBK,这样可以减少数据库字符集和操作系统字符集之间的转换。国家字符集选择 AL16UTF16 编码方案。

(3)检查操作系统环境变量。在手工创建数据库时,需要设置 ORACLE_BASE、ORACLE_HOME 这两个操作系统的环境变量,具体设置如下。

① ORACLE_BASE:即安装 Oracle 产品的根目录。根据前面 Oracle 软件的安装结果,本例中,这个根目录为 D:\app\me。

② ORACLE_HOME:Oracle11g 软件的安装目录,在本例中该安装目录为 D:\app\me\product\11.2.0\dbhome_1。

(4)创建初始化参数文件。在使用命令方式创建数据库时,需要创建一个 pfile 文件(初始化参数文件)来完成数据库实例的创建及启动过程。默认地,这个文件需要放置在 ORACLE_HOME 的 database 文件夹下面,即:D:\app\me\product\11.2.0\dbhome_1\

database 下。

一般地,这个初始化参数文件需要手工建立。在参数文件中至少指定一个数据库名参数,其他参数可以使用 Oracle 系统的默认值。在这里,建立一个初始化参数文件 mytestdb. ora。如图 5-27 所示,文件里面设置一个参数,即数据库服务名为 mytestdb。

图 5-27　建立初始化参数文件

在前面安装 Oracle 软件时,在 D:\app\me\product\11.2.0\dbhome_1\dbs 目录下自动生成了一个初始化参数文件 init. ora。也可以根据这个默认的初始化参数文件来创建一个新的初始化参数文件。

如图 5-28 所示,init. ora 中配置了创建一个数据库的基本参数。将 init. ora 文件中的内容全部拷贝到 database 文件夹中的 mytestdb. ora 文件中,然后修改相关参数选项即可,如修改数据库名 db_name、memory_target 等。

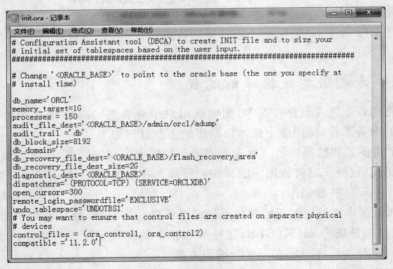

图 5-28　init. ora 参数文件

(5)创建数据库实例。需要使用 DOS 命令行完成这个操作,如例 5-1 所示,打开 cmd 程序,输入 DOS 命令从刚才创建的 pfile 来完成数据库实例的创建。

例 5-1　创建数据库实例

```
C:\Users\me>oradim -NEW -SID mytestdb -STARTMODE MANUAL -PFILE
D:\app\me\product\11.2.0\dbhome_1\database\mytestdb.ora
实例已创建。
```

(6)使用 nomount 参数启动实例。此时可以启动实例,读取参数文件,在当前数据库状态下执行数据库创建，如例 5-2 所示。

例 5-2 使用 nomount 参数启动实例

```
C:\Users\me>sqlplus / as sysdba
SQL*Plus:  Release 11.2.0.1.0 Production on
Copyright (c) 1982, 2010, Oracle.  All rights reserved.

已连接到空闲例程。

SQL>startup nomount
ORACLE 例程已经启动。

Total System Global Area  150667264 bytes
Fixed Size                  1373152 bytes
Variable Size              92277792 bytes
Database Buffers           50331648 bytes
Redo Buffers                6684672 bytes
```

例 5-2 给出了命令行方式下启动例程的过程及反馈信息。

（7）执行 create database 命令创建数据库。Oracle 提供了手工创建数据库的命令格式如下：

```
CREATE DATABASE [database]
  LOGFILE [GROUP integer]] filename
  [MAXLOGFILES integer]
  [MAXLOGMEMBERS integer]
  [MAXLOGHISTORY integer]
  [MAXDATAFILES integer]
  [MAXDINSTANCES integer]
  [ARCHIVELOG|NOARCHIVELOG]
  [CHARACTER SET charset]
  [NATIONAL CHARACTER SET charset]
  [DATAFILE filename [autoextend_clause]]
```

结合步骤（1）～（6）的准备工作，下面给出使用 CREATE DATABASE 命令来创建数据库的实例，如例 5-3 所示。

例 5-3 使用 CREATE DATABASE 命令来创建数据库

```
SQL>CREATE DATABASE mytestdb
  2  USER SYS IDENTIFIED BY oracle
  3  USER SYSTEM IDENTIFIED BY oracle
  4  LOGFILE
  5  GROUP 1 ('D:\app\me\oradata\mytestdb\redo01a.log','D:\app\me\oradata\mytest
     db\redo01b.log') SIZE 10M,
  6  GROUP 2 ('D:\app\me\oradata\mytestdb\redo02a.log','D:\app\me\oradata\mytest
     db\redo02b.log') SIZE 10M,
  7  GROUP 3 ('D:\app\me\oradata\mytestdb\redo03a.log','D:\app\me\oradata\mytest
```

Oracle 数据库管理

```
           db\redo03b.log') SIZE 10M
    8   MAXLOGMEMBERS 5
    9   MAXLOGHISTORY 50
   10   MAXDATAFILES 100
   11   CHARACTER SET ZHS16GBK
   12   NATIONAL CHARACTER SET AL16UTF16
   13   EXTENT MANAGEMENT LOCAL
   14   DATAFILE 'D:\app\me\oradata\mytestdb\system01.dbf' SIZE 325M REUSE
   15   SYSAUX DATAFILE 'D:\app\me\oradata\mytestdb\sysaux01.dbf' SIZE 325M REUSE
   16   DEFAULT TABLESPACE users
   17   DATAFILE 'D:\app\me\oradata\mytestdb\users01.dbf'
   18   SIZE 50M REUSE AUTOEXTEND ON MAXSIZE UNLIMITED
   19   DEFAULT TEMPORARY TABLESPACE tempts1
   20   TEMPFILE 'D:\app\me\oradata\mytestdb\temp01.dbf'
   21   SIZE 20M REUSE
   22   UNDO TABLESPACE undotbs
   23   DATAFILE 'D:\app\me\oradata\mytestdb\undotbs01.dbf'
   24      SIZE 20M REUSE AUTOEXTEND ON MAXSIZE UNLIMITED;
数据库已创建。
```

例 5-3 的过程解析如下。

① 第 1 行：创建名为 mytestdb 的数据库。

② 第 2 行：设置用户 sys 密码为 sys_password，即为安装 Oracle 软件时设置的密码。

③ 第 3 行：设置用户 system 密码为 system_password，即为安装 Oracle 软件时设置的密码。

④ 第 4~7 行：创建三个重做日志组，每个日志组两个重做日志成员，每个成员大小为 10MB。

⑤ 第 8 行：每个重做日志组最多有 5 个重做日志成员。

⑥ 第 9 行：控制文件中记录归档日志的大小。

⑦ 第 10 行：控制文件中记录数据文件的大小。

⑧ 第 11 行：设置数据库字符集为中文字符集 ZHS16GBK。

⑨ 第 12 行：设置数据库国家字符集为 AL16UTF16。

⑩ 第 13 行：表空间为本地管理的表空间。

⑪ 第 14 行：数据库所使用的数据文件为 D:\app\me\oradata\mytestdb\system01.dbf，大小为 325MB，注意此时该文件是系统 SYSTEM 表空间基于的数据文件。

⑫ 第 15 行：SYSAUX 表空间所使用的数据文件为 D:\app\me\oradata\mytestdb\sysaux01.dbf，大小为 325MB。

⑬ 第 16~18 行：创建一个 users 表空间用来存储用户数据，默认用户创建的表或其他数据库对象将保存在 users 表空间中，users 表空间所使用的数据文件为 D:\app\me\oradata\mytestdb\users01.dbf，大小为 50MB。

⑭ 第 19~21 行：设置默认临时表空间为 tempts1，该表空间基于的数据文件为 D:\app\me\oradata\mytestdb\temp01.dbf，文件大小为 20MB。

⑮ 第 22～23 行：设置 UNDO 表空间（还原表空间），该表空间基于的数据文件为 D：
\app\me\oradata\mytestdb\undotbs01.dbf，文件大小为 20MB。

此时，使用命令行方式完成了 mytestdb 数据库的基本创建，但是还需要使用 Oracle 的脚本文件来创建数据字典。

（8）运行脚本创建数据字典并完成之后的数据库创建过程。在安装 Oracle 软件时，Oracle 将创建数据字典的脚本放在 ORACLE_HOME 下的 rdbms\admin 目录中，文件名为 catalog.sql。在本例中安装环境的 catalog.sql 脚本放置在 D：\app\me\product\11.2.0\dbhome_1\rdbms\admin 目录中。

读者可以打开该文件查看内容，会发现该脚本是由一系列创建视图的 SQL 语句构成，Oracle 使用脚本文件让 SQL 语句批处理执行。在执行该脚本文件创建数据字典时要确保数据库处于打开状态，如例 5-4 所示。

例 5-4 运行 SQL 脚本创建数据字典

```
SQL>@ D:\app\me\product\11.2.0\dbhome_1\rdbms\admin\catalog.sql
…
…//此处省略脚本的运行过程
…
注释已创建。
注释已创建。
同义词已创建。
授权成功。
PL/SQL 过程已成功完成。
SQL>
```

到此，完成了使用命令方式创建数据库的全过程。

5.3.2　使用命令删除数据库

同样地，使用命令行方式也可以删除数据库。若要删除某个数据库，则那个数据库必须处于 MOUNT 状态（见 5.4.2 节），并且要设置系统为 RESTRICTED SESSION 的模式。执行了"DROP DATABASE"命令后，Oracle 会自动删除数据库的控制文件，以及控制文件中记录的数据文件和重做日志文件，如果数据库使用了 SPFILE，那么 SPFILE 文件也将被删除。使用 DROP DATABASE 命令不会删除归档文件和备份文件，如例 5-5 所示。

例 5-5 使用命令删除数据库

```
C:\Users\me>sqlplus / as sysdba
已连接到空闲例程。

//启动到 mount 状态
SQL>startup mount
ORACLE 例程已经启动。
Total System Global Area    150667264 bytes
Fixed Size                    1373152 bytes
Variable Size                92277792 bytes
```

```
Database Buffers                50331648 bytes
Redo Buffers                     6684672 bytes
数据库装载完毕。


//将数据库模式置为 restricted 模式
SQL>alter system enable restricted session;
系统已更改。


//执行 drop database 删除数据库
SQL>drop database;
数据库已删除。


从 Oracle Database 11g Enterprise Edition Release 11.2.0.1.0 - Production
With the Partitioning, OLAP, Data Mining and Real Application Testing options 断开
SQL>
```

此时,可以打开 mytestdb 数据库的文件存储目录,发现数据文件、重做日志文件等自动删除了。

5.4　启动数据库

数据库的启动和关闭是数据库日常管理的基本技能,读者不仅要掌握数据库的启动和关闭命令,而且要理解数据库在启动关闭过程中的细节,这对以后的维护有重要的作用。

数据库启动时会首先启动数据库实例,在这个过程中操作系统将分配一些内存空间给数据库,并启动相关的 Oracle 后台进程,然后会读取控制文件,最后打开各种数据文件完成数据库的启动任务。

数据库的关闭则和启动过程相反,首先将关闭各种数据文件,然后关闭控制文件,最后关闭数据库实例及各种后台进程。

接下来,将分别介绍数据库的启动和关闭过程,以及启动和关闭过程中涉及的各类文件。

5.4.1　启动数据库的方法

要启动 Oracle 数据库,需要用户以 SYSDBA 的身份登录,只有以 SYSDBA 的身份登录才具有打开和关闭数据库的权限。在数据库服务器中以 SYSDBA 身份登录后,只需输入 startup 命令就可以启动数据库,如例 5-6 所示。

例 5-6　启动 Oracle 数据库

```
C:\Users\me>sqlplus / as sysdba
SQL * Plus:  Release 11.2.0.1.0 Production on
Copyright (c) 1982, 2010, Oracle.  All rights reserved.


已连接到空闲例程。
SQL>startup
ORACLE 例程已经启动。
```

```
Total System Global Area    778387456 bytes
Fixed Size                    1374808 bytes
Variable Size               251659688 bytes
Database Buffers            520093696 bytes
Redo Buffers                  5259264 bytes
数据库装载完毕。
数据库已经打开。
SQL>
```

在输入 startup 命令后,Oracle 数据库启动要执行一系列的复杂操作,如读取参数文件、控制文件、打开数据文件、进行数据一致性检验等,下面详细介绍数据库的启动模式。

5.4.2　启动数据库的模式

Oracle 数据库的启动大致分为三个过程,如图 5-29 所示,首先 Oracle 程序根据初始化参数文件启动数据库实例,这个过程将分配一定的内存给实例。然后打开数据库的控制文件,读取控制文件中存储的各种数据库信息。最后根据读取的数据库信息,打开各种文件,如数据文件、日志文件等。

对应 Oracle 数据库的启动过程,可以将 Oracle 数据库启动过程划分成三种模式,每种模式数据库具有不一样的功能,同时这三种模式也对应不同的数据库维护要求,下面将这三种模式分别介绍如下。

(1) NOMOUNT 模式。该模式分配内存给数据库实例,未打开数据库,不允许用户访问。

(2) MOUNT 模式。该模式打开数据库的控制文件,读取控制文件中的各种参数信息,如数据文件和日志文件的位置等。该状态装载数据库,但不打开数据库,不允许用户访问。

(3) OPEN 模式。该模式打开数据库,允许用户访问。数据库将对数据文件进行一系列的检查工作,这些检查工作用于数据恢复。

如图 5-30 所示,当 Oracle 打开数据库实例时,数据库启动到 NOMOUNT 模式。在 Oracle 打开实例并读取控制文件时,数据库启动到 MOUNT 模式。当 Oracle 根据控制文件打开各类必需的数据库文件时,数据库启动到 OPEN 模式。

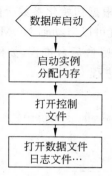

图 5-29　Oracle 数据库的启动过程

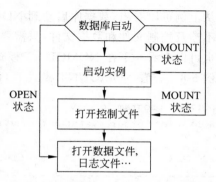

图 5-30　数据库启动过程的三种模式

正常启动数据库时，通常直接启动数据库到 OPEN 模式，即打开数据库。但是这个过程仍然经历了上面介绍的三个状态过程，即：NOMOUNT→MOUNT→OPEN。

5.4.3 转换启动模式

也可以根据不同的维护目的，分别启动数据库到 NOMOUNT、MOUNT、OPEN 模式。接下来将分别介绍如何启动数据库到这三种模式。

1. 启动数据库到 NOMOUNT 模式

当启动数据库到 NOMOUNT 模式时，Oracle 会分配一定的内存给数据库实例，所分配的内存大小是根据初始化参数文件决定的。在前面的学习中，我们知道参数文件中存放了一些参数信息，如数据库缓冲区大小，重做日志缓冲区大小等。Oracle 在启动到 NOMOUNT 状态时，将根据这些参数分配内存，然后启动必需的后台进程。如例 5-7 所示，使用 startup nomount 命令启动数据库到 NOMOUNT 模式。

例 5-7 启动数据库到 NOMOUNT 模式

```
C:\Users\me>sqlplus / as sysdba

SQL * Plus:  Release 11.2.0.1.0 Production

Copyright (c) 1982, 2010, Oracle.  All rights reserved.

已连接到空闲例程。

SQL>startup nomount
ORACLE 例程已经启动。

Total System Global Area   778387456 bytes
Fixed Size                   1374808 bytes
Variable Size              251659688 bytes
Database Buffers           520093696 bytes
Redo Buffers                 5259264 bytes
SQL>
```

从上例可以看出，数据库启动到 NOMOUNT 模式时，根据初始化参数分配了内存。该过程不涉及控制文件和数据文件，只需要初始化参数文件就可以启动到 NOMOUNT 模式。

也可以查看一下在 NOMOUNT 模式下 Oracle 启动了哪些后台进程，如例 5-8 所示。

例 5-8 查看 NOMOUNT 模式下 Oracle 启动的后台进程

```
SQL>col program for a30
SQL>select program,status from v$session where type='BACKGROUND';

PROGRAM                        STATUS
------------------------------ --------------------------
ORACLE.EXE (PMON)              ACTIVE
ORACLE.EXE (GEN0)              ACTIVE
```

```
ORACLE.EXE (DBRM)                ACTIVE
ORACLE.EXE (DIA0)                ACTIVE
ORACLE.EXE (DBW0)                ACTIVE
ORACLE.EXE (CKPT)                ACTIVE
ORACLE.EXE (RECO)                ACTIVE
ORACLE.EXE (MMNL)                ACTIVE
ORACLE.EXE (VKTM)                ACTIVE
ORACLE.EXE (DIAG)                ACTIVE
ORACLE.EXE (PSP0)                ACTIVE


PROGRAM                          STATUS
------------------------------   ------------------------
ORACLE.EXE (MMAN)                ACTIVE
ORACLE.EXE (LGWR)                ACTIVE
ORACLE.EXE (SMON)                ACTIVE
ORACLE.EXE (MMON)                ACTIVE
```

已选择 15 行。

数据库的启动过程记录在"告警日志"文件中,该文件中包括数据库启动的信息,它存放在参数 BACKGROUND_DUMP_DEST 定义的目录下。"告警日志"文件的名字为"alert_<数据库名>.log",如果用户不知道,可以使用如下指令查询"告警日志"的存储目录,如例 5-9 所示。

例 5-9   通过命令查看存储告警日志文件的参数值

```
SQL> show parameter background_dump_dest;

NAME                                 TYPE        VALUE
------------------------------       --------    --------------------------
background_dump_dest                 string      d:\app\me\diag\rdbms\orcle\orc
le\trace
```

从上例的输出可以知道,记录"告警日志"文件位于参数 background_dump_dest 指定的目录下,本例中为 D:\app\me\diag\rdbms\orcle\orcle\trace。

如图 5-31 所示,目录中的 alert_orcle.log 就是告警日志文件。下面查看一下该告警文件的内容,以确认数据库启动到 NOMOUNT 状态时的启动详细过程,如例 5-10 所示。

例 5-10   alert_orcle.log 告警日志文件的内容

```
Starting up:
Oracle Database 11g Enterprise Edition Release 11.2.0.1.0 - Production
With the Partitioning, OLAP, Data Mining and Real Application Testing options.
Using parameter settings in server-side spfile D:\APP\ME\PRODUCT\11.2.0\
DBHOME_1\DATABASE\SPFILEORCLE.ORA
System parameters with non-default values:
   processes               =150
   memory_target           =1232M
```

```
control_files              ="D:\APP\ME\ORADATA\ORCLE\CONTROL01.CTL"
control_files              ="D:\APP\ME\FLASH_RECOVERY_AREA\ORCLE\CONTROL02.CTL"
db_block_size              =8192
compatible                 ="11.2.0.0.0"
db_recovery_file_dest      ="D:\app\me\flash_recovery_area"
db_recovery_file_dest_size =3852M
undo_tablespace            ="UNDOTBS1"
remote_login_passwordfile  ="EXCLUSIVE"
db_domain                  =""
dispatchers                ="(PROTOCOL=TCP) (SERVICE=orcleXDB)"
audit_file_dest            ="D:\APP\ME\ADMIN\ORCLE\ADUMP"
audit_trail                ="DB"
db_name                    ="orcle"
open_cursors               =300
diagnostic_dest            ="D:\APP\ME"
```

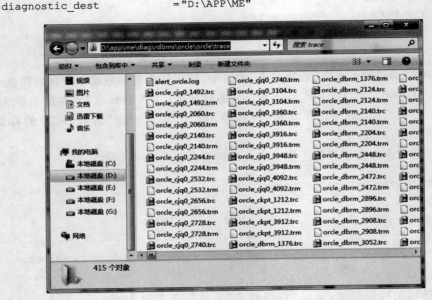

图 5-31　Windows 系统上告警日志文件的存储位置

　　例 5-10 显示的记录内容是读取初始化参数文件获得的参数值,然后根据这些参数分配内存。获得的参数值还包括控制文件的位置,数据库块大小以及还原表空间名等。

　　当数据库启动到 NOMOUNT 模式时,并不打开控制文件。在 Oracle 中查看控制文件存储目录的方法是使用视图 v$controlfile,这是一个动态视图,如果数据控制文件没有打开,则无法通过该动态视图查询到控制文件的存储目录。

　　如例 5-11 所示,当启动到 NOMOUNT 模式时控制文件并没有打开。

例 5-11　NOMOUNT 模式下查看控制文件

```
SQL>select *
  2  from v$controlfile;
```

未选定行

例 5-11 说明数据库没有打开控制文件。但是在 NOMOUNT 模式下可以通过参数文件获得控制文件的位置,因为此时参数文件已经打开。在 NOMOUNT 模式下,使用 show parameter 命令获得控制文件的位置,如例 5-12 所示。

例 5-12 NOMOUNT 模式下获得控制文件的位置

```
SQL>show parameter control_files;

NAME                 TYPE        VALUE
-----------------    ---------   --------------------------------
control_files        string      D:\APP\ME\ORADATA\ORCLE\CONTROL01.CTL,
                                 D:\APP\ME\FLASH_RECOVERY_AREA\ORCLE\
                                 CONTROL02.CTLL
```

上面的输出说明,当前数据库的控制文件位于 D:\APP\ME\ORADATA\ORCLE\ 与 D:\APP\ME\FLASH_RECOVERY_AREA\ORCLE\CONTROL02.CTLL 目录下(读者的安装目录可能与 D:\APP\ME 不同)。

2. 启动数据库到 MOUNT 模式

当数据库启动到 MOUNT 模式时将打开数据库的控制文件,读取控制文件中的各种参数信息,如数据文件和日志文件的位置等。

例 5-13 启动数据库到 MOUNT 模式

```
C:\Users\me>sqlplus / as sysdba

SQL * PLUS:   Release 11.2.0.1.0 Production

Copyright (c) 1982, 2010, Oracle.  All rights reserved.

已连接到空闲例程。

SQL>startup mount;
ORACLE 例程已经启动。

Total System Global Area   778387456 bytes
Fixed Size                   1374808 bytes
Variable Size              251659688 bytes
Database Buffers           520093696 bytes
Redo Buffers                 5259264 bytes
数据库装载完毕。
```

如例 5-13 所示,Oracle 用 startup mount 启动数据库到 MOUNT 模式时将装载数据库,但不打开数据库。

此时,数据库处于 MOUNT 模式,可以通过动态视图 v$controlfile 获得控制文件的存储目录。如例 5-14 所示,在 MOUNT 模式下查看控制文件的存储目录。

Oracle 数据库管理

例 5-14 MOUNT 模式下查看控制文件的存储目录

```
SQL>col name for a50
SQL>select status,name,block_size from v$controlfile;
```

```
STATUS       NAME                                                    BLOCK_SIZE
---------- -------------------------------------------------- ----------
             D:\APP\ME\ORADATA\ORCLE\CONTROL01.CTL                    16384
             D:\APP\ME\FLASH_RECOVERY_AREA\ORCLE\CONTROL02.CTL        16384
```

因为此时打开了控制文件，所以可以通过动态数据字典视图 v$controlfile 来查看控制文件的存储目录、控制文件数据块大小和文件块大小等信息。例 5-14 的输出说明，当前数据库的控制文件位于 D:\APP\ME\ORADATA\ORCLE\ 与 D:\APP\ME\FLASH_RECOVERY_AREA\ORCLE\CONTROL02.CTLL 目录下，并且每个控制文件的数据块大小都为 16 384B。

在 MOUNT 模式下，此时数据库并没有打开，所以数据表内容无法读取。如例 5-15 所示，在 MOUNT 模式下读取数据表内容，提示数据库并没有打开。

例 5-15 MOUNT 模式下读取数据表内容

```
SQL>select *
  2  from hr.jobs;
ORA-01219: 数据库未打开：仅允许在固定表/视图中查询
```

数据库启动到 MOUNT 模式有两种方式，一是可以直接启动数据库到 MOUNT 模式，如上例的演示；二是如果数据库已经启动到 NOMOUNT 模式，可以使用命令 alter database mount 把数据库切换到 MOUNT 模式，如例 5-16 所示。

例 5-16 NOMOUNT 模式下将数据库启动到 MOUNT 模式

```
C:\Users\me>sqlplus / as sysdba

SQL*PLUS:  Release 11.2.0.1.0 Production

Copyright (c) 1982, 2010, Oracle.  All rights reserved.

已连接到空闲例程。

SQL>startup nomount;
ORACLE 例程已经启动。

Total System Global Area   778387456 bytes
Fixed Size                   1374808 bytes
Variable Size              251659688 bytes
Database Buffers           520093696 bytes
Redo Buffers                 5259264 bytes
```

```
SQL>alter database mount;
```

数据库已更改。

3. 启动数据库到 OPEN 模式

启动数据库到 OPEN 模式时,打开数据库,允许用户访问。此模式下,数据库将打开数据文件、日志文件等,并对数据文件进行一系列的检查工作,这些检查工作用于数据恢复。当数据库处于 OPEN 模式时,可以查询数据库中的表数据。如例 5-17,在打开数据库时,查询 HR 方案下的 jobs 表。

例 5-17 OPEN 模式下查看数据表内容

```
SQL>select * from hr.jobs;

JOB_ID            JOB_TITLE              MIN_SALARY   MAX_SALARY
--------------    --------------------   ----------   ------------
AD_PRES           President                  20080        40000
AD_VP             Administration Vice        15000        30000
                  President

AD_ASST           Administration Assis        3000         6000
                  tant

FI_MGR            Finance Manager             8200        16000
FI_ACCOUNT        Accountant                  4200         9000
AC_MGR            Accounting Manager          8200        16000
AC_ACCOUNT        Public Accountant           4200         9000

JOB_ID            JOB_TITLE              MIN_SALARY   MAX_SALARY
--------------    --------------------   ----------   ------------
SA_MAN            Sales Manager              10000        20080
SA_REP            Sales Representative        6000        12008
PU_MAN            Purchasing Manager          8000        15000
PU_CLERK          Purchasing Clerk            2500         5500
ST_MAN            Stock Manager               5500         8500
ST_CLERK          Stock Clerk                 2008         5000
SH_CLERK          Shipping Clerk              2500         5500
IT_PROG           Programmer                  4000        10000
MK_MAN            Marketing Manager           9000        15000
MK_REP            Marketing Representa        4000         9000
```

数据库启动到 OPEN 模式,有两种方式:一是直接启动到 OPEN 模式。使用指令 startup open 或 startup(startup 的默认启动方式是启动到 open 模式);二是如果数据库处于 MOUNT 模式,可以使用 alter database open 指令切换到 OPEN 模式,如例 5-18 如示。

Oracle 数据库管理

例 5-18　使用 startup 命令启动数据库到 OPEN 模式

```
C:\Users\me>sqlplus / as sysdba

SQL * Plus:  Release 11.2.0.1.0 Production

Copyright (c) 1982, 2010, Oracle.  All rights reserved.

已连接到空闲例程。
SQL>startup
ORACLE 例程已经启动。

Total System Global Area   778387456 bytes
Fixed Size                   1374808 bytes
Variable Size              251659688 bytes
Database Buffers           520093696 bytes
Redo Buffers                 5259264 bytes
数据库装载完毕。
数据库已经打开。
```

例 5-19 在数据库启动到 MOUNT 模式后切换到 OPEN 模式。

例 5-19　MOUNT 模式下将数据库启动到 OPEN 模式

```
C:\Users\me>sqlplus / as sysdba

SQL * Plus:  Release 11.2.0.1.0 Production

Copyright (c) 1982, 2010, Oracle.  All rights reserved.

已连接到空闲例程。
SQL>startup nomount
ORACLE 例程已经启动。

Total System Global Area   778387456 bytes
Fixed Size                   1374808 bytes
Variable Size              251659688 bytes
Database Buffers           520093696 bytes
Redo Buffers                 5259264 bytes
SQL>alter database mount;

数据库已更改。


SQL>alter database open;

数据库已更改。
```

5.5 关闭数据库

要关闭 Oracle 数据库，同样需要用户以 SYSDBA 的身份登录。只有以 SYSDBA 的身份登录才具有关闭数据库的权限。如例 5-20，在 Oracle 服务器下以 SYSDBA 身份登录后，只需输入 shutdown 命令就可以关闭数据库。

例 5-20　使用 shutdown 命令关闭数据库

```
C:\Users\me>sqlplus / as sysdba

SQL * Plus:  Release 11.2.0.1.0 Production

Copyright (c) 1982, 2010, Oracle.  All rights reserved.

已连接到空闲例程。

SQL>startup
ORACLE 例程已经启动。

Total System Global Area   778387456 bytes
Fixed Size                   1374808 bytes
Variable Size              251659688 bytes
Database Buffers           520093696 bytes
Redo Buffers                 5259264 bytes
数据库装载完毕。
数据库已经打开。
SQL>shutdown
数据库已经关闭。
已经卸载数据库。
ORACLE 例程已经关闭。
```

5.5.1　数据库的关闭步骤

关闭数据库同样有三个过程，同启动数据库顺序相反。如图 5-32 所示，输入 shutdown 命令后，Oracle 数据库首先关闭打开的各种数据文件、日志文件等。然后关闭打开的控制文件，最后关闭实例。它经历了 CLOSE、DISMOUNT 和 SHUTDOWN 三个过程。下面对这个过程进行简单的介绍。

1. CLOSE 数据库

如例 5-21 所示，在发出 alter database close 命令后，通过查看 V$database 的 open_mode 状态，发现此时数据库为 MOUNTED 模式，即关闭了数据文件、日志文件等。

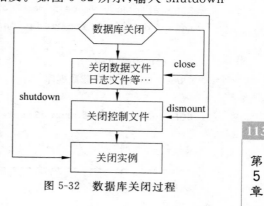

图 5-32　数据库关闭过程

Oracle 数据库管理

例 5-21 关闭数据库

```
SQL>startup
ORACLE 例程已经启动。


Total System Global Area    778387456 bytes
Fixed Size                    1374808 bytes
Variable Size               251659688 bytes
Database Buffers            520093696 bytes
Redo Buffers                  5259264 bytes
数据库装载完毕。
数据库已经打开。
SQL>alter database close;

数据库已更改。

SQL>select open_mode from v$database;


OPEN_MODE
-------------------------------------------
MOUNTED
数据库已更改。
```

2. DISMOUNT 数据库

接下来,使用 alter database dismount 命令 DISMOUNT 数据库。如例 5-22 所示,此时通过查看 v$database 的 open_mode 状态,发现此时数据库提示"未装载数据库"的错误,因为在当前模式下,已经关闭了控制文件。而此时实例并未关闭,仍可以查看 v$instance 的 status 状态。

例 5-22 关闭数据库的控制文件

```
SQL>alter database dismount;

数据库已更改。

SQL>select open_mode from v$database;
select open_mode from v$database
             *
第 1 行出现错误:
ORA-01507:  未装载数据库

SQL>select status from v$instance;


STATUS
-------------------------
STARTED
```

3. SHUTDOWN 数据库

最后,发出 shutdown 命令,Oracle 将关闭打开的数据库实例,释放 SGA 内存,结束所有后台进程,如例 5-23 所示,此时数据库完全处于关闭状态。

例 5-23 关闭数据库的实例

```
SQL> shutdown
ORA-01507: 未安装数据库

ORACLE 例程已经关闭。
```

5.5.2 关闭数据库的 4 种方式

在 5.5.1 节中,使用 SHUTDOWN 命令关闭数据库,本节将介绍该命令的 4 个参数,即 NORMAL、IMMEDIATE、TRANSACTIONAL 和 ABORT。选择不同的参数可以满足不同的关闭数据库的要求,下面分别介绍它们的使用方法。

(1) SHUTDOWN NORMAL。这种方式是 SHUTDOWN 数据库的默认方式,如果用户输入 SHUTDOWN,则默认采用 NORMAL 参数。以这种方式关闭数据库时,不允许新的数据库连接,只有当前的所有连接都退出时才会关闭数据库,这是一种安全地关闭数据库的方式,但是如果有大量用户连接,则需要较长时间才能关闭数据库。

(2) SHUTDOWN IMMEDIATE。这种方式可以较快且安全地关闭数据库,也是 DBA 经常采用的一种关闭数据库的方式,此时 Oracle 会做一些操作,中断当前事务,回滚未提交的事务,强制断开所有用户连接,执行检查点把脏数据写到数据文件中。虽然参数 IMMEDIATE 有立即关闭数据库的含义,但是它只是相对的概念,如果当前事务很多,且业务量很大,则中断事务以及回滚数据、断开连接的用户都需要时间。

(3) SHUTDOWN TRANSACTIONAL。使用 TRANSACTIONAL 参数时,数据库当前的连接继续执行,但不允许新的连接,一旦当前的所有事务执行完毕,则关闭数据库。

在通常情况下,在生产数据库系统中,使用这种方式也不会快速关闭数据库,因为如果当前的某些事务一直执行,或许会用几天时间才能关闭数据库。

(4) SHUTDOWN ABORT。这是一种很不安全地关闭数据库的方法,最好不要使用该方式关闭数据库。SHUTDOWN ABORT 关闭数据库时,Oracle 会断开当前的所有用户连接,拒绝新的连接,断开当前的所有执行事务,立即关闭数据库。使用这种方式关闭数据库,当数据库重启时需要进行数据库恢复,因为它不会对未完成事务回滚,也不会执行检查点操作。

为了说明这 4 种方式,可以看一个典型的实验,如图 5-33 所示,通过 SQL * PLUS 连接到 Oracle 中。

此时,再打开一个新的 SQL * PLUS 窗口连接到 Oracle 中,并输入 shutdown 命令关闭当前数据库,如图 5-34 所示。然后会发现,数据库并未像以前一样顺利关闭,而是一直停留在图 5-34 的关闭界面。这是因为图 5-33 所示的连接未断开,图 5-34 发出的 shutdown 命令将一直等待,直到所有连接断开,Oracle 才能完成数据库关闭。

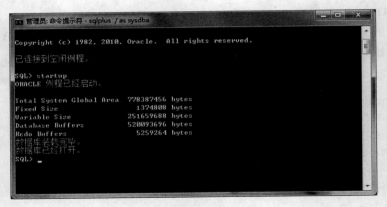

图 5-33　打开数据库过程

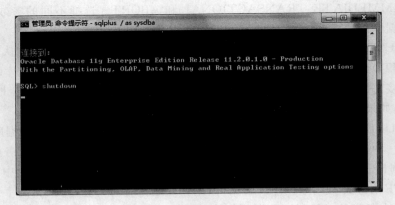

图 5-34　数据库关闭过程

5.6　Oracle 数据库初始化参数文件

在 5.2 节中使用 DBCA 创建数据库时,已经介绍了一点儿有关配置初始化参数文件的知识,下面将详细介绍 Oracle 数据库的初始化参数文件。

5.6.1　初始化参数文件概述

Oracle 数据库初始化参数文件是很重要的一个文件,在数据库实例启动时,Oracle 会读取该文件中的参数来为实例分配内存,获得一些资源的位置,设置用户进程、获得控制文件的位置以及用户登录的信息。

为了更直观地理解初始化参数文件,可以查看初始化参数文件的部分内容。在数据库创建的时候,默认会生成一个初始化参数文件,如前所述,在 D:\app\me\admin\orcle\pfile 目录下,存有一个 init.ora 文件,可以使用文本编辑器打开该文件,就可以看到该文件存储的一些初始化参数配置。

在图 5-35 中可以看到,初始化参数文件的内容主要包括数据库启动时的一些必需的参数配置,数据库实例启动时,把这些参数加载到内存中,如:

- 数据库名和实例名。
- 控制文件的位置和名字。
- 数据块的大小。
- 分配给数据库的内存大小。
- 归档日志文件的存储位置。
- 告警文件和其他后台追踪文件的存储目录。
- 实例可以同时启动的进程数。
- 打开的游标数。
- 还原段和还原空间的配置。

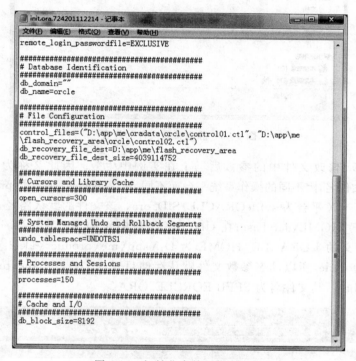

图 5-35　初始化参数文件的内容

5.6.2　初始化参数文件分类

Oracle 数据库初始化参数文件主要有两类：PFILE 文件（Oracle 8 及之前版本）和 SPFILE 文件（Oracle 9i 之后的版本）。其中 PFILE 文件是一个文本文件，可以使用文本编辑器编辑；而 SPFILE 是二进制文件，只能通过 Oracle 的命令来修改。

（1）PFILE。修改文件中的参数后不会在当前实例中生效，只有重新启动实例加载参数文件后，所做的修改才会生效。因此又称为静态参数文件。PFILE 文件名默认为 init<ORACLE_SID>.ora。

在 Windows 平台上默认的存储目录为 $ ORACLE_BASE\admin\<ORACLE_SID>\pfile。

如图 5-36 所示，前面定义的 $ ORACLE_BASE 为 D:\app\me\，Oracle-SID 为 orcle，

所以静态参数文件默认存储在 D:\app\me\admin\orcle\pfile 目录下。

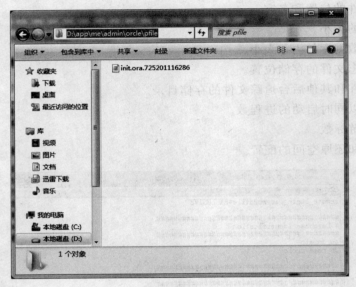

图 5-36 静态参数文件的位置

（2）SPFILE。修改文件中的参数后马上在实例中生效。因此又称为动态参数文件。SPFILE 的默认文件名，因不同的操作系统平台而不同，在 Windows 平台为 spfile＜ORALCE_SID＞.ora；在 UNIX 平台为 spfileORACLE_SID.ora。该文件的默认路径，在 Windows 平台为 $ORACLE_HOME\database；在 UNIX 平台为 $ORACLE_HOME/dbs。

5.3 节中定义的 $ORACLE_HOME 为 D:\app\me\product\11.2.0\dbhome_1\，Oracle 实例名为 orcle，所以动态参数文件默认存储目录为 D:\app\me\product\11.2.0\dbhome_1\database，其文件名为 SPFILEORCLE.ORA。

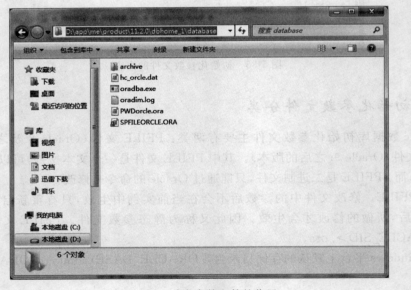

图 5-37 动态参数文件的位置

该文件可以使用 show parameter 命令查看各个参数配置；使用 alter system 命令修改参数值。

Oracle 数据库在启动实例时，会按照如下顺序来查找数据库初始化参数文件。

（1）首先使用服务器上的 spfile<ORACLE_SID>.ora 文件启动数据库。

（2）其次是查找服务器上默认的 SPFILE 文件启动。

（3）如果没找到 SPFILE，就将服务器上的 init<ORACLE_SID>.ora 文件作为启动参数文件。

（4）如果没有找到 init<ORACLE_SID>.ora 文件，则使用服务器上默认的 PFILE 来启动数据库。

因此，Oracle 数据库启动时，默认是使用动态参数文件来启动的。如果找不到动态参数文件，才选择用静态参数文件来启动。

上述启动顺序是在用户输入 STARTUP 指令后，数据库搜索初始化参数文件的过程。在很多特殊的维护过程中，也可以直接指定启动数据库的初始化参数文件为使用静态参数文件，如例 5-24 所示。

例 5-24 使用静态参数文件启动数据库

```
SQL>startup pfile=D:\app\me\admin\orcle\pfile\init-test.ora
ORACLE 例程已经启动。


Total System Global Area    778387456 bytes
Fixed Size                    1374808 bytes
Variable Size               234882472 bytes
Database Buffers            536870912 bytes
Redo Buffers                  5259264 bytes
数据库装载完毕。
数据库已经打开。
```

5.6.3 创建初始化参数文件

在前面小节的学习中，读者已经了解了数据库启动时，会按照顺序自动搜索初始化参数文件来启动数据库实例，也可以在启动时指定参数文件。

在很多特殊的情况下，需要手工创建参数文件，再通过创建的参数文件来启动数据库实例。如在数据库动态文件和静态文件都丢失时，可以手工创建一个参数文件，并指定各项目参数，不过这种方式比较麻烦，且容易出错。在日常的维护中，可以使用未损坏的 Oracle 静态参数文件（$ ORACLE_BASE\admin\orcle\pfile\init.ora 文件）作为模板，然后更改各项参数配置，这样就实现了静态参数文件的创建。

在一个运行中的 Oracle 数据库里，可以通过命令直接由 SPFILE 来创建，如例 5-25 所示。

例 5-25 从 SPFILE 创建 PFILE

```
SQL>startup
ORACLE 例程已经启动。
```

```
Total System Global Area   778387456 bytes
Fixed Size                   1374808 bytes
Variable Size              251659688 bytes
Database Buffers           520093696 bytes
Redo Buffers                 5259264 bytes
```
数据库装载完毕。
数据库已经打开。
```
SQL>create pfile from spfile;
```

文件已创建。

例 5-25 默认在 $ORACLE_HOME\database 下创建了文件名为 init<ORACLE_SID>.
ora 的参数文件,结果如图 5-38 所示,在 D:\app\me\product\11.2.0\dbhome_1\database
下生成了 INITorcle.ORA。

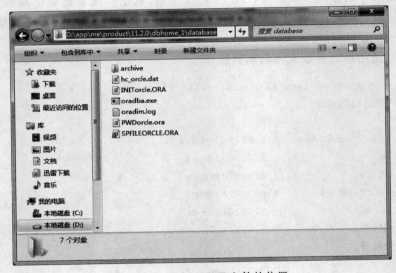

图 5-38   生成 PFILE 文件的位置

也可以在语句中指定要生成的 PFILE 位置,如例 5-26 所示。

例 5-26   创建 PFILE 时指定 PFILE 的存储位置

```
SQL>create pfile='d:\test.ora' from spfile;
```

文件已创建。

某些情况下,例如,SPFILE 文件丢失,也需要手工创建 SPFILE,其语法格式为:

```
create spfile [='spfile文件名'] from pfile=[='pfile文件名']
```

其中:
- SPFILE 文件名为可选参数,如不指定,则在 $ORACLE_HOME\database 目录下
  创建文件名为 spfile<ORALCE_SID>.ora 的动态参数文件。
- PFILE 文件名为可选参数,如不指定,则在 $ORACLE_HOME\database 目录下寻
  找文件名为 init<ORACLE_SID>.ora 的静态参数文件创建。

下面模拟数据库 SPFILE 丢失后,数据库不能启动,然后使用 PFILE 启动数据库创建
SPFILE 的场景。

(1) 首先删除 $ ORACLE_HOME\database 下的默认的 SPFILE 和 PFILE,如图 5-39
所示。

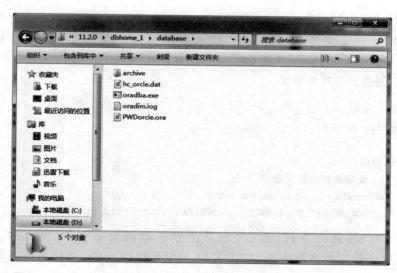

图 5-39　删除默认 SPFILE 和 PFILE 文件后

(2) 删除 SPFILE 和 PFILE 后,如例 5-27 所示,使用例 5-26 中创建的 PFILE(d:\test.
ora)启动数据库。

例 5-27　使用 PFILE 启动数据库

```
C:\Users\me>sqlplus / as sysdba

SQL * Plus:  Release 11.2.0.1.0 Production
Copyright (c) 1982, 2010, Oracle.  All rights reserved.

已连接到空闲例程。

SQL>startup pfile=d:\test.ora
ORACLE 例程已经启动。

Total System Global Area   778387456 bytes
Fixed Size                   1374808 bytes
Variable Size              251659688 bytes
Database Buffers           520093696 bytes
Redo Buffers                 5259264 bytes
```
数据库装载完毕。
数据库已经打开。

(3) 使用命令从 PFILE 创建 SPFILE 文件,刚才删除了 $ ORACLE_HOME\database

Oracle 数据库管理

目录下的 PFILE,所以要指定一个存在的 PFILE 文件,如例 5-28 所示。

例 5-28 从 PFILE 创建 SPFILE 文件

```
SQL>create spfile from pfile='d:\test.ora';
```

文件已创建。

如果不指定 pfile 文件名可选参数,则会提示如例 5-29 所示的错误。因为在默认 $ORACLE_HOME\database 目录下找不到 PFILE。

例 5-29 创建 SPFILE 错误

```
SQL>create spfile from pfile;
create spfile from pfile
*
第 1 行出现错误:
ORA-01078: 处理系统参数失败
LRM-00109: could not open parameter file
'D:\APP\ME\PRODUCT\11.2.0\DBHOME_1\DATABASE\INITORCLE.ORA'
```

如图 5-40 所示,此时发现,在 SPFILE 的默认存储目录下($ORACLE_HOME\database),可以查看到刚才创建的 SPFILE,不过没有使用 spfile 文件名可选参数,所以默认的文件名为 SPFILEORCL. ORA。下次启动数据库时,则默认首先使用该 SPFILE 启动数据库。

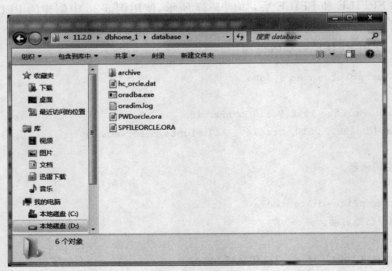

图 5-40 使用 PFILE 创建的 SPFILE

(4) 重启数据库,确认 SPFILE 创建成功,并使用它默认启动,如例 5-30 所示。

例 5-30 验证是否使用 SPFILE 启动数据库

```
SQL>shutdown immediate
数据库已经关闭。
已经卸载数据库。
```

```
ORACLE 例程已经关闭。
SQL>startup
ORACLE 例程已经启动。


Total System Global Area    778387456 bytes
Fixed Size                    1374808 bytes
Variable Size               251659688 bytes
Database Buffers            520093696 bytes
Redo Buffers                  5259264 bytes
数据库装载完毕。
数据库已经打开。
SQL>show parameter spfile;


NAME                                    TYPE
------------------------------- ----------------------------------
VALUE
-------------------------------
spfile                                  string
D:\APP\ME\PRODUCT\11.2.0\DBHOM
E_1\DATABASE\SPFILEORCLE.ORA
```

5.6.4 修改初始化参数

经过上节的学习,读者已经知道初始化参数文件记录了一些数据库实例启动必须要的
参数,接下来学习怎样修改这些参数以达到更改 Oracle 配置的目的。

1. 什么是参数

数据库初始化参数由一系列的参数名称和参数值组成。如图 5-35 打开的 PFILE 文件
中,db_name='orcle',db_name 为参数名称,orcle 为该名称对应的值。

首先了解一下使用动态视图 v$parameter 来查看数据库初始化参数的方法,在查询
v$parameter 视图之前,可以使用 desc 命令查看该视图中有哪些列,如例 5-31 所示。

例 5-31 使用 desc 命令查看表结构

```
SQL>desc v$parameter
名称                                    是否为空?类型
------------------------------- ----------------------------------

NUM                                     NUMBER
NAME                                    VARCHAR2(80)
TYPE                                    NUMBER
VALUE                                   VARCHAR2(4000)
DISPLAY_VALUE                           VARCHAR2(4000)
ISDEFAULT                               VARCHAR2(9)
ISSES_MODIFIABLE                        VARCHAR2(5)
ISSYS_MODIFIABLE                        VARCHAR2(9)
ISINSTANCE_MODIFIABLE                   VARCHAR2(5)
```

ISMODIFIED	VARCHAR2(10)
ISADJUSTED	VARCHAR2(5)
ISDEPRECATED	VARCHAR2(5)
ISBASIC	VARCHAR2(5)
DESCRIPTION	VARCHAR2(255)
UPDATE_COMMENT	VARCHAR2(255)
HASH	NUMBER

通过查看这个视图的结构可以猜测，参数名称存储在 name 字段，参数值存储在 value 字段。现在可以验证是否如此，如例 5-32，查看参数 db_name 的值。

例 5-32 使用 SQL 查看 db_name 的值

```
SQL>select value from v$parameter where name='db_name';

VALUE
---------------------------------------------------------------

orcle
```

下面再使用命令 show parameter 的方式查询初始化参数文件中参数值，如例 5-33 所示。

例 5-33 使用命令查看 db_name 的值

```
SQL>show parameter db_name

NAME                         TYPE      VALUE
---------------------------- --------  -------------------------
db_name                      string    orcle
```

通过验证，可以发现这两种方式查询的结果是一样的，不过建议读者尽量使用 show parameter 方式，因为这种方式更简洁，而且它会自动完成通配符的功能，如输入"show parameter db"，会显示所有和 db 相关的参数名和参数值。如例 5-34 所示，查询所有和 db 相关的参数名和参数值。

例 5-34 查询所有和 db 相关的参数名和参数值

```
SQL>show parameter db

NAME                         TYPE          VALUE
---------------------------- ------------  --------------------
db_16k_cache_size            big integer   0
db_2k_cache_size             big integer   0
db_32k_cache_size            big integer   0
db_4k_cache_size             big integer   0
db_8k_cache_size             big integer   0
db_block_buffers             integer       0
db_block_checking            string        FALSE
db_block_checksum            string        TYPICAL
```

```
db_block_size                        integer          8192
db_cache_advice                      string           ON
db_cache_size                        big integer      0


NAME                                 TYPE             VALUE
-------------------------------- ------------ --------------------
db_create_file_dest                  string
db_create_online_log_dest_1          string
db_create_online_log_dest_2          string
db_create_online_log_dest_3          string
db_create_online_log_dest_4          string
db_create_online_log_dest_5          string
db_domain                            string
db_file_multiblock_read_count        integer          128
db_file_name_convert                 string
db_files                             integer          200
db_flash_cache_file                  string


NAME                                 TYPE             VALUE
-------------------------------- ------------ --------------------
db_flash_cache_size                  big integer      0
db_flashback_retention_target        integer          1440
db_keep_cache_size                   big integer      0
db_lost_write_protect                string           NONE
db_name                              string           orcle
db_recovery_file_dest                string           D:\app\me\flash_recovery_area
db_recovery_file_dest_size           big integer      3852M
db_recycle_cache_size                big integer      0
db_securefile                        string           PERMITTED
db_ultra_safe                        string           OFF
db_unique_name                       string           orcle


NAME                                 TYPE             VALUE
-------------------------------- ------------ --------------------
db_writer_processes                  integer          1
dbwr_io_slaves                       integer          0
rdbms_server_dn                      string
standby_archive_dest                 string           %ORACLE_HOME%\RDBMS
standby_file_management              string           MANUAL
xml_db_events                        string           enable
```

2. 更改参数值

默认使用 SPFILE 作为初始化参数文件启动数据库后,有时需要动态调整初始化的参数值。要调整初始化的参数值,Oracle 提供了 ALTER SYSTEM 命令来修改 SPFILE 中的参数值。其语法格式如下所示。

```
ALTER SYSTEM SET parameter=value <comment='text'><deferred>
<scope=memory|spfile|both><sid='sid| * '>
```

其中,各参数含义如下。

- parameter＝value:为某个参数赋值,parameter 为参数名称,value 为参数值。
- <comment='text'>:是可选的提供注释信息,text 为字符串,用于附加一些注释信息,这个注释就是 v$parameter 数据字典视图中的 update_comment 字段内容。
- <deferred>:决定修改是否对当前会话有效,使用该参数说明对当前会话无效。默认情况下,参数修改立即生效,但有些参数要求对新的会话生效。
- <scope＝memory|spfile|both>:设置修改的参数保存位置,其中参数 memory 说明把参数保存在内存中,重启数据库实例时该参数无效,参数 spfile 说明把参数值保存在 SPFILE 中,重启数据库后仍有效,both 表明把参数同时保存在内存和 SPFILE 中。
- <sid='sid| * '>:用于集群系统,默认值为 sid='*',其作用是为集群中所有的实例指定唯一的参数设置。如果不使用 RAC 则没有必要使用该设置。

下面通过更改 processes 参数值来说明 Oracle 更改 SPFILE 参数的方法。在数据库安装时,默认 processes 的值为 150,如例 5-35 查询所示。

例 5-35 查询数据库 processes 参数值

```
SQL>col type for a10
SQL>show parameter processes

NAME                                 TYPE          VALUE
------------------------------------ ------------- --------------------
aq_tm_processes                      integer       0
db_writer_processes                  integer       1
gcs_server_processes                 integer       0
global_txn_processes                 integer       1
job_queue_processes                  integer       1000
log_archive_max_processes            integer       4
processes                            integer       150
```

现在,通过命令 alter system 把 processes 的值改成 200,修改的参数值保存在 SPFILE 文件中,如例 5-36 所示。

例 5-36 更改数据库 processes 参数值

```
SQL>alter system set processes=200 scope=spfile;
```

系统已更改。

下面验证当前会话的 processes 参数是否已经修改成 200,如例 5-37 所示。

例 5-37 验证数据库 processes 参数值是否更改

```
SQL>show parameter processes
```

```
NAME                              TYPE            VALUE
------------------------------    -----------     -------------------
aq_tm_processes                   integer         0
db_writer_processes               integer         1
gcs_server_processes              integer         0
global_txn_processes              integer         1
job_queue_processes               integer         1000
log_archive_max_processes         integer         4
processes                         integer         150
```

从上述结果可以看出，虽然已经成功更改了参数 processes 的值为 200，但是在当前会话中查询时，却没有更改，这是因为设置了参数"scope＝spfile"，即参数保存在 SPFILE 中，只有重启数据库后才有效。

下面关闭数据库，并重新启动数据库，再次查询该参数，例 5-38 所示。

例 5-38　重启数据库查询 processes 参数值

```
SQL> shutdown immediate
数据库已经关闭。
已经卸载数据库。
ORACLE 例程已经关闭。
SQL> startup
ORACLE 例程已经启动。

Total System Global Area    778387456 bytes
Fixed Size                    1374808 bytes
Variable Size               251659688 bytes
Database Buffers            520093696 bytes
Redo Buffers                  5259264 bytes
数据库装载完毕。
数据库已经打开。
SQL> show parameter processes
```

```
NAME                              TYPE            VALUE
------------------------------    -----------     -------------------
aq_tm_processes                   integer         0
db_writer_processes               integer         1
gcs_server_processes              integer         0
global_txn_processes              integer         1
job_queue_processes               integer         1000
log_archive_max_processes         integer         4
processes                         integer         200
```

输出结果表明，此时发现参数 processes 的值已经更改为 200 了。

3. 取消参数值

如果参数设置不当，也可以通过更改 SPFILE 文件中的值取消参数值。Oracle 允许使用 ALTER SYSTEM 指令取消 SPFILE 中的参数值。其语法格式如下。

```
ALTER SYSTEM RESET parameter <scope=memory|spfile|both>sid='sid|*'
```

这里的<scope= memory|spfile|both>和"更改参数值"中介绍的含义相同,采用这种方式将使得该参数保持原来的默认值,而不是用户设置的参数值,如例 5-39 所示。

例 5-39 取消更改的 processes 参数值

```
SQL>alter system reset processes scope=spfile;

系统已更改。

SQL>shutdown immediate
数据库已经关闭。
已经卸载数据库。
ORACLE 例程已经关闭。
SQL>startup
ORACLE 例程已经启动。

Total System Global Area    778387456 bytes
Fixed Size                    1374808 bytes
Variable Size               251659688 bytes
Database Buffers            520093696 bytes
Redo Buffers                  5259264 bytes
数据库装载完毕。
数据库已经打开。
SQL>show parameter processes
```

NAME	TYPE	VALUE
aq_tm_processes	integer	0
db_writer_processes	integer	1
gcs_server_processes	integer	0
global_txn_processes	integer	1
job_queue_processes	integer	1000
log_archive_max_processes	integer	4
processes	integer	100

例 5-39 表明,通过 alter system reset 命令取消 processes 参数值后,processes 还原系统默认值为 100。

5.7 小   结

DBCA 不仅能够高效、灵活地配置数据库,而且能够完成更多的高级配置。本章详细介绍了使用 DBCA 工具创建数据库的主要步骤及自定义配置;同时也给出了使用命令行方式创建数据库的详细过程。在日常学习和工作中，建议读者使用 DBCA 工具来完成数据库的创建和管理。同时，还介绍了启动和关闭 Oracle 数据库的基本操作，通过本章的学习，读者应该能够使用不同的命令启动和关闭数据库。此外，本章还介绍了数据库初始化参数文件的相关知识，静态参数文件和动态文件的区别及创建方法，这些内容的学习将有助于读者更好地掌握 Oracle 数据库的高级管理功能。

Oracle 数据库管理

向……数据库进行连接，也可以……在……使用……DBCA……
……Oracle……
……
……Oracle……

第6章   SQL 与 PL /SQL 概述

SQL 是访问数据库的主要工具，通过 SQL 能够对数据库和信息进行管理，但是使用过 SQL 的用户都会发现，SQL 并不能做到程序员希望做到的所有事情，因为 SQL 没有数组处理、没有循环结构、不能对输出结果进行过程控制，也不具有其他编程语言的特点。为了使得 SQL 对数据库有更好的处理能力，Oracle 开发了 PL/SQL，它直接驻留在数据库的编程环境中，是 Oracle 专用的编程语言。

本章将介绍 SQL * PLUS 工具的使用、常用命令以及 PL/SQL 的基本语法。

6.1   SQL * PLUS 的使用

安装 Oracle 11g 数据库软件时，无论是服务器版本还是客户端版本，都会默认安装 SQL * PLUS 工具。接下来的几节中，将介绍 SQL * PLUS 工具的启动、连接 Oracle 数据库等具体操作。

6.1.1   启动 SQL * PLUS 工具

Oracle 11g 安装完成后，通过"开始"菜单，找到"应用程序开发"菜单项，打开 SQL * PLUS 工具。SQL * PLUS 打开之后，显示为一个 DOS 界面的程序，因此也可以在 DOS 命令中，直接输入 sqlplus 命令来启动 SQL * PLUS 程序。启动 SQL * PLUS 程序后，将弹出一个 DOS 窗口提示输入用户名和密码登录 Oracle 数据库，如图 6-1 所示。

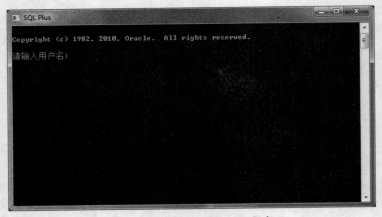

图 6-1   打开 SQL * PLUS 程序

在图 6-1 中,输入用户名为"sys",密码为创建数据库时设置的 sys 密码,"回车"。发现提示一个错误"ORA-28009: connection as SYS should be as SYSDBA or SYSOPER"。这是因为"sys"是 Oracle 数据库的系统管理员用户,必须使用"as sysdba"或者"as sysoper"参数来登录。

在图 6-2 中,输入用户名为"sys as sysdba",密码为创建数据库时设置的 sys 密码,即可登录 Oracle 数据库。

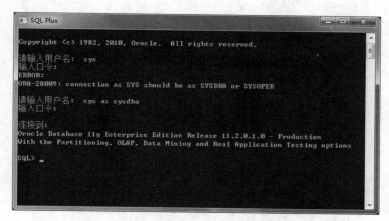

图 6-2　使用 SQL * PLUS 登录 Oracle 数据库

登录后,可以查询一下 V$database 视图,验证是否登录了已经创建的 Oracle 数据库,如例 6-1 所示。

例 6-1　查看当前数据库名称

```
SQL>select name from v$database;


NAME
-------------------
ORCLE
```

6.1.2　使用网络服务名连接 Oracle 数据库

在上节中,使用 SQL * PLUS 工具直接登录到 Oracle 数据库中,可以这样做的条件是,用户当前必须处于 Oracle 数据库服务器端。

如果用户是使用客户端连接 Oracle 数据库,则无法使用 6.1.1 节的方式登录。因为客户端不知道 Oracle 数据库服务器的地址、数据库实例名等。此时,需要建立一个网络服务名(TNSname)来连接远程的 Oracle 数据库服务器,这是采用客户-服务器模式(Client-Server 模式)连接 Oracle 数据库服务器。

1. 建立网络服务名

网络服务名的建立是通过 Oracle 菜单中"配置和移植工具"→"网络配置助手"来完成的。打开网络配置助手,出现如图 6-3 所示的界面,选择"本地网络服务名配置",单击"下一步"按钮,显示如图 6-4 所示的设置服务名的页面。

SQL 与 PL/SQL 概述

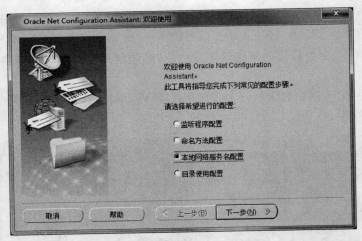

图 6-3　选择配置本地网络服务名

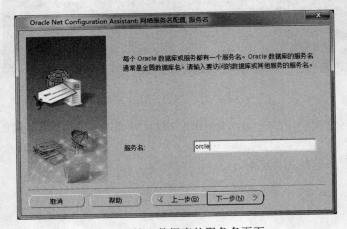

图 6-4　输入数据库的服务名页面

图 6-4 中需要填写数据库的服务名,本例中输入已创建的 orcle 实例名。单击"下一步"按钮显示协议选择页面,如图 6-5 所示。

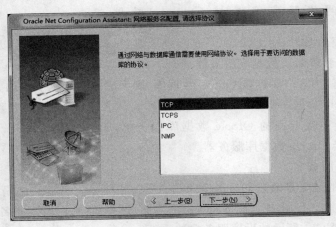

图 6-5　选择连接数据库的协议

在图 6-5 中,选择网络协议,此处选择 TCP,单击"下一步"按钮,显示主机名填写页面,如图 6-6 所示。

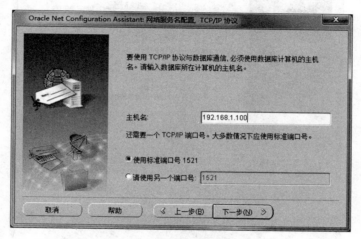

图 6-6　填写数据库的 IP 地址

在图 6-6 中,输入数据库服务器所在计算机的主机名,此处输入 orcle 实例所在的服务器 IP 地址,选择"使用标准端口号 1521",单击"下一步"按钮,显示如图 6-7 所示的连接测试页面。

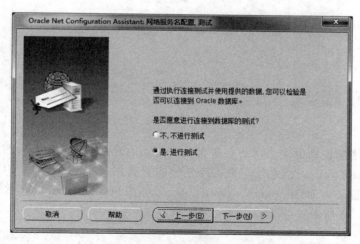

图 6-7　选择连接测试

在图 6-7 中,用户可以选择与待连接的数据库进行连接测试,以便验证上述的配置是否正确。选择"是,进行测试",单击"下一步"按钮显示如图 6-8 所示的连接测试页面。

在图 6-8 中显示了已经成功连接到数据库,但是"您提供的一些信息可能不正确",说明网络服务名填写不正确,需要修改,单击"更改登录"按钮,出现如图 6-4 所示的页面,填写正确的服务器名后,单击"下一步"按钮,则出现如图 6-9 所示的页面。

在图 6-9 中为此网络服务名输入名称,即在 Oracle 客户端使用的服务别名,单击"下一步"按钮,完成配置操作。

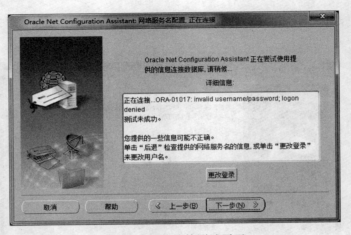

图 6-8　网络连接测试页面

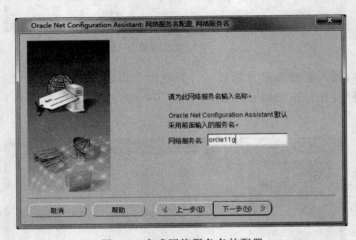

图 6-9　完成网络服务名的配置

在使用网络配置助手完成网络服务名的配置后,Oracle 将保存配置的信息。该配置信息名为 tnsnames. ora 文件,它位于数据库软件的安装主目录下的 NETWORK\ADMIN 目录中。本例的目录为 D:\app\me\product\11.2.0\dbhome_1\NETWORK\ADMIN,打开该文件,如图 6-10 所示。

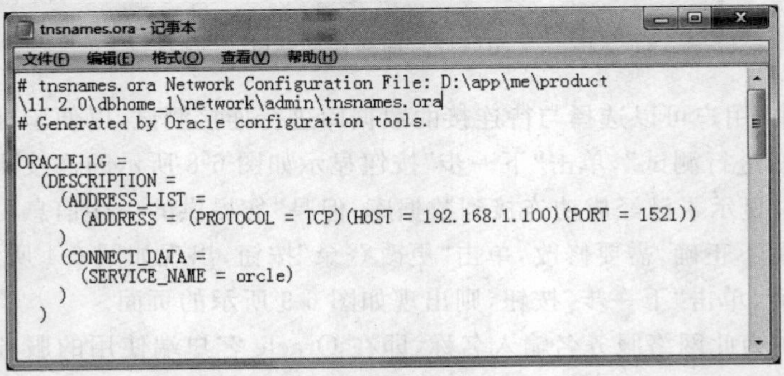

```
# tnsnames.ora Network Configuration File: D:\app\me\product
\11.2.0\dbhome_1\network\admin\tnsnames.ora
# Generated by Oracle configuration tools.

ORACLE11G =
  (DESCRIPTION =
    (ADDRESS_LIST =
      (ADDRESS = (PROTOCOL = TCP)(HOST = 192.168.1.100)(PORT = 1521))
    )
    (CONNECT_DATA =
      (SERVICE_NAME = orcle)
    )
  )
```

图 6-10　tnsnames. ora 文件

在 tnsnames. ora 文件中保存了网络服务名的配置信息,如网络服务名称为 oracle11g,协议为 TCP,IP 地址为 192.168.1.100,数据库实例名为 orcle 等。

2. 测试网络服务名

网络服务名配置完成后,可以通过 Oracle 自带的命令工具来测试连接是否正常。按照 6.1.1 节的方法打开 DOS 窗口,输入"tnsping 网络服务名"来验证,如例 6-2 所示。

例 6-2 测试网络服务名是否连接正常

```
C:\Users\me>tnsping oracle11g

TNS Ping Utility for 32-bit Windows:  Version 11.2.0.1.0 - Production

Copyright (c) 1997, 2010, Oracle.  All rights reserved.

已使用的参数文件:
D:\app\me\product\11.2.0\dbhome_1\network\admin\sqlnet.ora


已使用 TNSNAMES 适配器来解析别名
尝试连接 (DESCRIPTION=(ADDRESS_LIST=(ADDRESS=(PROTOCOL=TCP)(HOST=
192.168.1.100)(PORT=1521)))(CONNECT_DATA=(SERVICE_NAME=orcle)))
OK (0 毫秒)
```

在例 6-2 的输出中,显示连接"HOST=192.168.1.100"主机,并有响应时间,则表示该网络服务名连接正常。

3. 连接 Oracle 数据库

确认网络服务名连接正常后,就可以在客户端使用 SQL * PLUS 通过网络服务名来连接 Oracle 数据库服务器了。通常有以下两种连接方式。

(1)在 SQL * PLUS 中,使用命令指定数据库账户用户名、密码和网络服务名直接连接到数据库,命令格式为:

```
sqlplus 用户/密码@网络服务名
```

例 6-3 直接连接到数据库

```
C:\Users\me>sqlplus hr/hr@oracle11g

SQL * Plus:  Release 11.2.0.1.0 Production

Copyright (c) 1982, 2010, Oracle.  All rights reserved.


连接到:
Oracle Database 11g Enterprise Edition Release 11.2.0.1.0 - Production
With the Partitioning, OLAP, Data Mining and Real Application Testing options
```

在例 6-3 中,通过"sqlplus hr/hr@oracle11g"连接到服务名为"oracle11g"的 hr 数据库。

（2）先启动 SQL＊PLUS 程序，使用 NOLOG 选项，再使用

conn 用户/密码@网络服务名

命令格式连接到数据库，如例 6-4 所示。

例 6-4　使用 nolog 选项连接数据库

```
C:\Users\me>sqlplus /nolog

SQL * Plus:   Release 11.2.0.1.0 Production on 星期日 9 月 18 22：59：

Copyright (c) 1982, 2010, Oracle.   All rights reserved.

SQL>conn hr/hr@oracle11g
已连接。
SQL>
```

在例 6-4 中，首先使用了 nolog 参数，在该参数前需要使用"/"。然后使用 conn 连接到 hr 数据库。

注意：在例 6-3 和例 6-4 中都使用了 hr 数据库，这里为了使用的方便，已将 hr 用户解锁，并将密码设置为 hr。在接下来的学习中，如果没有特别说明，默认地，普通用户以 hr 登录，数据库管理员以 SYS 用户登录。

用户 hr 的解锁及修改密码如例 6-5 所示。

例 6-5　解除 hr 用户的锁定状态及修改 hr 用户的密码

```
SQL>alter user hr account unlock;

用户已更改。

SQL>alter user hr identified by hr;

用户已更改。
```

在例 6-5 中，首先通过 alter user 命令将 hr 账户状态更改为 unlock，然后修改该用户的密码也为 hr。

6.2　SQL＊PLUS 常用命令

SQL＊PLUS 提供了许多命令，可以使用这些命令与数据库进行交互，以获取数据库的信息，并可以在 SQL＊PLUS 窗口中进行输入输出，提高与数据库交互的操作效率等，本节将讲述 SQL＊PLUS 提供的常用命令，并列举多个例子说明这些命令的使用。

6.2.1　显示命令

使用 SQL＊PLUS 的显示命令可以重定义列的名称，使得输出更易读懂，或者对 SQL＊PLUS 窗口的显示宽度进行调整，使得表的输出更加直观等，下面将介绍几个常用的格式化

显示命令。

1. column 格式化命令

顾名思义,column 是与列相关的指令。通过对列的输出值和列本身进行适当的格式化,使得数据输出显示更加人性化。也可以说,有了 column 命令,使得 DBA 更容易通过 SQL＊PLUS 得到更加直观的显示。语法格式如下:

```
col[umn] [{column|expr}[option...]],[option]
```

其中可以使用的参数有:

- FOR[MAT] format
- CLE[AR]
- HEA[DING]text
- JUS[TIFY] {L[EFT]|C[ENTER] |R[IGHT]}　//调整列在其显示长度内的位置
- NEWL[INE]　　//从该列开始另起一列
- NOPRI[NT]|PRI[NT]
- NUL[L]text
- ON|OFF　　//使得无法对该列进行其他格式化操作

在这些参数中,FOR[MAT]是最常使用的参数,下面主要介绍 column 命令的 FOR[MAT]参数的用法。

2. FOR[MAT]选项

FOR[MAT]参数常用来格式化显示列,通常用于字符型和数值型列的宽度设置。格式化模式"a"设置字符型列,格式化模式"9"设置数值型列。

(1) 格式化模式"a"

如果显示结果的某列是字符型的,且占用较大宽度,此时可以使用格式化模式"a"。首先,在未格式化显示时查看 scott 用户 EMP 表中的数据,如例 6-6 所示。

例 6-6　未格式化显示时 scott 用户 EMP 表中的数据

```
SQL> select * from scott.emp;

     EMPNO ENAME      JOB            MGR HIREDATE              SAL
COMM
    ---------- ---------- --------- ---------- -------------- ----------
----------
     DEPTNO
----------
      7369 SMITH      CLERK         7902 17-12 月-80          800
      20

                                                             7499 ALLEN      SALESMAN      7698 20-2 月 -81         1600
 300
      30

                                                             7521 WARD       SALESMAN      7698 22-2 月 -81         1250
 500
      30
```

SQL 与 PL/SQL 概述

EMPNO	ENAME	JOB	MGR	HIREDATE	SAL	COMM
DEPTNO						
7566	JONES	MANAGER	7839	02-4月-81	2975	
20						
7654	MARTIN	SALESMAN	7698	28-9月-81	1250	1400
30						
7698	BLAKE	MANAGER	7839	01-5月-81	2850	
30						

EMPNO	ENAME	JOB	MGR	HIREDATE	SAL	COMM
DEPTNO						
7782	CLARK	MANAGER	7839	09-6月-81	2450	
10						
7788	SCOTT	ANALYST	7566	19-4月-87	3000	
20						
7839	KING	PRESIDENT		17-11月-81	5000	
10						

EMPNO	ENAME	JOB	MGR	HIREDATE	SAL	COMM
DEPTNO						
7844	TURNER	SALESMAN	7698	08-9月-81	1500	0
30						
7876	ADAMS	CLERK	7788	23-5月-87	1100	
20						
7900	JAMES	CLERK	7698	03-12月-81	950	
30						

EMPNO	ENAME	JOB	MGR	HIREDATE	SAL	COMM
DEPTNO						

```
   7902 FORD       ANALYST            7566 03-12 月-81         3000
   20

   7934 MILLER     CLERK              7782 23-1 月 -82         1300
   10
```
已选择 14 行。

从例 6-6 的输出结果看出,由于多列占用较多字符宽度,使得数据的显示很不协调,不易阅读。

为了以更清晰的格式显示 EMP 表中数据,可以采用 column 命令,同时指定 format 参数格式化列 ENAME 和 JOB 为 10 个字符宽度,如例 6-7 所示。

例 6-7   格式化显示 EMP 表中的数据

```
SQL>col Ename for a10
SQL>col Job for a10
SQL>select * from scott.emp;

    EMPNO ENAME      JOB        MGR HIREDATE         SAL
COMM


---------- ---------- ---------- ---------- -------------- ----------
----------


    DEPTNO
----------
     7369 SMITH      CLERK              7902 17-12 月-80          800
     20

     7499 ALLEN      SALESMAN           7698 20-2 月 -81         1600
300

     30

     7521 WARD       SALESMAN           7698 22-2 月 -81         1250
500

     30

    EMPNO ENAME      JOB        MGR HIREDATE         SAL
COMM


---------- ---------- ---------- ---------- -------------- ----------
----------


    DEPTNO
----------
     7566 JONES      MANAGER            7839 02-4 月 -81         2975
     20

     7654 MARTIN     SALESMAN           7698 28-9 月 -81         1250
1400

     30
```

第 6 章

```
      7698 BLAKE       MANAGER            7839 01-5 月 -81          2850
        30

     EMPNO ENAME       JOB                MGR HIREDATE              SAL
COMM
---------- ---------- ---------- ---------- -------------- ----------
----------
      DEPTNO
   ----------
      7782 CLARK       MANAGER            7839 09-6 月 -81          2450
        10

      7788 SCOTT       ANALYST            7566 19-4 月 -87          3000
        20

      7839 KING        PRESIDENT               17-11 月 -81         5000
        10

     EMPNO ENAME       JOB                MGR HIREDATE              SAL
COMM
---------- ---------- ---------- ---------- -------------- ----------
----------
      DEPTNO
   ----------
      7844 TURNER      SALESMAN           7698 08-9 月 -81          1500
0
        30

      7876 ADAMS       CLERK              7788 23-5 月 -87          1100
        20

      7900 JAMES       CLERK              7698 03-12 月-81           950
        30

     EMPNO ENAME       JOB                 MGR HIREDATE             SAL
COMM
---------- ---------- ---------- ---------- -------------- ----------
----------
      DEPTNO
   ----------
      7902 FORD        ANALYST             7566 03-12 月-81         3000
        20

      7934 MILLER      CLERK              7782 23-1 月 -82          1300
        10
```

已选择 14 行。

从例 6-7 的结果来看,设置了字符型数据的显示宽度后,并没有达到预期效果。这是因为在 EMP 表中大部分数据为 Number 类型,因此需要对数值型数据的显示宽度进行设置。

（2）格式化模式“9”

对于数值型数据,需要使用格式化模式“9”来实现格式化显示。命令及参数设置和格式化模式“a”相似,下面将 6-7 中的数值型数据进行格式化,如例 6-8 所示。

例 6-8 格式化显示 EMP 表中的数值型数据

```
SQL>col SAL for 9999
SQL>col COMM for 9
SQL>col DEPTNO for 99
SQL>select * from Scott.emp;

SQL>select * from scott.emp;
```

EMPNO	ENAME	JOB	MGR	HIREDATE	SAL	COMM	DEPTNO
7369	SMITH	CLERK	7902	17-12 月-80	800		20
7499	ALLEN	SALESMAN	7698	20-2 月-81	1600	300	30
7521	WARD	SALESMAN	7698	22-2 月-81	1250	500	30
7566	JONES	MANAGER	7839	02-4 月-81	2975		20
7654	MARTIN	SALESMAN	7698	28-9 月-81	1250	1400	30
7698	BLAKE	MANAGER	7839	01-5 月-81	2850		30
7782	CLARK	MANAGER	7839	09-6 月-81	2450		10
7788	SCOTT	ANALYST	7566	19-4 月-87	3000		20
7839	KING	PRESIDENT		17-11 月-81	5000		10
7844	TURNER	SALESMAN	7698	08-9 月-81	1500	0	30
7876	ADAMS	CLERK	7788	23-5 月-87	1100		20

EMPNO	ENAME	JOB	MGR	HIREDATE	SAL	COMM	DEPTNO
7900	JAMES	CLERK	7698	03-12 月-81	950		30
7902	FORD	ANALYST	7566	03-12 月-81	3000		20
7934	MILLER	CLERK	7782	23-1 月-82	1300		10

已选择 14 行。

在例 6-8 中,使用“for 9”格式的选项为数值型数据设置显示宽度,“9”是格式化模式,每个“9”表示一位数字。

如果对带有小数的数值型设置宽度,可以采用“9.9”的形式。

3. set line 命令

在前面介绍了 col 命令和 for 选项,该选项可以对某个列的显示进行格式化。其实,还可以使用 set line 命令来设置一行数据输出显示的宽度。

命令格式为:

```
set line {80|n}
```

这个命令的作用是将查询的数据输出设置为 n 个字符宽度到显示屏。默认是以 80 个字符的宽度输出。

在实际使用中,经常会遇到由于显示宽度不够而使得数据产生换行的情况,如例 6-7 所示。在前面通过设置列宽度解决了这个问题,下面给出设置行宽度的解决办法,如例 6-9 所示。

例 6-9 设置行字符宽度后的输出显示

```
SQL>set line=150
SP2-0268: linesize 选项的编号无效
SQL>set line 150
SQL>select * from Scott.emp;
EMPNO ENAME        JOB          MGR HIREDATE        SAL   COMM    DEPTNO
----------- ------------- -------------------- ---- ------- --------
7369 SMITH         CLERK        7902 17-12 月 -80    800           20

7499 ALLEN         SALESMAN     7698 20-2 月 -81    1600   ##      30

7521 WARD          SALESMAN     7698 22-2 月 -81    1250   ##      30

7566 JONES         MANAGER      7839 02-4 月 -81    2975           20

7654 MARTIN        SALESMAN     7698 28-9 月 -81    1250   ##      30

7698 BLAKE         MANAGER      7839 01-5 月 -81    2850           30

7782 CLARK         MANAGER      7839 09-6 月 -81    2450           10

7788 SCOTT         ANALYST      7566 19-4 月 -87    3000           20

7839 KING          PRESIDENT         17-11 月 -81   5000           10

7844 TURNER        SALESMAN     7698 08-9 月 -81    1500   0       30

7876 ADAMS         CLERK        7788 23-5 月 -87    1100           20


EMPNO ENAME        JOB          MGR HIREDATE        SAL   COMM    DEPTNO
----------- ------------- -------------------- ---- ------- --------
7900 JAMES         CLERK        7698 03-12 月 -81   950            30

7902 FORD          ANALYST      7566 03-12 月 -81   3000           20

7934 MILLER        CLERK        7782 23-1 月 -82    1300           10
```

已选择 14 行。

在例 6-9 中,使用"set line 150"将显示的行长度设置为 150 个字符,再次查询表中的数据时,就不会出现换行的现象了,结果与例 6-8 相似。注意 line 参数与值 150 之间没有"="。

6.2.2 交互命令

SQL * PLUS 的交互操作命令主要有 desc 和 run 命令。

1. desc 命令

desc 是 description 的缩写,是查看表结构的命令。在查询表的数据时,如果对表的结构不了解,但只要知道表的名字,就可以使用该命令获得该表的列属性信息。下面通过

desc 命令查询表的结构,如例 6-10 所示。

例 6-10 使用 desc 命令显示表结构

```
SQL>desc scott.emp
名称                                        是否为空?类型
----------------------------------------   ----------------------

EMPNO                                       NOT NULL NUMBER(4)
ENAME                                                VARCHAR2(10)
JOB                                                  VARCHAR2(9)
MGR                                                  NUMBER(4)
HIREDATE                                             DATE
SAL                                                  NUMBER(7,2)
COMM                                                 NUMBER(7,2)
DEPTNO                                               NUMBER(2)
```

例 6-10 中,显示了表的结构定义,不仅显示了属性列的名称,而且还显示了该列的数据类型、是否为空等信息。

2. run 和"/"命令

在使用 SQL＊PLUS 执行 SQL 语句时,往往会重复执行某条 SQL 缓冲区中的语句,run 或者"/"命令能快速地重复执行 SQL 缓冲区中的语句,如例 6-11 所示。

例 6-11 使用 run 命令重复执行 SQL 语句

```
SQL>select EMPNO,ENAME from scott.emp;

    EMPNO ENAME
--------- -------------
     7369 SMITH
     7499 ALLEN
     7521 WARD
     7566 JONES
     7654 MARTIN
     7698 BLAKE
     7782 CLARK
     7788 SCOTT
     7839 KING
     7844 TURNER
     7876 ADAMS

    EMPNO ENAME
--------- -------------
     7900 JAMES
     7902 FORD
     7934 MILLER
```

已选择 14 行。

```
SQL> run
  1 * select EMPNO,ENAME from scott.emp
```

```
    EMPNO ENAME
--------- -------------
     7369 SMITH
     7499 ALLEN
     7521 WARD
     7566 JONES
     7654 MARTIN
     7698 BLAKE
     7782 CLARK
     7788 SCOTT
     7839 KING
     7844 TURNER
     7876 ADAMS

    EMPNO ENAME
--------- -------------
     7900 JAMES
     7902 FORD
     7934 MILLER
```

已选择 14 行。

在例 6-11 中，第一个 SQL 语句使用"select"查询了表中的数据；为了再次执行这个 SQL 语句，只需要输入 run 命令即可再次执行查询。

run 和"/"命令的输出方式有点差别，如例 6-12 所示。

例 6-12　使用"/"查询数据

```
SQL> /
```

```
    EMPNO ENAME
--------- -------------
     7369 SMITH
     7499 ALLEN
     7521 WARD
     7566 JONES
     7654 MARTIN
     7698 BLAKE
     7782 CLARK
     7788 SCOTT
     7839 KING
     7844 TURNER
```

```
       7876 ADAMS

    EMPNO ENAME
-------- ------------
       7900 JAMES
       7902 FORD
       7934 MILLER
```

已选择 14 行。

从例 6-12 中可以看到输入"/"命令,不会在输出中显示 SQL 语句。

6.2.3 文件命令

文件命令用于 SQL＊PLUS 的输入输出,可以通过命令将文件输入到 SQL＊PLUS,也可以使用命令将数据输出到文件。

1. 输出脚本文件

脚本文件就是由一系列 SQL 语句和 SQL＊PLUS 指令组成,输出脚本文件可以通过 save 命令来完成。先执行一个查询语句,然后使用 save 来输出 SQL 语句到文件中,如例 6-13 所示。

例 6-13 输出 SQL 语句到脚本文件

```
SQL>select EMPNO,ENAME from scott.emp;

    EMPNO ENAME
-------- ------------
       7369 SMITH
       7499 ALLEN
       7521 WARD
       7566 JONES
       7654 MARTIN
       7698 BLAKE
       7782 CLARK
       7788 SCOTT
       7839 KING
       7844 TURNER
       7876 ADAMS

    EMPNO ENAME
-------- ------------
       7900 JAMES
       7902 FORD
       7934 MILLER
```

已选择 14 行。
```
SQL>save d:\1.sql
```

SQL 与 PL/SQL 概述

已创建 file d:\1.sql

文件输出成功后,读者可以打开脚本文件 D:\1.sql,查看该文件中存储的 SQL 脚本内容。

2. 运行脚本文件

在例 6-13 中,使用 save 命令输出了脚本文件 1.sql,之后可以使用"start"或者"@"命令直接运行该脚本文件中的 SQL 语句,如例 6-14 所示。

例 6-14 使用 start 或@命令运行脚本文件

```
SQL>start d:\1.sql

    EMPNO ENAME
-------- ------------
     7369 SMITH
     7499 ALLEN
     7521 WARD
     7566 JONES
     7654 MARTIN
     7698 BLAKE
     7782 CLARK
     7788 SCOTT
     7839 KING
     7844 TURNER
     7876 ADAMS

    EMPNO ENAME
-------- ------------
     7900 JAMES
     7902 FORD
     7934 MILLER
```

已选择 14 行。

在实际维护中,如果用户需要频繁地使用某些 SQL 语句,就可以编写脚本文件,然后通过"@"或者"start"命令来运行脚本文件,提高工作效率。

3. spool 命令

save 命令是保存 SQL 脚本,而 spool 命令的作用是把 SQL 语句和输出结果保存到指定的文件中。当需要输出大量数据时可以使用该指令,这样既可以保存输入的 SQL 语句,又能把输出的数据记录下来,然后再使用记事本等工具查看需要的数据。

首先,使用 show spool 命令查看 spool 的状态,如例 6-15 所示。

例 6-15 查看 spool 状态

```
SQL>show spool
spool OFF
```

在例 6-15 中，显示当前的 spool 状态为 OFF。那么如何开启并使用 spool 功能呢？可以使用 spool on 或直接在 spool 命令后加上输出的文件名，即可启用 spool 功能，如例 6-16 所示。

例 6-16　启用 spool 功能

```
SQL>show spool
spool off
SQL>spool on
SQL>spool c:\2.txt
```

在例 6-16 中开启了 spool 功能，此时，用户可以查看 spool 参数的状态，已经为 ON。

接下来，执行一个 SQL 查询语句，SQL 语句执行后，再使用"spool off"命令把 SQL * PLUS 中的输出结果保存到文件中，如例 6-17 所示。

例 6-17　执行 SQL 语句并将 SQL * PLUS 输出结果保存到文件中

```
SQL>select EMPNO,ENAME from scott.emp;

     EMPNO ENAME
-------- -------------
      7369 SMITH
      7499 ALLEN
      7521 WARD
      7566 JONES
      7654 MARTIN
      7698 BLAKE
      7782 CLARK
      7788 SCOTT
      7839 KING
      7844 TURNER
      7876 ADAMS

     EMPNO ENAME
-------- -------------
      7900 JAMES
      7902 FORD
      7934 MILLER


已选择 14 行。


SQL>spool off
```

关闭 spool 功能后，即把 SQL * PLUS 的输出结果保存到了文件中。此时打开 c:\2.tx 文件，可以看到文件中保存的内容和 SQL * PLUS 中的输出结果一致，如图 6-11 所示。

第 6 章

SQL 与 PL/SQL 概述

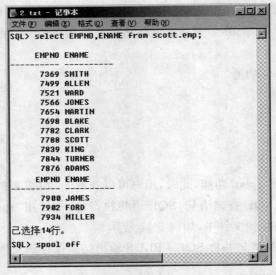

图 6-11 数据文件的内容

6.2.4 查看帮助

SQL∗PLUS 中提供了很多命令,这里不再一一介绍,读者可以使用"help index"或者
"? Index"命令来查看所有命令列表,如例 6-18 所示。

例 6-18 使用 help index 命令查看 SQL∗PLUS 帮助

```
SQL>help index

Enter Help [topic] for help.

@              COPY          PAUSE                    SHUTDOWN
@ @            DEFINE        PRINT                    SPOOL
/              DEL           PROMPT                   SQLPLUS
ACCEPT         DESCRIBE      QUIT                     START
APPEND         DISCONNECT    RECOVER                  STARTUP
ARCHIVE LOG    EDIT          REMARK                   STORE
ATTRIBUTE      EXECUTE       REPFOOTER                TIMING
BREAK          EXIT          REPHEADER                TTITLE
BTITLE         GET           RESERVED WORDS (SQL)     UNDEFINE
CHANGE         HELP          RESERVED WORDS (PL/SQL)  VARIABLE
CLEAR          HOST          RUN                      WHENEVER OSERROR
COLUMN         INPUT         SAVE                     WHENEVERSQLERROR
COMPUTE        LIST          SET                      XQUERY
CONNECT        PASSWORD      SHOW
```

若要查看单个命令的详细帮助,则需要使用"help 命令名"的方式,如例 6-19 所示。

例 6-19 使用 help 查看单个命令的帮助信息

```
SQL>help spool
```

```
SPOOL
-----

Stores query results in a file, or optionally sends the file to a printer.

SPO[OL] [file_name[.ext] [CRE[ATE]|REP[LACE]|APP[END]]|OFF|OUT]
```

在例 6-19 中查询了 spool 命令的使用帮助,可以看到已经显示了该命令的使用语法。

6.3 SQL 概 述

SQL 全称是 Structured Query Language(结构化查询语言),是一种国际标准的数据库查询和程序设计语言,用于存取数据以及查询、更新和管理关系数据库系统。

SQL 最早是 IBM 的圣约瑟研究实验室为其关系数据库管理系统 SYSTEM R 开发的一种查询语言,它的前身是 SQUARE 语言。SQL 结构简洁,功能强大,简单易学,所以自从 IBM 公司 1981 年推出以来,SQL 得到了广泛的应用。美国国家标准局(ANSI)与国际标准化组织(ISO)在 1992 年制定了 SQL 标准,称为 ANSI SQL-92。后来,各大数据库厂商又推出了不同的 SQL 版本。尽管不同的关系数据库使用的 SQL 版本有一些差异,但大多数都遵循 ANSI SQL 标准。

SQL 按照其功能大致可以分为 4 类,即:数据定义语言(DDL)、数据查询语言(DQL)、数据操纵语言(DML)和数据控制语言(DCL)。下面按照这 4 种分类,依次简单介绍这些 SQL 常用关键字的功能及应用。

1. 数据定义语言

(1) CREATE。创建数据库对象,如创建表、索引、视图等。

(2) ALTER。修改数据库对象,如修改表、索引、视图等,还可以修改数据库参数。

(3) DROP。删除数据库对象,如删除一个表、索引或者序列等。

2. 数据查询语言

SELECT:该语句的功能是从数据库中检索用户需要的数据,如查询一个表中符合某些条件的数据。

3. 数据操纵语言

(1) INSERT。该语句的功能是向表中插入一行数据。

(2) UPDATE。该语句的功能是更新表中的一行或多行数据,通常和 WHERE 条件一起使用。

(3) DELETE。删除表中的一行或多行数据。

4. 数据控制语言

(1) COMMIT。用于提交 DML 改变了的数据。

(2) ROLLBACK。用于回滚 DML 改变了的数据。

(3) GRANT。用于授予用户访问某对象的权限。

(4) REVOKE。用于回收用户访问某对象的权限。

下面将分别介绍这些内容(有关 DCL 的内容请参阅第 8 章内容)。为了更好地学习这些 SQL 语法,本书将给出许多示例,这些例子都围绕第 1 章"书店销售管理系统"中的关系表而设计,下面给出所涉及的表的结构。

1. 会员信息表

Members 表主要包括序号、姓名、级别、电话以及住址信息,其结构如表 6-1 所示。

表 6-1　Members 表结构

字段名	字段含义	数据类型	字段名	字段含义	数据类型
Mid	序号	VARCHAR	Mtel	电话	VARCHAR
Mname	姓名	VARCHAR	Maddress	住址	VARCHAR
Mlevel	班级	VARCHAR			

2. 图书信息表

Books 表主要包括图书 id、书名、作者、单价、库存数量、出版日期以及类别,其结构如表 6-2 所示。

表 6-2　Books 表结构

字段名	字段含义	数据类型	字段名	字段含义	数据类型
Bid	图书 id	VARCHAR	Quantity	库存数量	NUMBER
Bname	书名	VARCHAR	Bpress	出版日期	VARCHAR
Author	作者	VARCHAR	Bclass	类别	VARCHAR
Price	单价	NUMBER			

3. 管理员表

Admin 表主要包含管理员 id,姓名,电话以及住址信息,其结构如表 6-3 所示。

表 6-3　Admin 表结构

字段名	字段含义	数据类型	字段名	字段含义	数据类型
Aid	管理员 id	VARCHAR	Atel	电话	VARCHAR
Aname	姓名	VARCHAR	Aaddress	住址	NUMBER

4. 销售表

Sales 表主要包括图书 id,会员 id,管理员 id,购买时间,数量以及金额,其结构如表 6-4 所示。

表 6-4　Sales 表结构

字段名	字段含义	数据类型	字段名	字段含义	数据类型
Bid	图书 id	VARCHAR	Sdate	购买时间	DATE
Mid	会员 id	VARCHAR	Scount	数量	NUMBER
Aid	管理员 id	VARCHAR	Sprice	金额	NUMBER

6.3.1 数据定义语言

数据定义语言用于定义和管理数据库对象,例如创建及删除数据库、数据表以及视图。DDL 常用的语句有 CREATE、ALTER 以及 DROP,通常每个数据库对象都会包含这三个语句。下面将以数据库的表对象为例,介绍 SQL 的 DDL。

1. CREATE TABLE 语句

CREATE TABLE 语句用来创建一个数据表,语法格式如下。

```
CREATE   TABLE tablename
    ({column datatype [DEFAULT expr] [column_constraint] ...
     |table_constraint}
    [,{column datatype [DEFAULT expr] [column_constraint] ...
     |table_constraint} ]...)
```

注意:SQL 的关键字一般用大写书写,如 CREATE、TABLE 等都是关键字,但是不要求必须大写,这里采用大写是采用 Oracle 建议的写法,即关键字都大写而其他小写以做区分。

其中:

- tablename:要创建的表的名称。
- column:表里面的列名。
- datatype:列的数据类型。
- DEFAULT:设置列的默认值,值为 expr 指定的内容。
- column_constraint:字段的约束,如 not null 表示该字段不能为空的约束。
- table_constraint:表的约束,用于定义多个字段的约束。

下面使用 CREATE TABLE 语句,在 HR 用户下,创建 Members、Books、Admin 以及 Sales 表,如例 6-20 所示。

例 6-20 使用 CREATE TABLE 语句创建表

```
--创建 Members 信息表
CREATE TABLE Members
(
  Mid VARCHAR2(20) PRIMARY KEY,
  Mname VARCHAR2(20) NOT NULL,
  Mlevel VARCHAR2(20),
  Mtel VARCHAR2(20),
  Maddress VARCHAR2(40)
)
;

--创建 Books 信息表
CREATE TABLE Books
(
  Bid VARCHAR2(20) PRIMARY KEY,
  Bname VARCHAR2(100) NOT NULL,
  Author VARCHAR2(20),
```

```
        Price NUMBER(6, 2) DEFAULT 0.00,
        Quantity NUMBER DEFAULT 0,
        Bpress VARCHAR2(50),
        Bclass VARCHAR2(50)
)
;
--创建 Admin 信息表
CREATE TABLE Admin
(
    Aid VARCHAR2(20) PRIMARY KEY,
    Aname VARCHAR2(20) NOT NULL,
    Atel VARCHAR2(20),
    Aaddress VARCHAR2(40)
)
;


--创建 Sales 表
CREATE TABLE Sales
(
    Mid VARCHAR2(20),
    Bid VARCHAR2(20),
    Aid VARCHAR2(20),
    Sdate DATE ,
    Scount NUMBER,
    Sprice NUMBER(6, 2) DEFAULT 0.00,
    PRIMARY KEY(Mid,Bid,Aid,Sdate),
    FOREIGN KEY (Mid) REFERENCES Members(Mid),
    FOREIGN KEY (Bid) REFERENCES Books(Bid),
    FOREIGN KEY (Aid) REFERENCES Admin(Aid)
)
;
```

在例 6-20 中创建表的时候,除了设置了每张表的主键、外键外,还对某些字段设置了一些限制,例如 Members 表中 Mname 的值为"NOT NULL"(非空);Books 表中 Price 和 Quantity 有初始值等(有关用户自定义约束的内容,请参阅第 7.2.3 节)。读者可以自行使用 desc 命令查看已经创建好的表的结构信息。

提示:如果需要使用已有的表结构创建新表结构及数据,可以采用如下语句:

```
SQL>create table newtable as select * from oldtable;
```

如果只需要使用已有的表结构创建新表结构,则可以采用如下语句:

```
SQL>create table newtable as select * from oldtable where 1=2;
```

这里 newtable 是新表名,oldtable 是原来已有的表名。

2. ALTER TABLE 语句

ALTER TABLE 语句用来修改一个数据表,格式如下:

```
ALTER TABLE tablename
    [ADD {    {column datatype [DEFAULT expr] [column_constraint] ...
            |table_constraint}
} ]
    [MODIFY {    column [datatype] [DEFAULT expr] [column_constraint] ...
        } ]
```

其中：

- ADD：表示增加一个列，ADD 子句语法格式和创建表的语法格式一样。
- MODIFY：表示修改一列。

如果想在 Admin 表中增加 Apassword(密码)字段，同时修改 Atel 字段的长度为 11，则可以通过如例 6-21 所示的 SQL 语句来完成。

例 6-21   修改 Admin 表

```
ALTER TABLE Admin
MODIFY ("ATEL" VARCHAR2(11))
;


ALTER TABLE Admin
ADD ("Apassword" VARCHAR2(20))
;
```

接下来，可以使用 desc 查看修改后的 Admin 表的信息，如例 6-22 所示。

例 6-22   查看修改后的 Admin 表信息

```
SQL>desc Admin
名称                                   是否为空？类型
-------------------------------- ----------------------

Aid                                    NOT NULL VARCHAR2(20)
Aname                                  NOT NULL VARCHAR2(20)
Atel                                            VARCHAR2(11)
Aaddress                                        VARCHAR2(40)
Apassword                                       VARCHAR2(20)
```

从例 6-22 中，可以看到该表的 Atel 字段的长度已经改为 11 个字符；并且增加了 Apassword 字段。

3. DROP TABLE 语句

使用 DROP TABLE 语句可以直接删除一个数据表，格式如下：

```
DROP TABLE table
    [CASCADE CONSTRAINTS]
```

其中：CASCADE CONSTRAINTS：表示在删除数据主表时，同时级联删除从表的约束(此时从表的数据并不会删除，只是删除约束)(有关主从表的内容，请读者参阅第 7.2 节)。如果不加 CASCADE CONSTRAINTS，则会提示错误。

下面给出一个删除 Admin 表的示例,如例 6-23 所示。

例 6-23   删除 Admin 表

```
SQL> DROP TABLE Admin
```

注意:使用 DROP 命令删除表,是不可恢复的删除,在执行删除之前要慎重。

6.3.2   数据操纵语言

数据操纵语言实现对表中数据的各种操作,如向表中插入数据、删除数据或者更新表中的行数据。无论读者使用何种高级语言开发连接数据库的程序,数据操作语句的使用都是频率十分高的。下面依次介绍 INSERT、UPDATE 和 DELETE 语句的功能和用法。

1. INSERT 语句

INSERT 语句的功能是向表中添加一行数据,其语法格式如下。

```
INSERT INTO tablename
    [ (column [, column] ...) ]
    {VALUES (expr [, expr] ...)|subquery}
```

其中:

- tablename:要插入数据的表名字,要求用户对该表有操作权限。
- column:该表中的列名,用户需要向这些列插入数据,可以是一列,也可以是多列,如果向表中所有列插入一行数据,也可以不使用任何列名。
- expr:待插入的和列相对应的值,插入数据的数据类型必须和对应列的数据类型相匹配。

下面向 Admin 表添加数据,如例 6-24 所示。

例 6-24   向 Admin 表中添加一行数据

```
SQL> insert into Admin (Aid,Aname,Atel,Aaddress,Apassword) values ('101','张力',
'12345678901','北京市', '666666');
```

已创建 1 行。

例 6-24 中,按照 INSERT 语法,向 Admin 表中添加了一行数据。如果为每一列都添加数据,可以在书写时省略列名,如例 6-25 所示。

例 6-25   省略列名方式的插入数据

```
SQL>   insert into Admin values ('102','王平','10045678901','北京市', '666666');
```

已创建 1 行。

在例 6-25 中由于 values 后的数据为全部列都有赋值,并且按照字段的顺序依次赋值,所以可以在 Admin 后省略表的列名。在插入数据时,字符型字段的值必须用英文的单引号'括起来。

也可以向表中插入部分列的数据,如例 6-26 所示。

例 6-26 向表中插入部分列的数据

```
SQL>insert into Admin (Aid,Aname) values ('103','赵亮');
```

已创建 1 行。

例 6-26 中"Admin"后列出了 Aid、Aname 的字段名,所以在"values"后有对应的两项数据。同时,读者也应该注意到,这两个字段是"NOT NULL"类型的数据,即不为空的数据,所以,如果向 Admin 表中插入数据时,没有指定这两项的内容,则会产生错误。读者可以自行完成这样的测试。

经过上述三个例子,已经向 Admin 表中插入了三行数据,可以查看执行结果,如例 6-27所示。

例 6-27 查看 Admin 表中的数据

```
SQL>col Aname for a10
SQL>col Aaddress for a10
SQL>select * from Admin;


AID        ANAME      ATEL        AADDRESS    Apassword
--------   --------   ----------  ---------   -----------
101        张力       12345678901  北京市      666666
102        王平       10045678901  北京市      666666
103        赵亮


SQL>
```

从例 6-27 查询结果可以看到,向 Admin 表中成功插入了三行数据,并且最后一行只有前两个字段有值。如果读者想对第三行数据添加其他字段的值,则需要采用 UPDATE 语句来实现。

在 INSERT INTO 中 values 的值也可以通过子查询来获得,语法格式如下。

```
INSERT INTO tablename [(column [,column …] ) ]
SELECT column [,column…]
FROM   another_tablename
```

这种插入数据的方式,通常应用于从另一张表(或查询)中复制数据到目的表。源表可以是一张实体表,也可以是一个 select 查询,源表和目的表要复制数据的字段格式、长度必须相匹配才能成功执行。

如例 6-28 所示,现有 Admin1 表和 Admin 表的 Aid、Aname 字段定义完全相同,现在要把 Admin 表中的三条数据复制到 Admin1 表中,可以使用 select 查询把 Admin 中的相应列数据提取出来复制到 Admin1 表中。

例 6-28 通过子查询插入数据

```
SQL>CREATE TABLE Admin1
  2  (
  3    Aid VARCHAR2(20) PRIMARY KEY,
```

```
4    Aname VARCHAR2(20) NOT NULL
5  );
```

表已创建。

```
SQL>insert into Admin1 select Aid,Aname from Admin;
```

已创建 3 行。

```
SQL>select * from Admin1;
```

```
AID          ANAME
--------     ----------
101           张力
102           王平
103           赵亮
```

从例 6-28 中可以看到 Admin1 表已经成功地从 Admin 表中复制了三行数据。

2. UPDATE 语句

UPDATE 语句用于更新表中的数据,语法格式如下。

```
UPDATE tablename
    SET {column={expr|(subquery)}
        | (column [, column] ...)=(subquery)} [,
{column={expr|(subquery)}
        | (column [, column] ...)=(subquery)}]...
[WHERE condition]
```

其中:

- tablename:待更新的表名。
- column:待更新的字段名。
- expr|(subquery):待更新字段的给定值或查询的结果。
- condition:通过条件限制待更新的记录,不加 where 关键字表示更新整张表。

例 6-29　根据条件修改数据

```
SQL>update Admin set Aname='王萍' where Aid='102';
```

已更新 1 行。

在例 6-29 中,将 Aid 为 102 的管理员的姓名改为"王萍",在这里需要指定修改条件,所以需要使用 where 子句。如果没有 where 字句则整张表中的 Aname 字段都会被更新为"王萍",如例 6-30 所示。

例 6-30　无条件修改

```
SQL>update Admin set Aname='王萍'
已更新 3 行。
```

```
SQL>select * from Admin;
SQL>select AID,Aname from Admin;


AID         ANAME
--------  ----------
102         王萍
103         王萍
101         王萍
```

Oracle 也允许使用一个子查询的结果作为值来更新数据,具体语法如下所示。

```
UPDATE table
SET      column=
                 (SELECT column
                  FROM tablename
                  WHERE conditon)
         [,column=
                  (SELECT column
                   FROM tablename
                   WHERE conditon) ]
[WHERE condition];
```

例如,在例 6-30 中更新了 102 管理员的数据后,需要将 Admin1 表中的对应数据进行更新,则可以采用如例 6-31 所示的方法。

例 6-31 根据子查询来更新数据

```
SQL>update Admin1 set Aname=(select Aname from Admin where Aid='102') where Aid=
'102';
```

已更新 1 行。

在例 6-31 中,Admin1 表中 102 管理员的姓名值修改为查询的结果值。

3. DELETE 语句

DELETE 语句用于删除表中的数据,该语句使用较简单,语法格式如下所示。

```
DELETE [FROM]  tablename
    [WHERE   condition];
```

其中:

- tablename:为待删除数据所在的表名。
- condition:指定带删除行的条件,该条件可以是指定的具体列名、表达式、子查询或者比较运算符。

使用 DELETE 语句,删除 Admin1 表中的"王萍"的信息,如例 6-32 所示。

例 6-32 根据条件删除数据

```
SQL>   delete Admin1 where Aname='王萍';
```

已删除 1 行。

```
SQL> select * from Admin1;

AID        ANAME
--------   ----------
101        张力
103        赵亮
```

从例 6-32 中可以看到该表中已经没有"王萍"的信息。这里需要提醒读者注意的是,如果 Admin1 表中有多个名字为"王萍"的管理员信息,那么例 6-32 执行的删除语句将删除多行数据。

DELETE 语句中的 WHERE 子句是可选的。如果不使用 WHERE 子句,将删除表中的所有行,可以达到清空表中数据的目的。

6.3.3 数据查询语言

数据查询语言即 SELECT 语句。SELECT 语句是使用频率最高的语句,如果需要检索数据表中的数据,就需要使用该语句。下面详细介绍查询语句的用法和各个关键字的含义。

1. SELECT 语句的语法

一个简单的 SELECT 语句至少包含一个 SELECT 子句和一个 FROM 子句。其中 SELECT 子句指明要显示的列,而 FROM 子句指明包含要查询的表,该表包含在 SELECT 子句中列出的字段。其语法格式如下。

```
SELECT * |{[DISTINCT] column|expression [AS] [alias],…}
FROM     table;
[WHERE condition ]
[ORDER BY column [ASC|DESC]
          [,column [ASC|DESC]] ...]
[GROUP BY column ]
```

其中:

- *:表示选择表中所有的列。
- DISTINCT:表示去掉查询中的重复行。
- column|expression:选择表中某些列或运行一个表达式。
- alias:为列设置显示标题的名称。
- FROM table:指定要进行数据检索的表。
- WHERE:限制查询条件。
- ORDER BY:用来实现输出数据排序。
- GROUP BY:用来实现分组查询

上面涉及的语法,在下面都会介绍。其中有几个术语需要读者理解清楚,因为在接下来的内容中将多次用到,它们是关键字、子句和语句,其区别如下。

(1)关键字。它是一个单独的 SQL 元素,如 SELECT、FROM 等都是关键字,并且要求关键字不能简写,如写成 SEL、FRO 是不允许的,但是不要求必须大写,这里采用大写是 Oracle 推荐的写法。

(2) 子句。子句是一个 SQL 语句的一部分,它不是一个可执行的 SQL 语句。如 ORDER BY 就是一个子句。

(3) 语句。语句由一个或多个子句组成,它是可执行的,如 SELECT * FROM card 就是一个语句。在书写语句时,读者最好采取每个子句一行的习惯,这样可增强可读性。

2. 简单查询

先使用一个例子说明如何实现一个简单的查询,如例 6-33 所示,查询图书信息表的数据。

例 6-33 简单查询表中的数据

```
SQL>select * from books;
```

BID	BNAME	AUTHOR	PRICE	QUANTITY	BPRESS	BCLASS
5001001	三国演义	罗贯中	40	15	2010-5-1	小说
5001002	水浒传	施耐庵 罗贯中	35	12	2010-5-1	小说
5001003	西游记	吴承恩	32	8	2010-5-1	小说
5001004	红楼梦	曹雪芹 高鹗	45	20	2010-5-1	小说

这个 select 语句中使用了 * 号, * 号的含义是选择表中的所有列,FROM 关键字后是表名,表 books 是图书信息表,该表有 7 列,使用 * 号即查询表中所有的数据。

在实际中,并不是表中所有的列都需要查询,用户只需要查询所需要的列,这样可以提高效率和性能。在 SELECT 关键字后输入要查询的列名,即可查询所需列的数据。如例 6-34 所示,只查询图书信息表的书号、书名、作者。

例 6-34 查询表中指定列的数据

```
SQL>select Bid,Bname,Author from books;
```

BID	BNAME	AUTHOR
5001001	三国演义	罗贯中
5001002	水浒传	施耐庵 罗贯中
5001003	西游记	吴承恩
5001004	红楼梦	曹雪芹 高鹗

3. SELECT 目标列的变化

在查询语法中 SELECT 后的列名,即为查询的目标列。在查询语句中,目标列可以有多种形式的变化。

1) 使用列的别名

在例 6-34 中显示的查询语句,目标列的名字(Bid、Bname、Author)为 books 表中的字段名,在使用 SELECT 语句时,SQL * PLUS 采用大写方式显示这些字段名。由于表中的列名是为了编程的需要,由开发人员设计的,对于非程序设计人员来说,这样的列标题不具

159

备描述性而难以理解。SQL 提供了更改列标题显示方式的关键字,即列别名关键字,语法格式如下。

```
SELECT column|expression [AS] [alias] FROM tablename
```

采用上述语法,可以给列名(column)或表达式(expression)定义一个容易理解的别名,如例 6-35 所示。

例 6-35 指定列的别名显示数据

```
SQL>select bid as 书号,bname as 书名,author as 作者
  2  from books;
```

书号	书名	作者
5001001	三国演义	罗贯中
5001002	水浒传	施耐庵 罗贯中
5001003	西游记	吴承恩
5001004	红楼梦	曹雪芹 高鹗

在例 6-35 中可以看到 books 表中原有的英文字段名已经被中文字段名所代替。这里的"as"也可以用空格代替。但是需要注意的是,这种修改只是表现在查询结果的显示上,并不影响 books 表本身的结构。

2) 连接运算符的使用

在目标列上还可以使用连接运算符(||),把某一列与其他列连接起来,也可以把列与固定的字符串连接起来。连接符用两个竖线"||"表示,在连接固定字符串时需要把字符串用单引号(')标识,如例 6-36 所示。

例 6-36 在查询中使用"||"连接列及字符串

```
SQL>  select '《'||bname||'》的作者是:'||author||',价格是:'||price||'元' as 图书详细
信息
  2  from books;
```

图书详细信息

《三国演义》的作者是:罗贯中,价格是:40 元
《水浒传》的作者是:施耐庵 罗贯中,价格是:35 元
《西游记》的作者是:吴承恩,价格是:32 元
《红楼梦》的作者是:曹雪芹 高鹗,价格是:45 元

在例 6-36 中,使用连接运算符"||"把各列之间的数据拼成一个想要的字符串。

3) 目标列上使用算术运算符

算术运算符即加减乘除 4 种运算(+、-、*、/)。在目标列上使用算术运算符,可以实现对数值型字段的数学计算。创建一个具有算术运算的表达式,可以实现数据查询的更多功能,如例 6-37 所示。

例 6-37　在查询中对列进行运算

```
SQL>select bname as 书名,price*1.1 as 单价,Quantity as 数量,price*1.1*Quantity
    2  as 总价 from books;
```

书名	单价	数量	总价
三国演义	44	15	660
水浒传	38.5	12	462
西游记	35.2	8	281.6
红楼梦	49.5	20	990

例 6-37 中,首先为待显示列设置了别名,而且"单价"列显示的是 price 字段增加 10%之后的价格,"总价"列为每种图书 price 与 quantity 的乘积。当然这种计算也是在查询结果中起作用,而不影响表中的真实数据。

4) DISTINCT 运算符

DISTINCT 运算符使得查询的结果没有重复数据,如例 6-38 所示。

例 6-38　在查询中去除列的重复数据

```
SQL>select aid,aname from admin;
```

AID	ANAME
102	王萍
103	赵亮
101	张力
104	张力

```
SQL>select distinct Aname from admin;
```

ANAME

赵亮
张力
王萍

在例 6-38 中,首先显示了 admin 表中的数据状态,可以看到有两位管理员的名字为"张力"。在接下来的查询中,SELECT 关键字后紧跟 DISTINCT 关键字,标识 Aname 字段中不显示重复数据,从结果中可以看到"张力"只输出了一次。

如果 DISTINCT 关键字后面有多个字段名,那么 DISTINCT 关键字的作用是使多个字段的组合没有重复的数据,这点和组合主键的效果一样,如例 6-39 所示。

例 6-39　在查询中去除多个列组合中的重复数据

```
SQL>select distinct Aid,Aname from admin;
```

```
AID         ANAME
--------    -----------
102         王萍
103         赵亮
101         张力
104         张力
```

从例 6-39 中可以看到,由于在 Aid、Aname 字段前做了 distinct 限制,那么实际输出中只有 Aid、Aname 联合相同的行才不输出。所以 Aname 为"张力"的字段虽然有两个,但是他们对应的 Aid 并不相同,所以结果中没有重复行可以取消显示。

4. 排序显示

除了可以让难以理解的列名用容易看懂的别名显示外,还可以对输出结果的数据进行排序,即按照某个列的升序或降序进行排列显示,可以使用 ORDER BY 子句实现这个功能。

ORDER BY 子句表明显示结果将排序显示,即按 ORDER BY 后面的字段名进行排序,如果有多个 column 名进行排序,则依次按字段的顺序进行排序。

排序可以分为升序(ASC)和降序(DESC),不指明排序方式时,默认按 ASC 排序。

例 6-40 按价格降序显示图书信息表中的数据

```
SQL>select bname as 书名,author as 作者,price as 价格,quantity as 数量
  2  from books order by price desc;
```

书名	作者	价格	数量
红楼梦	曹雪芹 高鹗	45	20
三国演义	罗贯中	40	15
水浒传	施耐庵 罗贯中	35	12
西游记	吴承恩	32	8

在例 6-40 的结果中可以看到,图书信息按照价格的降序排列出来。例 6-41 给出一个按照多个字段进行排序的实例。

例 6-41 使用多个列进行排序显示数据

```
SQL>  select bname as 书名,author as 作者,price as 价格,quantity as 数量
  2   from books order by price desc,quantity;
```

书名	作者	价格	数量
红楼梦	曹雪芹 高鹗	45	20
三国演义	罗贯中	40	15
水浒传	施耐庵 罗贯中	35	12
西厢记	王实甫	35	15
西游记	吴承恩	32	8

在例 6-41 的输出结果中,首先按照价格降序排列,但是有两本书的价格都是 35,则这时

按照数量(quantity)升序排序。

5. where 子句

在本节之前的查询都是没有任何条件限制的,而通常而言,用户并不是查询表中的所有数据,而是会根据特定条件来查询所需要的数据。SQL 提供了 where 子句来限制查询条件,where 子句可以检索一定范围的数据,实现更加灵活的应用。在 where 子句中多条件之间可以使用多种类型的运算符,下面分别介绍一下。

1) 比较运算符

where 子句可以使用的比较运算符有:等于(=)、不等于(!=)、大于(>)、小于(<)、大于或等于(>=)、小于或等于(<=)。

比较运算符的使用比较简单,如例 6-42 所示,使用 where 子句查询图书信息表中作者为"罗贯中"的记录。

例 6-42 where 子句中使用(=)查询数据

```
SQL>   select bname,author from books where author='罗贯中';


BNAME     AUTHOR
------- ------------------------------
三国演义    罗贯中
```

在例 6-42 中通过等于(=)运算符查找到作者为"罗贯中"的图书有一本,但是例 6-41 中可以看到作者为"罗贯中"的图书有两本,这是为什么呢? 其实,"="运算符是进行完全等值的匹配,只有 Author 字段中的值与"罗贯中"完全相同的才能显示出来,而"水浒传"这本书想要被检索出来,就需要采用模糊查询,有关模糊查询内容在后面介绍。

用户也可以输入其他限制性条件,如例 6-43 所示,查询价格大于等于 40 元的图书信息。

例 6-43 where 子句中使用(>=)查询数据

```
SQL>   select bname,author,price from books where price>=40;


BNAME      AUTHOR       PRICE
-------- ---------- --------------
三国演义    罗贯中         40
红楼梦     曹雪芹 高鹗     45
```

2) AND/OR 操作符

AND/OR 操作符用于对 where 子句中多个条件进行"并"运算和"或"运算。其中,AND 表示对 where 子句的多个条件进行"并"运算;OR 表示对 where 子句的多个条件进行"或"运算。如例 6-44 所示,查询作者为"罗贯中",并且价格大于 45 元的图书信息。

例 6-44 where 子句中使用 AND 操作符进行查询

```
SQL>   select * from books where price>40 and author='罗贯中';

未选定行
```

从例 6-44 可以看到,当要求价格和作者同时满足条件时,没有查询到满足条件的图书信息。如果将本例中 AND 换成 OR 则结果如例 6-45 所示。

例 6-45 where 子句中使用 OR 操作符进行查询

```
SQL>SQL>  select bname,author,price from books where price>40 or author='罗贯中';

BNAME        AUTHOR          PRICE
--------  ------------  -------------
三国演义      罗贯中            40
红楼梦        曹雪芹 高鹗        45
```

从例 6-44 和例 6-45 可以看到,AND 要求两个条件同时满足,而 OR 则表示两个条件只要满足其中之一即可。

3) BETWEEN AND 操作符

BETWEEN AND 操作符用来实现 where 子句的字段取值范围的比较。如例 6-46 所示,查询价格在 35~40 元之间的图书信息。

例 6-46 where 子句中使用 between 操作符进行查询

```
SQL>  select bname,author,price from books where price between 35 and 45;

BNAME        AUTHOR          PRICE
--------  ------------  -------------
三国演义      罗贯中            40
水浒传        施耐庵 罗贯中      35
红楼梦        曹雪芹 高鹗        45
西厢记        王实甫            35
```

4) LIKE 操作符

LIKE 操作符用于实现查询条件的模糊匹配。可以使用通配符(%)实现任意个数、任意位置的字符匹配;通配符(_)实现单个字符、固定位置的字符匹配。

如果想将作者中包括“罗贯中”的图书信息全部查询出来,则可以使用 LIKE 操作符实现模糊匹配,如例 6-47 所示。

例 6-47 where 子句中使用 LIKE 操作符对作者进行查询匹配

```
SQL>  select bname,author,price from books where author like '%罗贯中%';

BNAME        AUTHOR          PRICE
--------  ------------  -------------
三国演义      罗贯中            40
水浒传        施耐庵 罗贯中      35
```

在这个例子中“%罗贯中%”表示在 author 字段中只要存在“罗贯中”这个字符串,不管这个字符串出现的位置如何,都是要输出的结果。读者可以比较例 6-47 与例 6-42 的不同之处。

5）IN/NOT IN 操作符

在 where 子句中还可以使用集合匹配的操作符——IN 和 NOT IN。IN 用于 where 子句中某个列中多个值的匹配，多个值用"（）"标识。NOT IN 对 IN 操作符的结果取反操作。

例 6-48　where 子句中使用 IN 操作符对作者进行多个值匹配

```
SQL>select bname,author from books where author in('罗贯中','王实甫');


BNAME        AUTHOR
-------- -----------------
三国演义    罗贯中
西厢记      王实甫
```

从例 6-48 的结果可以发现，使用 IN 操作符和使用 OR 操作符实现的查询结果一样。但是要注意对 IN 集合中的条件也是进行的完全匹配，而不是模糊匹配。

NOT IN 操作符是对 IN 操作符的取反操作，如例 6-49 所示，使用 NOT IN 操作符查询作者不为罗贯中、王实甫的数据。

例 6-49　where 子句中使用 not in 操作符对作者进行匹配

```
SQL>select bname,author from books where author not in('罗贯中','王实甫');


BNAME        AUTHOR
-------- -----------------
水浒传      施耐庵 罗贯中
西游记      吴承恩
红楼梦      曹雪芹 高鹗
```

以上为在 where 子句中常用的各种运算符，读者可以通过各种运算符进行条件限制，实现各种复杂有效的查询。

6. 多表查询

多表查询可以实现更复杂的功能，多表查询即把多个表进行联合查询，通过各表之间的连接条件，最后组合成一个查询输出结果。

例如，已知 Sales 表中某个管理员的销售记录，想知道他所销售图书的名称，则需要联合 Books 表才能得到结果，如例 6-50 所示。

例 6-50　多表查询

```
SQL>insert into Sales values('m101','5001002','101',to_date('2012-11-01','yyyy-
mm-dd'),1,35);

已创建 1 行。
SQL>insert into Sales values('m101','5001002','101',to_date('2012-11-01','yyyy-
mm-dd'),1,35);

已创建 1 行。
SQL>select Books.Bname,Sales.Sdate
  2  from Books,Sales
```

SQL 与 PL/SQL 概述

```
   3  where Books.Bid=Sales.Bid and Sales.Aid='101';

BNAME        SDATE
-------      -------------------
三国演义     01-11 月-12
水浒传       01-11 月-12
```

在例 6-50 中为了演示查询过程,首先在 Sales 表中添加了两行记录(请读者注意 Date 类型字段的输入方式)。随后查询管理员"101"售出图书的名称。

多表查询,实际上是对多张表进行连接查询,在这里只对多表查询进行简单的介绍,常用的多表查询有内连接(inner join)、全连接(full join)、左连接(left join)、右连接(right join)、自连接等,这里就不再一一讲述,读者可根据自己的情况选择学习。

6.3.4　常用函数

为了方便数据库的操作,Oracle 提供了各种函数操作,种类繁多,本节将主要介绍字符型函数、数值型函数、日期型函数、分组函数这 4 类。

在介绍各种函数前,先来了解 Oracle 的一个特殊对象,Dual 表(哑表)。Dual 是 Oracle 中的一个实际存在的表,任何用户均可读取,Oracle 保证 Dual 里面永远只有一条记录,常用在没有目标表的 Select 语句块中使用,可以用它来做很多事情,比如可以用来计算:

```
SQL> select 4 * 5 from dual;


     4 * 5
   ----------
        20
```

在下面的内容中,将用 Dual 表来示例。

1. 字符型函数

字符型函数需要一个字符作为输入,并对该字符进行处理,然后返回一个操作结果,该结果可以是字符型,也可以是数字型。常用的字符型函数如下。

1) LOWER()小写转换函数

该函数格式为:LOWER(column | expression),函数功能是把字符串转换成小写。

例 6-51　把字符串转换成小写

```
SQL> SELECT LOWER('Oracle database 11G') from dual;


LOWER('ORACLEDATABASE11G')
----------------------------------------
oracle database 11g
```

2) UPPER()大写转换函数

该函数格式为:UPPER(column|expression),函数功能是把字符串转换成大写。

例 6-52　把字符串转换成大写

```
SQL> SELECT UPPER('Oracle database 11G') from dual;
```

```
UPPER('ORACLEDATABASE11G')
------------------------------------------
ORACLE DATABASE 11G
```

3）INITCAP()首字母大写函数

该函数格式为：INITCAP(column | expression)，其功能是把字符串的首字母大写。

例 6-53 把字符串的首字母大写

```
SQL>SELECT INITCAP('Oracle database 11G') from dual;

INITCAP('ORACLEDATABASE11G')
------------------------------------------
Oracle Database 11g
```

4）SUBSTR()截取字符串函数

该函数格式为：SUBSTR(column | expression,m [,n])，该函数从一个字符串中按照位置截取一个子串。

该子串从 column 或 expression 的第 m 个字符开始截取，到第 n 个字符结束，如果不指定结束位置 n，则从 m 个字符开始到 column 或 expression 的结尾，如例 6-54 所示。

例 6-54 从一个字符串中按照位置截取一个子串

指定结束位置：
```
SQL>SELECT SUBSTR('Oracle database 11G',1,8) from dual;

SUBSTR('ORACLEDA
----------------
Oracle d
```

不指定结束位置：
```
SQL>SELECT SUBSTR('Oracle database 11G',8) from dual;

SUBSTR('ORACLEDATABASE11
------------------------------------
database 11G
```

5）LENGTH()字符串长度函数

该函数格式为：LENGTH(column | expression)，计算字符串中的字符个数。如例 6-55 所示，使用 LENGTH 函数获得字符串"Oracle database 11G"的长度。

例 6-55 计算字符串中的字符个数

```
SQL>SELECT LENGTH('Oracle database 11G') from dual;

LENGTH('ORACLEDATABASE11G')
------------------------------------
```

6）INSTR()查找字符串位置函数

该函数格式为：INSTR(column｜expression，'string'，[，m]，[n])，该函数的功能是在源字符串 column｜expression 中搜索目标字符串 string 出现的位置，m 为起始位置参数，n 为出现次数参数。

m 参数可选，默认为 1，如果省略，字符串索引从第一位开始查找。如果此参数为正，从左到右开始检索，如果此参数为负，从右到左检索，返回要查找的目标字符串在源字符串中的开始位置。

n 参数可选，默认为 1，如果省略，代表目标字符串第几次出现在源字符串中，如例 6-56 所示。

例 6-56 查找目标字符串在源字符串中的开始位置

默认不加可选参数，表示从第 1 位开始查找第 1 次出现的位置：

```
SQL>SELECT INSTR('Oracle database 11G','a') from dual;


INSTR('ORACLEDATABASE11G','A')
------------------------------------
                3
```

从第 5 位开始查找，第 2 次出现的位置：

```
SQL>SELECT INSTR('Oracle database 11G','a',5,2) from dual;


INSTR('ORACLEDATABASE11G','A',5,2)
------------------------------------
                 11
```

从右边开始查找，第 1 次出现的位置：

```
SQL>SELECT INSTR('Oracle database 11G','a',-1,1) from dual;


INSTR('ORACLEDATABASE11G','A',-1,1)
------------------------------------
                 13
```

7）REPLACE()替换指定字符串函数

该函数格式为：

```
REPLACE (char,search_string,replacement_string)
```

REPLACE 函数把源字符串（char）中的指定字符串（search_string），替换为一个新的字符串（replacement_string）。如果不指定 replacement_string 参数，则直接去除指定字符串，如例 6-57 所示。

例 6-57 替换指定字符串

替换一个指定字符串：

```
SQL>select REPLACE('Oracle database 11G','11G','10G') from dual;
```

```
REPLACE('ORACLEDATABASE11G','11G','10G
------------------------------------
Oracle database 10G
```

不指定 replacement_string 参数,直接去除指定字符串:
```
SQL>select REPLACE('Oracle database 11G','11G') from dual;

REPLACE('ORACLEDATABASE11G','11G
------------------------------------
Oracle database
```

字符串函数包含的内容不仅是以上介绍的这 7 种,还有许多,如果有需要请读者自行查找帮助文档。

2. 数值型函数

数值型函数实现对数值的处理,结果输出也是数值类型。下面介绍这些函数的具体使用。

1) ROUND()四舍五入函数

该函数的格式为:ROUND(m,n),该函数的作用是对一个数值进行四舍五入处理,其中,m 为要处理的数值,n 为要保留的小数位数。

例 6-58 对一个数值进行四舍五入

```
SQL>select ROUND(3.14159,3) from dual;

ROUND(3.14159,3)
------------------------------------
          3.142
```

2) TRUNC()截断数值函数

该函数的格式为:TRUNC(m,n),该函数的作用是截断一个数值,其中,m 为要处理的数值,n 为要保留的小数位数,该函数处理数值时不使用四舍五入规则。

例 6-59 截断一个数值

```
SQL>select TRUNC(3.14159,3) from dual;

TRUNC(3.14159,3)
-----------------
          3.141
```

3) MOD()取余函数

该函数的格式为:MOD(m,n),该函数的作用是求余数,其中,m 为被除数,n 数为除数。

例 6-60 对一个数值取余

```
SQL>select MOD(16,3) from dual;

MOD(16,3)
```

```
- - - - - - - - - - - - - - - - -
              1
```

3. 日期型函数

Oracle 提供了用于操作或显示日期的函数,它们主要包括:SYSDATE,MONTHS_BETWEEN,ADD_MONTHS 等。

1) SYSDATE 系统日期函数

该函数返回系统的当前日期,该日期受操作系统限制,即 Oracle 数据库读取当前操作系统的时间日期,如例 6-61 所示。

例 6-61   获取系统日期

```
SQL>select sysdate from dual;


SYSDATE
- - - - - - - - - - - - - - - - -
18-5 月 -10
```

SYSDATE 函数也可以进行算术运算,日期函数和一个数字相加减,可以得到一个新的日期值,如例 6-62 所示。

例 6-62   对日期进行算术运算

```
SQL>select sysdate+1 from dual;


SYSDATE+1
- - - - - - - - - - - - - - - - -
19-5 月 -10
```

2) 格式化显示时间日期

Oracle 使用内部数字格式存储日期。默认的日期显示和输入格式为 DD-MM-YY。有效的日期从公元前 4712 年 1 月 1 日到公元 9999 年 12 月 31 日。日期在数据库中的内部存储格式为:世纪、年、月、日、时、分、秒。不论外部的日期形式如何改变,数据库对日期的内部存储格式是不会变的。

为了符合人们的阅读习惯,通常需要把日期按照一定的格式显示出来,转换函数 TO_CHAR()能实现这个功能,如例 6-63 所示。

例 6-63   格式化显示日期和时间

将日期输出成 YYYY-MM-DD 格式:
```
SQL>select to_char(sysdate,'YYYY-MM-DD') from dual;


TO_CHAR(SYSDATE,'YYY
- - - - - - - - - - - - - - - - - - - - - - - - - - - - - - - - - - - - - -
```

将日期输出成 YYYY-MM-DD HH: MI: SS 格式:
```
SQL>select to_char(sysdate,'YYYY-MM-DD HH: MI: SS') from dual;
```

```
TO_CHAR(SYSDATE,'YYYY-MM-DDHH: MI: SS')
---------------------------------------
2012-09-18 05: 52: 48
```

将日期输出成 YYYY-MM-DD HH24: MI: SS 格式:

```
SQL>select to_char(sysdate,'YYYY-MM-DD HH24: MI: SS') from dual;

TO_CHAR(SYSDATE,'YYYY-MM-DDHH24: MI: SS'
---------------------------------------
2012-09-18 17: 52: 57
```

常用的日期显示格式有以下几种,读者可以根据自己的实际需要进行格式化输出。

YYYY/MM/DD	──年/月/日
YYYY	──年(4 位)
YY	──年(2 位)
MM	──月份
DD	──日期
D	──星期,星期日＝1
YYYY/MM/DD HH24：MI：SS	──年/月/日 时间(24 小时制)：分：秒
YYYY/MM/DD HH：MI：SS	──年/月/日 时间(非 24 小时制)：分：秒

3) 转换字符为日期

在 Oracle 内部,日期型数据有专门的数据类型,即 date 型。在实际应用中不能将一个字符型数据直接存储在 date 型字段,但可以使用 to_date()转换函数,把一个字符型数据转换成 Oracle 内部的日期型数据,转换格式如例 6-64 所示。

例 6-64 转换字符串为日期

```
SQL>select to_date('2010-09-18','YYYY-MM-DD') from dual;

TO_DATE('2010-
--------------
18-9 月 -10
```

也可以将其他格式的字符转换成日期型数据,转换时输入相对应的日期模板格式即可完成转换,这里不再做一一介绍。

4. 分组函数

在前面介绍的函数中,都是对单条数据记录进行操作。接下来将要学习使用分组函数对表中的多条记录进行操作,而每组返回一个计算结果。

常用的分组函数有求平均数、求和、取最大值、取最小值、统计行总数等。在使用这些分组函数时,通常会使用 GROUP BY 子句配合操作。

1) avg()和 sum()函数

avg()函数的功能用于求平均数,其语法格式为 avg(column)。avg()用于计算数值类型列,使用函数求平均数时会忽略空值(null)。

例 6-65   查询中使用 avg() 获得平均数

SQL>   select avg(price) as 平均价格,avg(quantity) as 平均数量 from books;

```
平均价格      平均数量
---------- -----------
    37.4        14
```

在例 6-65 中使用 avg 函数查询图书信息表中图书的平均价格和平均数量。

sum() 函数的功能用于求和,其语法格式为 sum(column)。 sum() 用于计算数值类型列,使用函数求和时会忽略空值(null),如例 6-66 所示。

例 6-66   查询中使用 sum() 求和

SQL>select sum(quantity) as 图书总数 from books;

```
图书总数
----------
    70
```

2) max() 和 min() 函数

max() 和 min() 函数的功能是用来取最大值和最小值,min() 用于取最小值,max() 用于取最大值。

例 6-67   查询中使用 max() 和 min()

SQL>select min(quantity) as 最小库存数的图书 from books;

```
最小库存数的图书
-----------------------
          8
```

SQL>select max(price) as 最高价格的图书 from books;

```
最高价格的图书
---------------------
     45
```

与 avg() 和 sum() 函数不同,max() 和 min() 函数既可以操作数字型数据也可以操作字符型和日期型数据。

3) count() 函数

count() 函数的功能是用于统计行总数,包括数据空行和重复的行,如例 6-68 所示。

例 6-68   查询中使用 count() 统计

SQL>select count(*) as 图书总数 from books;

```
图书总数
---------------
```

使用关键字 DISTINCT 可以统计去掉重复行的总数,如例 6-69 所示。

例 6-69 count()统计中去除重复数据

```
SQL>select count(distinct author) as 作者总数 from books;

  作者总数
--------------
       5
```

4) group by 子句

group by 子句是 select 语句中的子句,该子句的功能是对某列数据进行分组,通常是结合分组函数使用。

在例 6-65 中,使用 avg 和 sum 函数查询图书信息表中图书的平均价格和图书库存总量,现在如果想根据不同的作者进行分组,然后输出该作者图书的平均价格及图书库存总量,这时就需要使用 group by 子句,如例 6-70 所示。

例 6-70 查询中使用 group by 子句进行分组

```
SQL>select author,price,quantity from books;

AUTHOR              PRICE      QUANTITY
---------------- ------- ---------------
罗贯中               40          15
施耐庵 罗贯中         35          12
吴承恩               32           8
曹雪芹 高鹗           45          20
王实甫               35          15
王实甫               35           5


SQL>  select author,avg(price),sum(quantity) from books group by author;

AUTHOR           AVG(PRICE)   SUM(QUANTITY)
---------------------- ------------- ------------------
施耐庵 罗贯中         35          12
吴承恩               32           8
王实甫               35          20
罗贯中               40          15
曹雪芹 高鹗           45          20
```

通过上面的操作,可以发现输出按作者进行了分组,并对图书平均价格和库存总数进行了分组查询统计。

在上述查询结果中,还可以结合 order by 子句,对输出的结果进行排序显示,如例 6-71 所示。

例 6-71 查询中进行分组后再对结果排序

```
SQL>  select author,avg(price),sum(quantity) from books
  2  group by author
```

```
  3  order by avg(price);

AUTHOR                 AVG(PRICE)    SUM(QUANTITY)
------------------     ----------    ----------------
吴承恩                      32              8
施耐庵 罗贯中                35             12
王实甫                      35             20
罗贯中                      40             15
曹雪芹 高鹗                  45             20
```

5) having 子句

在使用 group by 子句分组统计后,不能使用 where 子句限制分组统计的结果,所以 Oracle 设计了 having 子句来执行对 group by 子句分组统计的条件限制。

如例 6-72 所示,在 group by 子句分组统计后,使用 having 子句对平均价格进行了条件限制,即只显示平均价格大于 40 元的统计信息。

例 6-72 使用 having 子句对分组进行条件限制

```
SQL>select author,avg(price),sum(quantity) from books
  2  group by author
  3  having avg(price)>=40
  4  order by avg(price);

AUTHOR                 AVG(PRICE)    SUM(QUANTITY)
------------------     ----------    ----------------
罗贯中                      40             15
曹雪芹 高鹗                  45             20
```

6.4   PL/SQL 概述

在前面几节中,学习了 Oracle 数据库的 SQL。SQL 只是访问、操作数据库的语言,并不是一种具有流程控制的程序设计语言,而只有程序设计语言才能用于应用软件的开发。PL /SQL 是一种高级数据库程序设计语言,该语言专门用于在各种环境下对 Oracle 数据库进行访问。由于该语言集成于数据库服务器中,所以 PL/SQL 代码可以对数据进行快速高效的处理。

本节内容主要讨论 PL/SQL 的主要特点,了解 PL/SQL 的结构及基本的语法知识,能使用 PL/SQL 进行简单的程序编写。

6.4.1   PL/SQL 特点

PL/SQL 是 Procedure Language & Structured Query Language 的缩写,PL/SQL 是对 SQL 存储过程语言的扩展。从 Oracle 6 以后,Oracle 的 RDBMS 附带了 PL/SQL。目前的 PL/SQL 包括两部分,一部分是数据库引擎部分,另一部分是可嵌入到许多产品(如 C 语言,Java 语言等)工具中的独立引擎。也可以将这两部分称为数据库 PL/SQL 和工具 PL/

SQL。两者的编程非常相似,都具有编程结构、语法和逻辑机制,本章主要介绍数据库 PL/SQL 的内容。

1. PL/SQL 的特点

PL/SQL 是一个可移植、高效的事务处理语言,它不仅能很好地支持 SQL 语句,还能支持面向对象编程。PL/SQL 在 Oracle 数据库中执行效率高,有良好的性能,主要有以下特点。

1) 对 SQL 的支持

SQL 因为具有灵活、强大和易学的特点,已经成为标准的数据库语言。PL/SQL 能让用户使用所有的 SQL 数据操作、游标控制和事务控制命令,也可以使用所有的 SQL 函数、操作符和伪例。因此,可以使用 PL/SQL 灵活安全地操作 Oracle 数据。

PL/SQL 还完全支持 SQL 数据类型,这就减少了应用程序和数据库间的数据类型转换。PL/SQL 也支持动态 SQL 语句,这样能够让应用程序更加灵活通用。程序可以在运行时处理 SQL 数据定义、数据控制和会话控制语句。

2) 面向对象的支持

对象类型是理想的面向对象建模工具,它能帮助用户创建复杂的应用程序。除了能创建模块化,易维护和重用性高的软件组件外,对象类型还可以让不同开发组的程序员并行地开发组件。

对象类型通过对数据操作的封装,把数据维护代码从 SQL 脚本和 PL/SQL 块中提取出来,放到独立的方法中去。同样,对象类型也可以隐藏实现,这样就能够在不影响客户端程序使用的情况下改变实现细节。

3) 良好的性能

PL/SQL 可以把整块的 SQL 语句一次传递给 Oracle,这样就能减少应用程序和 Oracle 之间的通信,减少网络开销。如果应用程序与数据库的交互操作较多,那么就可以用 PL/SQL 块和子程序将 SQL 语句组织起来一次性地发送给 Oracle 执行。

PL/SQL 块和子程序能够编译成可执行的形式,所以调用存储过程是快速和高效的。而且,存储过程是在服务器端执行的,能减少网络流量和改善响应时间。

4) 可移植性

用 PL/SQL 编写的应用程序都可以移植到 Oracle 运行的操作系统和平台。换句话说,PL/SQL 程序可以在任何 Oracle 数据库中运行,因此,不必为每一个新环境定制一套新的 PL/SQL 程序。

5) 高度安全

PL/SQL 存储过程能使客户端和服务器端逻辑分离,避免让客户端操作敏感的 Oracle 数据。用 PL/SQL 编写的触发器可以有选择性地允许应用程序更新数据,并可以根据已有的内容来审核用户的插入操作。

另外,可以只允许用户调用存储过程的权限,来严格控制用户对 Oracle 数据的访问。例如,可以授权用户来调用更新数据表的存储过程,但不授权他们直接访问数据表的权限。

6) 过程化及模块化

PL/SQL 是 Oracle 在标准 SQL 上的过程性扩展,不仅允许在 PL/SQL 程序内嵌入 SQL 语句,而且允许使用各种类型的条件分支语句和循环语句,可以在多个应用程序之间共享其解决方案。

同时,PL/SQL 程序结构是一种描述性很强、界限分明的块结构、嵌套块结构,可以分成单独的过程、函数、触发器,并且可以把它们组合为程序包,提高程序的模块化能力。

2. PL/SQL 与 SQL

PL/SQL 是 Oracle 系统的核心语言,PL/SQL 可以在 SQL＊PLUS 中使用,也可以在 C 语言、Java 语言等高级语言中使用。在 PL/SQL 中可以使用的 SQL 语句有:INSERT、UPDATE、DELETE、SELECT INTO、COMMIT、ROLLBACK、SAVEPOINT。

Oracle 的 PL/SQL 组件在对 PL/SQL 程序进行解释时,同时对在其所使用的表名、列名及数据类型进行检查。

注意: 在 PL/SQL 中只能用 SQL 语句中的 DML 部分,不能用 DDL 部分,如果要在 PL/SQL 中使用 DDL 语句,只能以动态的方式来使用。

6.4.2 PL/SQL 结构及程序基础

在 PL/SQL 中,可以使用 SQL 语句来操作 Oracle 中的数据,并使用流程控制语句来处理数据。还可以声明常量和变量,定义函数和过程并捕获运行时错误。因此,PL/SQL 是一种把 SQL 对数据操作的优势、过程化语言数据处理优势结合起来的语言。

1. PL/SQL 结构

在介绍 PL/SQL 结构前,首先来看一个实例。现在要查询图书馆某个编号的图书库存情况,如果该图书还有库存,显示其库存数量,如果该图书库存空了,则显示该图书总共售出的数量。这个功能可以直接在 Oracle 里使用 PL/SQL 实现,具体代码如例 6-73 所示。

例 6-73 查询某图书的库存情况

```
DECLARE
  book_count int;
BEGIN
  select quantity into book_count from books where bid='5001001';
  IF book_count >0 THEN
    DBMS_OUTPUT.PUT_LINE('编号为 5001001 的图书库存还有: '||book_count||'本');
  ELSE
    select count(bid) into book_count from Sales where bid='5001001';
    DBMS_OUTPUT.PUT_LINE('编号为 5001001 的图书库存为 0,共售出: '||book_count||'本');
  END IF;
EXCEPTION
  WHEN OTHERS THEN
    DBMS_OUTPUT.PUT_LINE('发现错误,错误为: '||SQLCODE||'***'||SQLERRM);
END;
```

通过例 6-73 可以看到,完整的 PL/SQL 程序结构可以分为三个部分:声明、处理、异常控制。其中,只有处理部分是必需的。首先程序处理声明部分,然后被声明的内容就可以在执行部分使用,当异常发生时,就可以在异常控制部分中对抛出的异常进行捕捉、处理。PL/SQL 的标准结构如下所示。

```
DECLARE
  --声明部分:在此声明 PL/SQL 用到的变量、类型及游标,以及局部的存储过程和函数
```

```
BEGIN
  --执行部分：在此编写要执行的操作语句，即程序的主要部分
EXCEPTION
  --异常处理部分：在此编写错误处理语句
END；
```

其中：

1）定义部分

以 Declare 为标识，在该部分中定义程序中要使用的常量、变量、游标和异常处理名称，PL/SQL 程序中使用的所有定义必须在该部分首先定义。

2）执行部分

以 begin 为开始标识，以 end 为结束标识。该部分是每个 PL/SQL 程序所必需的，包含对数据库的操作语句和各种流程控制语句。执行部分不能省略。

3）异常处理部分

该部分包含在执行部分里面，以 exception 为标识，对程序执行中产生的异常情况进行处理。

事实上，PL/SQL 是一种块结构的语言，它的基本组成单元是一些逻辑块。通常，每一个逻辑块都承担一部分工作任务，PL/SQL 这种将问题分而治之（Divide-and-Conquer）的方法称为逐步求精（Stepwise Refinement）。块能够把逻辑相关的声明和语句组织起来，声明的内容对于块来说是本地的，在块结构退出时它们会自动销毁。

还可以在处理部分和异常控制部分嵌套子块，但声明部分中不可以嵌套子块。不过仍可以在声明部分定义本地的子程序，但这样的子程序只能由定义它们的块来调用。

2. PL/SQL 变量使用

PL/SQL 允许用户使用常量和变量，但是常量和变量必须是在声明后才可以使用，向前引用（Forward Reference）是不允许的。

1）变量声明

变量可以是任何 SQL 类型，如 CHAR、DATE 或 NUMBER 等，也可以是 PL/SQL 类型，BOOLEAN 或 BINARY_INTEGER 等。声明方法如下：

```
variable  datatype;
```

其中，variable 是一个要声明的 PL/SQL 变量名称，datatype 是 Oracle 数据类型，如例 6-74 所示，声明 BID 为 VARCHAR2(20)变量、BNAME 为 VARCHAR2(100)变量。

例 6-74 声明 BID、BNAME 变量

```
BID VARCHAR2(20) ;
BNAME  VARCHAR2(100);
```

2）变量赋值

在 PL/SQL 编程中，变量赋值是一个值得注意的地方，它的语法如下：

```
variable  :=  expression;
```

其中，variable 是一个声明的 PL/SQL 变量，expression 是一个 PL/SQL 表达式，使用赋值

177

操作符"︰="来给变量赋值,如例 6-75 所示,分别给变量 BID、BNAME 赋值。

例 6-75 给变量 BID、BNAME 赋值

```
BID :=' 5001001';
BNAME :='三国演义';
```

也可以利用 SELECT 中查询的结果给变量赋值,它的语法如下:

```
Select 列名 into 变量名 from ⋯
```

如例 6-76 所示,通过 SELECT 查询,将编号为 5001001 的图书名赋值给变量 BNAME,图书编号赋值给变量 BID。

例 6-76 通过 SELECT INTO 方式赋值给变量 BID、BNAME

```
select bid into BID from books where bid=' 5001001';
select bname into BNAME from books where bid=' 5001001';
```

3) 变量的数据类型

Oracle 支持的数据类型主要有标量(SCALAR)、复合(COMPOSITE)、引用(REFERENCE)和 LOB 这 4 种数据类型。这里仅介绍一些标准的基本数据类型,如表 6-5 所示。

表 6-5 PL/SQL 中常用的基本数据类型

类型标识符	说 明
Number	数字型
Int	整数型
Pls_integer	整数型,产生溢出时出现错误
Binary_integer	整数型,表示带符号的整数
Char	定长字符型,最大 255 个字符
Varchar2	变长字符型,最大 2000 个字符
Long	变长字符型,最长 2GB
Date	日期型
Boolean	布尔型(TRUE、FALSE、NULL 三者取一)

4) 注释

添加注释能让 PL/SQL 程序更加易读,通常添加注释的目的就是描述每段代码的用途。PL/SQL 支持两种注释风格:单行和多行。

• 单行注释。

单行注释由一对连字符(--)开头。如:

```
--在此输入单行注释
select bname into BNAME from books where bid=' 5001001';
```

单行注释可以出现在一条语句的前端。在测试或调试程序的时候,有时想禁用某行代码,就可以在语句前端把它"注释掉",如:

```
--DELETE FROM books where bid='5001001';
```

--上面这行 SQL 语句不会被执行

- 多行注释。

多行注释由斜线星号(/ *)开头,星号斜线(* /)结尾,可以注释多行内容。如下所示,
使用 / *　　 * /来加一行或多行注释。

```
/ ************************************************* /
/ * 文件名:        * /
/ * 作者:          * /
/ * 时间:          * /
/ ************************************************* /
```

6.4.3　PL/SQL 流程控制语句

流程控制语句是 PL/SQL 对 SQL 的最重要的扩展,PL/SQL 不仅能让用户操作
Oracle 数据,还能让用户使用条件、循环和顺序控制语句来处理数据,通常包括条件语句、
选择语句、循环语句、顺序语句等。

1. 条件语句

在 Oracle 应用中,经常需要根据某个条件来进行程序执行,这时需要使用 IF 条件语
句,语法格式如下。

```
IF <布尔表达式>THEN
   PL/SQL 和 SQL 语句
ELSE
   其他语句
END IF;
```

IF…THEN…ELSE 语句能让用户按照条件来执行一系列语句,IF 用于检查条件,
THEN 在条件值为 true 的情况下执行,ELSE 在条件值为 false 或 null 的情况才执行。

有时也可能需要从几个选项中选择一个,这时就需要使用另一种 IF 语句,可以添加一
个 ELSIF 关键字提供额外的条件选项,语法格式如下。

```
IF <布尔表达式>THEN
   PL/SQL 和 SQL 语句
ELSIF <其他布尔表达式>THEN
   其他语句
ELSIF <其他布尔表达式>THEN
   其他语句
ELSE
   其他语句
END IF;
```

如果第一个条件为假或空,ELSIF 子句就会检测另外一个条件。一个 IF 语句可以有
多个 ELSIF 子句,最后一个 ELSE 子句是可选的。条件表达式从上而下计算,只要有满足
的条件,与它关联的语句就会执行,然后控制权转到下一个语句,如果所有的条件都为假或
是空,ELSE 部分的语句就会执行。如例 6-77 所示。

例 6-77　当图书库存小于三本时,输出提示信息

```
DECLARE
  book_count int;
BEGIN
  select quantity into book_count from books where bid='5001001';
  IF book_count=0 THEN
    select count(bid) into book_count from Sales where bid='5001001';
    DBMS_OUTPUT.PUT_LINE('编号为 5001001 的图书库存为 0,共借出: '||book_count||'本');
  ELSIF book_count<3 THEN
    DBMS_OUTPUT.PUT_LINE('编号为 5001001 的图书库存不足 3: '||book_count||'本');
  ELSE
    DBMS_OUTPUT.PUT_LINE('编号为 5001001 的图书库存还有: '||book_count||'本');
  END IF;
EXCEPTION
  WHEN OTHERS THEN
    DBMS_OUTPUT.PUT_LINE('发现错误,错误为: '||SQLCODE||'＊＊＊'||SQLERRM);
END;
```

本例是对例 6-73 的增强功能,当图书库存小于三本时,输出提示信息。

2. 选择语句

如果存在多个条件值,并且每个条件值对应一个操作时,可以使用 CASE 选择语句。CASE 语句会计算条件值,然后进行相应的操作(这个操作有可能是一个完整的 PL/SQL 块)。CASE 语法格式有两种,如下所示。

格式一:

```
CASE 条件表达式
  WHEN 条件表达式结果 1 THEN
    语句段 1
  WHEN 条件表达式结果 2 THEN
    语句段 2
  …
  WHEN 条件表达式结果 n THEN
    语句段 n
  [ELSE 条件表达式结果]
END;
```

格式二:

```
CASE
  WHEN 条件表达式 1 THEN
    语句段 1
  WHEN 条件表达式 2 THEN
    语句段 2
  …
  WHEN 条件表达式 n THEN
    语句段 n
```

```
    [ELSE 语句段]
END;
```

Members 表中的 Mlevel 字段表示会员的级别,会有多种类型值,可以使用 CASE 表达式输出相应的级别名称,如例 6-78 所示。

例 6-78 输出会员级别名称

```
DECLARE
  Level_name varchar2(20) ;
BEGIN
  select Mlevel into Level_name from Members where Mid='m101';
  CASE Level_name
  WHEN '1' THEN
    DBMS_OUTPUT.PUT_LINE('会员号为 m01 的级别为:普通会员');
  WHEN 'CS02' THEN
    DBMS_OUTPUT.PUT_LINE('会员号为 m01 的级别为:铜卡会员');
  WHEN 'CS03' THEN
    DBMS_OUTPUT.PUT_LINE('会员号为 m01 的级别为:银卡会员');
  WHEN 'CS04' THEN
    DBMS_OUTPUT.PUT_LINE('会员号为 m01 的级别为:金卡会员');
  WHEN 'CS05' THEN
    DBMS_OUTPUT.PUT_LINE('会员号为 m01 的级别为:砖石卡会员');
  ELSE
    DBMS_OUTPUT.PUT_LINE('会员号为 m01 的级别为:暂时未定级别');
  END CASE;
END;
```

3. 循环语句

PL/SQL 循环语句有多种方式,如 LOOP、WHILE…LOOP、FOR…LOOP。

1) LOOP 循环

LOOP 语句能让用户多次执行一系列语句,LOOP 循环以关键字 LOOP 开头,END LOOP 结尾,当 WHEN 给出的条件满足时退出循环,语法格式如下。

```
LOOP
    要执行的语句;
    EXIT WHEN <条件语句>--条件满足,退出循环语句
END LOOP;
```

例 6-79 依次循环 5 次输出 a 的当前值

```
DECLARE
  a NUMBER(2) :=0;
BEGIN
  LOOP
    a :=a +1;
    DBMS_OUTPUT.PUT_LINE('a 的当前值为: '||a);
    EXIT WHEN a=5;
```

```
       END LOOP;
   END;
```

在例 6-79 中，a 从 1 开始依次循环，每次输出当前 a 的值，当 a 为 5 时退出循环。

2）WHILE 循环

WHILE…LOOP 语句会按照某个条件值执行，如果条件值为 true，循环内的语句就会被执行，然后再次回到循环顶部，重新计算条件值。如果条件值为 false 或是 null，循环就会停止，语法格式如下。

```
WHILE <布尔表达式>LOOP
    要执行的语句;
END LOOP;
```

使用 WHILE…LOOP 同样可以实现例 6-79 的功能，如例 6-80 所示。

例 6-80　依次循环 5 次输出 a 的当前值

```
DECLARE
  a NUMBER :=1;
BEGIN
  WHILE a <=5 LOOP
    DBMS_OUTPUT.PUT_LINE('a 的当前值为: '||a);
    a :=a +1;
  END LOOP;
END;
```

3）FOR 循环

FOR…LOOP 语句主要用于数字的循环，可以指定一个数字的上下限，范围内的每一个数字都会执行一次，语法格式如下。

```
FOR 循环计数器 IN [ REVERSE ] 下限 ..上限 LOOP
    要执行的语句;
END LOOP [循环标签];
```

FOR…LOOP 语句中，每循环一次，循环变量自动加 1，使用关键字 REVERSE，循环变量自动减 1。跟在 IN［REVERSE］后面的数字必须是从小到大的顺序，而且必须是整数，不能是变量或表达式。可以使用 EXIT 退出循环。

使用 FOR…LOOP 同样可以实现例 6-79 的功能，如例 6-81 所示。

例 6-81　依次循环 5 次输出 a 的当前值

```
DECLARE
  a NUMBER(2) ;
BEGIN
  FOR a in 1 ..5 LOOP
    DBMS_OUTPUT.PUT_LINE('a 的当前值为:  '||a);
  END LOOP;
END;
```

4）循环嵌套

在 PL/SQL 中,可以嵌套多个循环语句,如例 6-82,在 WHILE 循环中嵌套 LOOP 循环,求 100～110 之间的素数。

例 6-82 求 100～110 之间的素数

```
DECLARE
  v_m NUMBER :=101;
  v_i NUMBER;
  v_n NUMBER :=0;
BEGIN
  WHILE v_m <110 LOOP
    v_i :=2;
    LOOP
      IF mod(v_m, v_i)=0 THEN
        v_i :=0;
        EXIT;
      END IF;

      v_i :=v_i +1;
      EXIT WHEN v_i >v_m -1;
    END LOOP;

    IF v_i >0 THEN
      v_n :=v_n +1;
      DBMS_OUTPUT.PUT_LINE('第'||v_n||'个素数是'||v_m);
    END IF;

    v_m :=v_m +2;
  END LOOP;
END;
```

4. 顺序语句

PL/SQL 中,可以使用 GOTO 语句进行顺序控制,GOTO 语句能让用户无条件地跳转到一个标签。语法如下:

```
GOTO label;
...
<<label>>--标号是用<<>>括起来的标识符
```

注意,在以下地方使用 GOTO 语句是不合法的,编译时会出错误。

（1）跳转到非执行语句前面。

（2）跳转到子块中。

（3）跳转到循环语句中。

（4）跳转到条件语句中。

（5）从异常处理部分跳转到执行。

（6）从条件语句的一部分跳转到另一部分。

例 6-83　使用 GOTO 语句跳转执行

```
DECLARE
  V_counter NUMBER :=1;
BEGIN
  LOOP
    DBMS_OUTPUT.PUT_LINE('V_counter 的当前值为：'||V_counter);
    V_counter :=v_counter +1;
    IF v_counter >5 THEN
      GOTO labelOffLOOP;
    END IF;
  END LOOP;
  <<labelOffLOOP>>
  DBMS_OUTPUT.PUT_LINE('V_counter 的当前值为：'||V_counter);
END;
```

例 6-83 表示当 counter 大于 5 时，使用 GOTO 语句跳转执行另一个语句。

6.5　小　　结

　　本章主要学习了 SQL＊PLUS 工具的使用及 SQL、PL/SQL 的知识。SQL＊PLUS 工具作为一个应用工具软件，提供了一系列的操作命令，使得用户更方便地操作和使用 Oracle 数据库。通过本节的学习，读者应该熟练使用 SQL＊PLUS 的各种操作命令和格式化命令，掌握如何使用编辑和运行脚本文件，这些都是日常数据库维护中必备的技能。

　　对于 SQL，主要学习了数据定义语言（DDL）、数据操纵语言（DML）、数据查询语言（DQL）。在 DDL 中，主要学习了如何创建、修改及删除数据库对象的语句；在 DML 中，主要学习了插入、更新、删除数据的语句；DQL 中主要学习了 SELECT 语句中的查询、子句、运算符、格式化显示等。读者在书写 SQL 语句时，要注意书写规范，提高可读性。除此之外，在 SQL 部分还学习了 4 类函数，即：字符函数、数值函数、日期函数及分组函数。函数增强了 SQL 语句的功能，使得大量的运算得以简化，熟练使用这些函数对于读者使用 SQL 语句很有帮助。

　　最后，简单了解了 PL/SQL 知识，需要读者掌握 PL/SQL 的编程基础，以便于后续章节的学习。

第 7 章　Oracle 方案对象

方案(Schema)是一个逻辑数据结构(或称为方案对象)的集合。Oracle 方案对象包含一个用户拥有的所有对象的集合。一般地,每个 Oracle 数据库用户拥有一个与之同名的方案,且只有这一个方案。Oracle 的方案里面包含各种对象,如表、视图、序列、簇、存储、过程、函数、索引等内容。本章主要介绍表、约束、索引、视图、序列以及同义词等方案对象。

7.1　方案对象概述

方案在 Oracle 中是指 Schema,比如在 Oracle 11g 的 OEM 中,我们看到的"方案"就是指 Schema。在以前 Schema 也翻译成"模式",所以读者在以后的学习中,应该知道 Oracle 的"方案"和"模式"都是指 Schema。在 Oracle 应用中,为了区分各个不同的集合,而使用方案进行管理。

7.1.1　方案对象和用户

在 Oracle 数据库中,一个用户一般对应一个方案,该用户的方案名为用户名,并作为该用户默认方案。这也就是在 OEM 方案下,所看到的方案名都为数据库用户名的原因。Oracle 数据库中不能创建一个新的方案,要想创建一个新的方案,只能通过创建一个新用户的方式来实现。所以也可以认为方案是用户的别名,虽然这样说并不准确,但是更容易理解一些。

在 Oracle 数据库中,一个对象的完整名称为 schema.object,在对数据库对象进行操作(如 DML、DDL 等)时,需要使用 schema.object 完整名称的形式。当访问一个数据库对象时,如果没有指明该对象属于哪一个方案,则系统会自动在该对象上加上默认的方案名。例如,使用 HR 账号查询 card 表时,可以通过 SQL 语句:"select * from card"来查询。事实上,这条 SQL 语句在执行时会认为是:"select * from hr.card"。类似地,如果创建对象时不指定该对象所属的方案,则新创建的对象所属方案为当前用户默认的方案。

7.1.2　Oracle 方案对象分类

Oracle 通过方案来管理各种数据库对象,存储在方案里的对象类型主要由以下几种构成。

- 簇(cluster)。
- 数据库链接(database link)。
- 数据库触发器(database trigger)。

- 维度(dimension)。
- 外部过程库(external procedure library)。
- 索引(index)和索引类型(index type)。
- Java 类(Java class)、Java 资源(Java resource)及 Java 源程序(Java source)。
- 物化视图(materialized view)及物化视图日志(materialized view log)。
- 对象表(object table)、对象类型(object type)及对象视图(object view)。
- 操作符(operator)。
- 序列(sequence)。
- 存储(在服务器端)的(stored)函数(function)、过程(procedure)及包(package)。
- 同义词(synonym)。
- 表(table)及 index-organized table。
- 视图(view)。

根据这些数据库对象类型,大致地可以把 Oracle 方案对象分为三大类,即:数据方案对象、管理方案对象、PL/SQL 程序方案对象。下面将对常用的方案对象做个简单的介绍。

1. 数据方案对象

数据方案对象主要有表、索引、视图等。

(1) 表是用于存放数据的数据库对象。数据库中的表按照功能的不同,可以分为系统表和用户表两类。系统表主要用于 Oracle 数据库系统本身的数据,如:前面学习的数据字典表;用户表用于存放用户的数据,通常建立和使用的都是用户表。

(2) 索引是建立在表上的一种对象,类似于书目录的功能,使用它可以快速找到所需要的数据,索引总是和表紧密关联的。

(3) 视图是查看表数据的一种方法,主要作用是通过表数据的逻辑组合最终实现特定的查询。视图不是数据表,仅是一些 SQL 语句的定义。

2. 管理方案对象

管理方案对象主要由序列、同义词、数据库链接等对象组成。

(1) 序列是用来产生唯一顺序号的一种数据库对象。

(2) 同义词主要作用是简化和隐藏数据库对象的名字和拥有者。

3. PL/SQL 程序方案对象

PL/SQL 程序方案对象主要由过程、函数、触发器、程序包等组成。

(1) 过程即存储过程,是由 SQL 语句和 PL/SQL 语句组合在一起,为执行某个任务而建立的,类似于高级程序设计语言中的模块。

(2) 函数和过程的作用相似,函数和过程的差别在于:函数总是返回值给调用者,而过程不会返回值给调用者。

(3) 触发器是一种特殊类型的存储过程,由一些 SQL 语句组成,主要用于执行强制性的业务规则或要求。

(4) 程序包也称为包,是一组过程、函数、变量和 SQL 语句的集合。

本章主要学习数据方案对象及管理方案对象的知识,PL/SQL 程序方案对象将在第 9 章做详细介绍。

7.2 数据方案对象

表(Table)是数据库系统中使用最多的对象,也是数据库中存储数据的基本单位,一切数据都存放在表中。一个 Oracle 数据库就由若干个数据表组成,其他数据库对象都是为了用户更好地操作表中的数据。

7.2.1 表

众所周知,Oracle 是关系模式数据库,而表是关系模型中反映实体与属性关系的二维表格,它由列和行组成,通过行与列的关系,表达出了实体与属性的关系。数据在表中的组织方式与在电子表格中相似,都是按行和列的格式组织的。每一行代表一条唯一的记录,每一列代表记录中的一个字段。如第 6 章中表 6-1 所示,表主要由以下几部分组成。

- 列/域/字段:表的内容,也就是实体的各个属性,组成了表的各个列。
- 长度:该列所能容纳的最大数据位数。
- 类型:该列存储的数据类型。
- 关键字:该列能唯一表示一行内容,则称该列为关键字。
- 非空列:该列值是不能为空的。
- 行/记录:表中所有列组合在一起形成的一条信息,称为一行或一条记录。
- 行号:每条记录在数据库中的一个定位位置。在 Oracle 数据库中,每张表有一个系统提供的伪列来定位每条记录。

在第 6 章已经介绍了有关表的创建、修改和删除等操作,除此之外,在表中还可以创建几种类型的控制(例如约束、触发器、默认值和用户自定义数据类型),用于保证数据的有效性。同时还可以向表中添加声明"引用完整性约束",以确保不同相关联表中的数据保持一致。

那么什么是数据完整性约束?该如何保证数据的一致性?下面将介绍有关数据完整性的内容,这是关系数据库中比较重要的内容。

7.2.2 数据完整性

存储在数据库中的数据通常是从外部获取的,在获取外部数据的过程中,由于种种原因,会发生无效数据的输入或错误数据的输入等情况。为了保证外部获取的数据符合规定,因此提出了数据完整性。目前,数据完整性成为数据库系统、尤其是多用户的关系数据库系统首要关注的问题。

关系型数据库的数据完整性主要有实体完整性、参照完整性和用户自定义的完整性三方面的内容。实体完整性和参照完整性是关系型数据库必须满足的完整性约束条件,通常在数据库系统中设置,用户自定义的完整性需要由用户来设计完成。

1. 实体完整性

实体完整性(Entity Integrity)规定表的每一条记录在表中是唯一的实体,主要通过主键(码)来体现。之所以要保证实体完整性的主要原因是,在数据表中,每一条记录是依据主键进行区分的,若主键字为空值,则不能标明该记录的存在。如第 6 章中每张表中设置的主键。

2. 参照完整性

参照完整性(Referential Integrity)是指一个表的主键和另一个表的外键数据应该对应一致。它确保了有主键的表中包含的数据,都在其对应外键表中,有对应的数据存在,即保证了表之间的数据一致性,防止了数据丢失或无意义的数据在数据库中扩散。参照完整性是建立在外键和主键之间或外键唯一性关键字之间的关系上的。如第 6 章中 Sales 表的 Mid、Bid、Aid 分别引用于其他表中对应的字段,则说明这些字段参照了其他表中的数据。

3. 用户定义的完整性

用户定义的完整性(User-defined Integrity)有实体完整性和参照完整性,都适用于任何关系型数据库。除此之外,不同的关系数据库根据其应用环境的不同,往往还需要一些特殊的约束条件。用户自定义的完整性就是针对某一具体关系型数据库的约束条件,它反映某一具体应用所涉及的数据必须满足的语义要求。例如,学生的成绩一般情况下的取值范围在 0~100 之间。

7.2.3　数据完整性的实现

为了实现数据完整性,Oracle 引入了约束。约束的目的是保证插入表的数据满足一定的要求,在表里使用约束比在应用程序中使用规则验证更有效,执行速度更快。一旦声明了约束,在插入、更新数据时 Oracle 将自动使用这些约束来验证数据的有效性。

约束既可以在 CREATE TABLE 过程的数据定义中定义,也可以在表创建后使用 ALTER TABLE ADD 命令添加。

约束按照功能可以分为以下 5 种。

- 主键约束(PRIMARY KEY):主键约束用于标识主键的唯一性,且不能为 NULL。
- 外键约束(FOREIGN KEY):维护从表和主表之间的引用完整性。
- 唯一约束(UNIQUE KEY):说明该列的值是唯一的,但可以是 NULL。
- 非空约束(NOT NULL):不允许某列为 NULL。
- 条件约束(CHECK):说明某列的值必须满足一定的条件,条件约束是最灵活的一种约束类型。

1. 主键约束

Oracle 的实体完整性规则要求主属性非空且唯一。Oracle 在 CREATE TABLE 语句中提供了 PRIMARY KEY 子句,供用户创建表时指定关系的主键列。在用 PRIMARY KEY 语句定义了关系的主键后,每当用户程序对主键列进行更新操作时,系统自动进行完整性检查,凡操作使主键值为空值或使主键值在表中不唯一,系统拒绝此操作,从而保证了实体完整性。

主键唯一标识一个表中的记录,主键可以在一列或多列上创建,但是主键约束不允许插入空值 NULL。

为了说明如何创建主键约束,首先创建一张临时表 Test,随后设置主键约束如例 7-1 所示。

例 7-1　更新 Test 表的主键约束

```
SQL>create table Test
  2  ( Tid varchar2(20),
```

```
   3   Tname varchar2(20)
   4   );
```

表已创建。

```
SQL>Alter table Test
  2   ADD Constraint Tid_PK primary key
  3   (
  4   "TID"
  5   )Enable
  6   ;
```

表已更改。

从例 7-1 中可以看到基于列 TID 的主键约束 Tid_PK 创建成功。如前所述，主键约束要求列值唯一且不能插入空值。现在可以做个测试，向 Test 表中插入两行数据，其中 Tid 列值重复，如例 7-2 所示。

例 7-2 违反主键约束测试 1

```
SQL>insert into Test values('101','Lili');
```

已创建 1 行。

```
SQL>insert into Test values('101','wangli');
insert into Test values('101','wangli')
*
```

第 1 行出现错误：
ORA-00001: 违反唯一约束条件 (SYS.TID_PK)

从例 7-2 可以看到，先后用 insert into 语句插入了两条数据，其 Tid 值均为 101，则发生了 ORA-00001 错误，该错误提示违反了唯一约束条件，即表示 Tid 列不能插入重复的值。

还可以向表中插入含空值的记录测试，用来验证一下主键约束对 NULL 值的效果，如例 7-3 所示。

例 7-3 违反主键约束测试 2

```
SQL>insert into Test values('','wangli');
insert into Test values('','wangli')
                        *
```

第 1 行出现错误：
ORA-01400: 无法将 NULL 插入 ("SYS"."TEST"."TID")

例 7-3 中插入的数据 Tid 字段值为空字符串，则产生了 ORA-01400 错误，表示空值(NULL)无法插入表 Test 的 Tid 列，说明了主键约束不允许插入空值 NULL。

2. 外键约束

CREATE TABLE 语句不仅可以定义关系的实体完整性规则，也可以定义参照完整性规则。用户可以在创建表时用 FOREIGN KEY 子句定义哪些列为外键列，用

REFERENCES 子句指明这些外键相应于哪个表的主键,用 ON DELETE CASCADE 子句指明在删除被参照关系(主表)的行时,同时删除参照关系(从表)中外键值等于被删除行中主键值中的行。

外键约束不仅涉及一个表,它涉及主表和从表,使用外键约束使得 Oracle 可以维护主表和从表之间的引用完整性。简单地说,如果要向从表中插入一行数据,则外键约束列的值要参考主表中主键列的值,而不能随意地插入数据。

在第 6 章中 Sales 表中的 Bid 值参考了 Books 表中的 Bid 字段,那么如果 Sales 表中输入的 Bid 值不在 Books 表中存在,则违反参照完整性,如例 7-4 所示。

例 7-4　外键约束的作用

```
SQL>insert into Sales(Mid,Bid,Aid,Sdate) values('m101','101','101',to_date
('2012-11-02','yyyy-mm-dd'));
insert into Sales(Mid,Bid,Aid,Sdate) values('m101','101','101',to_date
('2012-11-02','yyyy-mm-dd'))
*
第 1 行出现错误:
ORA-02291: 违反完整约束条件 (SYS.SYS_C0010824) -未找到父项关键字
```

例 7-4 表示向 Sales 表中插入图书编号为 101 的销售信息,但是在 Books 表中并没有该编号的图书,则发生了 ORA-02291 错误,即违反了完整性约束条件,其实就是违反了外键约束条件。

数据库就是通过这种参照完整性约束,维护了表 Sales 和表 Books 之间的 Bid 列数据的一致性。

创建外键约束的方法和主键约束的方法相似,可以在表创建过程中通过“Foreign key”关键字声明(请参照例 6-20 创建 Sales 表的 SQL 代码),也可以后添加外键约束命令,如例 7-5 所示。

例 7-5　添加外键约束

```
SQL>ed
已写入 file afiedt.buf

  1  alter table test
  2 * add constraint test_tid_fk1 FOREIGN KEY(TID) references Books(BID)
SQL>/

表已更改。
```

例 7-5 中采用“ALTER TABLE”的方式修改 Test 表中 TID 列的约束定义,增加了 TID 列参考 Books 表 BID 列的外键约束。

3. 非空约束

如前所述,除了实体完整性和参照完整性以外,用户还可以自定义完整性。自定义的完整性可以采用“非空约束”、“唯一约束”以及“条件约束”等方式设置。

非空约束要求表里某列的数据不能为空,可以使用 not null 参数在定义表时直接定义表里某列的非空约束。如例 7-6 所示的第 6 章 Books 表的定义，可以看到 BNAME 列定义为不能为空值，这样可以保证录入数据的有效性。

例 7-6 非空约束实例

```
SQL>desc books
名称                                是否为空?类型
------------------------  --------------------------

BID                               NOT NULL VARCHAR2(20)
BNAME                             NOT NULL VARCHAR2(100)
AUTHOR                            VARCHAR2(20)
PRICE                             NUMBER(6,2)
QUANTITY                          NUMBER
BPRESS                            VARCHAR2(50)
BCLASS                            VARCHAR2(50)
```

现在向 Books 表中插入一行数据，此时将 Bname 列对应的值设置为 NULL，其结果如例 7-7 所示。

例 7-7 非空约束测试 1

```
SQL>insert into books(Bid,Bname) values('101','');
insert into books(Bid,Bname) values('101','')
                                *
第 1 行出现错误:
ORA-01400: 无法将 NULL 插入 ("SYS"."BOOKS"."BNAME")
```

例 7-7 的输出结果中可以看到产生了 ORA-01400 错误，可见 Oracle 不允许在 Books 表中已经定义为 NOT NULL 的 Bname 列插入空字符串。现在再插入一行非空记录，如例 7-8 所示。

例 7-8 非空约束测试 2

```
SQL>insert into books(Bid,Bname) values('101','Test');

已创建 1 行。
```

例 7-8 结果表明已成功插入了该行数据。在表 Books 中 Bid 字段为主键、Bname 定义 NOT NULL，其余字段均可以为空。因此，在本例中虽然没有对其余字段赋值，也不会产生错误。例 7-9 为查询结果。

例 7-9 非空约束查询结果

```
SQL>select * from books;
```

BID	BNAME	AUTHOR	PRICE	QUANTITY	BPRESS	BCLASS
5001001	三国演义	罗贯中	40	15	2010-5-1	小说
5001002	水浒传	施耐庵 罗贯中	35	12	2010-5-1	小说

5001003	西游记	吴承恩	32	8	2010-5-1	小说
5001004	红楼梦	曹雪芹 高鹗	45	20	2010-5-1	小说
105	西厢记	王实甫	35	15		
5001006	丽春堂	王实甫	35	5		
101	Test		0	0		

已选择 7 行。

从例 7-9 的输出中可以看到，刚刚添加的图书编号为 101 的图书信息中，除了前两个字段外，其他字段值均为空。

当更新表时，也不能违反空值约束。如更新 books 表中刚插入的记录，其 Bname 列为空值，将提示错误，如例 7-10 所示。

例 7-10 更新违反非空约束实例

```
SQL>update books set Bname=null where bid='101';
update books set Bname=null where bid='101'
                   *
```
第 1 行出现错误：
ORA-01407: 无法更新 ("SYS"."BOOKS"."BNAME") 为 NULL

例 7-10 中更新 bid 为 101 的记录的 Bname 值为 null，则发生 ORA-01407 错误，即违反了非空约束。

4. 唯一约束

唯一约束要求列的值在表中是唯一的，但是可以插入空值 NULL（NULL 值除外，允许多次插入 NULL 值）。第 6 章建立的 Books 表中，没有对表做唯一约束，现在使用指令 ALTER TABLE 对表 Books 的 Bname 列创建一个唯一约束，说明表 Books 中的列 Bname 的值不能重复。如例 7-11 所示。

例 7-11 设置唯一约束

```
SQL>ed
已写入 file afiedt.buf

  1  ALTER TABLE BOOKS
  2  ADD CONSTRAINT BOOKS_UK1 UNIQUE
  3  (
  4  "BNAME"
  5* ) ENABLE
SQL>/

表已更改。
```

例 7-11 为表 Books 添加了一个 BOOKS_UK1 唯一约束，该约束是创建在 Bname 列上的。

为了验证唯一约束的"唯一"性,可以向表中插入重复数据。表 Books 内的数据如例 7-9 所示。现向表中再插入一行 Bname 为"西游记"的数据,其结果如例 7-12 所示。

例 7-12 插入书名重复的数据

```
SQL>insert into books(bid,bname) values('102','西游记');
insert into books(bid,bname) values('102','西游记')
 *
第 1 行出现错误:
ORA-00001: 违反唯一约束条件 (SYS.BOOKS_UK1)
```

从例 7-12 的输出结果可以很容易看出,插入操作发生了 ORA-00001 错误,即违反了唯一约束条件——Bname 列不能有重复值。

在建立唯一约束后,允许插入多个空值(null 值),因为空值不是任何值,一个 NULL 和另一个 NULL 也不同。请读者自行测试。

5. 条件约束

条件约束是比较灵活的一类约束,可以根据应用需要对表设置更多的限制,条件约束说明表中某列或几列的数据必须满足的条件,如"商品价格"要求大于 0,不能为负数等。可以对表中的多个列使用约束条件,也可以对同一列使用多个条件约束。

条件约束可以在创建表时同时创建,也可以在表创建完成后对某列单独创建。条件约束的判断标准是条件约束的返回值,如果为 TRUE 表示满足条件,则执行;否则,如果为 FALSE 表示不满足条件,拒绝执行。

下面使用 ALTER TABLE 命令来创建条件约束,如在 Test 表中,增加 price 字段,并约束其值应该大于 0,如例 7-13 所示。

例 7-13 创建条件约束

```
SQL>ed
已写入 file afiedt.buf

  1  alter table Test
  2* add (price number check(price>0))
SQL>/

表已更改。
```

在例 7-13 中已经设置好了 price 字段的约束,那么如果输入小于 0 的值,则违反了 CHECK 约束。如例 7-14 所示。

例 7-14 违反条件约束实例

```
SQL>insert into test values('102','wangping',-3);
insert into test values('102','wangping',-3)
 *
第 1 行出现错误:
ORA-02290: 违反检查约束条件 (SYS.SYS_C0010844)
```

从例 7-14 中可以看到,在 Test 表中插入一行数据,其 price 列对应值为"-3",则发生 ORA-02290 错误,即违反约束条件,Oracle 拒绝插入该记录。

定义好了约束后,可以在系统表 user_cons_columns 中查看已经定义的约束,如例 7-15 所示。

例 7-15 查看已定义的约束

```
SQL>ed
已写入 file afiedt.buf

  1  SELECT owner, constraint_name, table_name, column_name
  2  FROM user_cons_columns
  3* where table_name='BOOKS'
SQL>/


OWNER  CONSTRAINT    TABLE_ COLUMN_NAM
-----  -----------   ------------------------------------
SYS    BOOKS_UK1     BOOKS  BNAME
SYS    SYS_C0010819  BOOKS  BID
SYS    SYS_C0010818  BOOKS  BNAME
```

从例 7-15 中可以看到在 BOOKS 表上创建的约束的全部信息。

7.2.4 删除约束

如果不再需要已定义的约束,可以随时删除约束。删除约束时,使用 ALERT TABLE 命令,配合 DROP CONSTRAINT 命令来删除约束,如例 7-16 所示。

例 7-16 删除约束

```
SQL>alter table books drop constraint books_uk1;
```

表已更改。

例 7-16 删除了 books 表中的 Bname 列上定义的条件约束 books_uk1。如果再删除 books 表中 BID 列的主键约束,结果如例 7-17 所示。

例 7-17 删除 BID 列主键约束

```
SQL>alter table books drop constraint SYS_C0010819;
alter table books drop constraint SYS_C0010819
                                  *
第 1 行出现错误:
ORA-02273: 此唯一/主键已被某些外键引用
```

从例 7-17 中可以看到删除约束时发生了错误,表明 Oracle 拒绝了删除该约束的操作,发生的错误是 ORA-02273,即"此唯一/主键已被某些外键引用"。这是因为 books 表中的 Bid 列被 Sales 表引为外键。那么,如果要删除 books 表的主键约束,就必须使用 "CASCADE"关键字,级联删除 Sales 表的外键约束,如例 7-18 所示。

例 7-18 级联删除约束

```
SQL>alter table books drop constraint SYS_C0010819 cascade;
```

表已更改。

此时,例 7-18 已成功删除了约束,这里使用 CASCADE 关键字强制切断了主表和从表之间的外键引用关系,从而可以成功删除。

7.2.5 启用和禁用约束

在前面几节里创建约束时,经常会看到在语法末尾带一个 ENABLE 的参数,如例 7-11 所示。ENABLE 参数的意思是启用该约束,也可以使用 DISABLE 参数来禁用约束,该参数既可以在创建约束时中指明禁用约束,也可以在创建约束后使用 ALTER TABLE 语句来禁用约束。如例 7-19 所示。

例 7-19 禁用约束

```
SQL>alter table test disable constraint TEST_TID_FK1;
```

表已更改。

例 7-19 禁用了表 Test 的外键约束 TEST_TID_FK1。当然,也可以继续使用 ALTER TABLE…ENABLE 指令启用已经禁用的约束。

若要禁用主键约束,如果该主键有外键约束依赖时,无法直接禁用主键约束,如例 7-20 所示。

例 7-20 无法禁用约束

```
SQL>  alter table books disable constraint SYS_C0010819;
alter table books disable constraint SYS_C0010819
                                     *
第 1 行出现错误:
ORA-02297:  无法禁用约束条件 (SYS.SYS_C0010819) -存在相关性
```

例 7-20 的操作发生了 ORA-02297 错误,表明此时无法禁用表 books 的主键约束。因为该约束存在相关性。所以,此时必须使用 CASCADE 参数禁用存在引用完整性关系的约束,如例 7-21 所示。

例 7-21 禁用存在引用完整性的约束

```
SQL>alter table books disable constraint SYS_C0010819 cascade;
```

表已更改。

例 7-21 的输出表明,使用 CASCADE 关键字强制禁用了主表和从表之间的外键引用关系,从而可以成功禁用主键约束。

读者可以在系统表 user_cons_columns 中查看约束的当前状态。

7.2.6 管理索引

大家都有这样的生活常识,如果去大的书店买书,首先应该了解各层所卖书籍的种类,然后到某层去寻找所需要的书所在的分类,最后确定该书在哪个区域的某个书架中。这样就可以直接到具体的地点去找这本书。索引的功能和找书的过程相似,都是为了快速定位到所要查找的目标。

1. 什么是索引

索引(index)是 Oracle 的一个对象,是建立在数据表基础之上的。索引中存储了数据表中特定列的排序数据,实现对表的快速访问。表建立索引后,使用索引可以很快查找到建立索引时列值所在的行,而不必对表实现全表扫描,所以适当地使用索引可以减少磁盘 I/O 的访问次数,实现快速的查找。

Oracle 使用索引的目的也是为了迅速地找到所需要的数据,当然任何事物都有两面性,建立索引可以迅速找到需要的数据,但是在某些情况下也带来性能开销。在此部分,将分析索引的建立和维护,并给出索引使用的一些建议。

索引具有以下特点。

- 对于具有只读特性或较少插入、更新或删除操作的大表通常可以提高查询速度。
- 可以对表的一列或多列建立索引。
- 建立索引的数量没有限制。
- 索引需要磁盘存储,需要 Oracle 自动维护。
- 索引对用户透明,是否使用索引是 Oracle 决定的。

2. 创建索引

Oracle 使用 CREATE INDEX 命令创建索引,可以给表中某一列创建单列索引,或者给多列建立一个多列索引,创建索引的语法格式如下。

```
CREATE [UNIQUE|BITMAP] INDEX [schema.] index_name
ON [schema.]table_name
(column_name[DESC]ASC][, column_name[DESC]ASC]]…)
[REVERSE]
[TABLESPACE tablespace_name]
[PCTFREE n]
[INITRANS n]
[MAXTRANS n]
[instorage state]
[LOGGING|NOLOGGING]
[NOSORT]
```

下面解释各个参数的含义。

- UNIQUE:说明该索引是唯一索引。
- BITMAP:创建位图索引。
- DESC|ASC:说明创建的索引为降序或升序排列。
- REVERSE:说明创建反向键索引。
- TABLESPACE:说明要创建的索引所存储的表空间。
- PCTFREE:索引块中预先保留的空间比例。
- INITRANS:每一个索引块中分配的事务数。
- MAXTRANS:每一个索引块中分配的最多事务数。

- instorage state：说明索引中区段 EXTENT 如何分配。
- LOGGING|NOLOGGING：说明要记录|不记录索引相关的操作，并保存在联机重做日志中。
- NOSORT：不需要在创建索引时再按键值进行排序。

假设 Sales 表将会是一张数据量很大的表，并且在日常管理中会经常使用 Bid 查询某本书的销售情况以及某天的销售情况。因此，可以在 Sales 表上建立两个索引，一个是针对图书编号 Bid 的索引，另一个是针对销售日期 Sdate 的索引，如例 7-22 所示。

例 7-22　在 Sales 表上创建索引

```
SQL>Create Index Index_Bid on Sales(Bid);

索引已创建。

SQL>Create Index Index_Sdate on Sales(Sdate);

索引已创建。
```

例 7-22 完成了两个索引的创建，索引名分别为"Index_Bid"和"Index_Sdate"。索引是需要存储空间的，可以使用 USER_INDEXES 数据字典来查询相关信息，如例 7-23 所示。

例 7-23　索引存储空间查询

```
SQL>select index_name,index_type,table_name,tablespace_name
  2  from user_indexes
  3  where table_name='SALES'
  4  ;
```

INDEX_NAME	INDEX_TYPE	TABLE_NAME	TABLESPACE_NAME
INDEX_SDATE	NORMAL	SALES	SYSTEM
INDEX_BID	NORMAL	SALES	SYSTEM
SYS_C0010822	NORMAL	SALES	SYSTEM

在例 7-23 中，使用数据字典 USER_INDEXES 可以详细地查看到当前用户所拥有的索引信息。刚刚建立的索引 INDEX_BID 和 INDEX_SDATE，存储在表空间 SYSTEM 中。对于数据库庞大的表，需要知道索引所对应的表空间存储信息，了解索引所在表空间的信息有助于性能调优时平衡磁盘的读写。

下面再给出一个创建索引的实例，在表 Sales 的 Bid 和 Sdate 字段上创建多列索引，并且存储在指定表空间中。通常，为了优化磁盘 I/O，会为索引建立一个独立的表空间，如例 7-24 所示。

例 7-24　创建索引表空间

```
SQL>create tablespace index_books datafile 'c:\app\oracle\oradata\orcl\index_books.dbf'
  2  size 50m autoextend on
SQL>/
```

表空间已创建。

首先创建一个索引表空间 index_books，并且存储在数据文件 index_books. dbf 中。接下来例 7-25，在 Sales 表的 Bid 和 Sdate 列上创建多列索引，并且指定存储到 index_books 表空间中，如例 7-25 所示。

例 7-25 创建多列索引

```
SQL>  CREATE INDEX INDEX1 ON Sales (Bid ASC,Sdate DESC)  TABLESPACE "INDEX_BOOKS";
```

索引已创建。

例 7-25 表明已经在 index_books 表空间中创建了一个名为 INDEX1 的多列索引。使用数据字典 USER_INDEXES，可以查询到这个多列索引的信息，如例 7-26 所示。

例 7-26 索引信息查询

```
SQL>ed
已写入 file afiedt.buf

  1  select index_name,table_name,tablespace_name from user_indexes
  2 * where table_name='SALES'
SQL>;
  1  select index_name,table_name,tablespace_name from user_indexes
  2 * where table_name='SALES'
SQL>/


INDEX_NAME        TABLE_NAME                 TABLESPACE_NAME
---------- ----------------- ---------------------------
INDEX1            SALES                      USERS
INDEX_SDATE       SALES                      SYSTEM
INDEX_BID         SALES                      SYSTEM
SYS_C0010822      SALES                      SYSTEM
```

例 7-26 的第一行记录，就是多列索引 INDEX1 的信息，表示该索引是创建在 Sales 表上的，并存储在 INDEX_BOOKS 表空间中。

3. 重建索引

对于数据量大的表和 DML 操作很频繁的表，需要对其索引进行维护。这是因为，在建立了索引的表中如果有大量的插入操作，会使索引增大，同时在大量表数据删除操作后，旧数据所占用的索引空间并不会自动释放，因此会使索引不断变大。Oracle 提供了 REBUILD 参数来重建索引，使得索引可以重用被删除数据的索引所占有的空间，使索引存储更加紧凑。具体语句如例 7-27 所示。

例 7-27 重建索引实例

```
SQL>alter index index1 rebuild;
```

索引已更改。

索引重建并不影响用户使用该索引,但在重建索引的同时不能使用 DDL、DML 操作索引所在数据表的数据。在重建索引时,也可以使用其他参数更改索引所在的表空间,如例 7-28 所示。

例 7-28 更改索引的表空间

```
SQL>alter index index1 rebuild tablespace users;
```

索引已更改。

例 7-28 表明在重建索引时,将多列索引 Index1 从 index_books 表空间迁移到 users 表空间。随后,可以查询数据字典 USER_INDEXES 验证重建索引后表空间的更改结果,如例 7-29 所示。

例 7-29 索引所在表空间查询

```
SQL>select index_name,table_name,tablespace_name from user_indexes
  2  where table_name='SALES'
  3 ;
INDEX_NAME      TABLE_NAME              TABLESPACE_NAME
----------      ----------------        ---------------------
INDEX1          SALES                   USERS
INDEX_SDATE     SALES                   SYSTEM
INDEX_BID       SALES                   SYSTEM
SYS_C0010822    SALES                   SYSTEM
```

通过如例 7-29 所示的输出结果可以看出,索引 INDEX1 已经从 INDEX_BOOKS 表空间迁移到 USERS 表空间。

如果因为某种原因需要在重建索引时允许用户执行 DML 操作,可以使用联机重建索引的方式,这种方式允许对当前数据表进行 DML 操作,但是不能进行 DDL 操作。联机重建索引的语句如例 7-30 所示。

例 7-30 联机重建索引实例

```
SQL>alter index index1
  2  rebuild online;
```

索引已更改。

4. 删除索引

如果一个索引失效,或者出于性能考虑暂时不需要使用该索引时,可以删除该索引。删除索引使用 DROP INDEX 命令,如例 7-31 所示。

例 7-31 删除索引实例

```
SQL>drop index index1;
```

索引已删除。

例 7-31 表示已经成功删除了 INDEX1 索引,为了确认删除结果,可以查询数据字典

Oracle 方案对象

USER_INDEXES,如例 7-32 所示。

例 7-32 查询索引

```
SQL>select index_name,table_name,tablespace_name from user_indexes
  2 where table_name='SALES'
  3 ;
INDEX_NAME      TABLE_NAME              ABLESPACE_NAME
---------- ----------------- ------------------------
INDEX_SDATE     SALES                   SYSTEM
INDEX_BID       SALES                   SYSTEM
SYS_C0010822    SALES                   SYSTEM
```

从例 7-32 的输出结果发现,已经没有了 INDEX1 索引,表明已经成功删除了 INDEX1
索引。

7.2.7 管理视图

视图也是数据方案对象之一,视图不是数据表,仅仅是一些 SQL 语句的定义,视图可以
进行 DML 操作,但是有一定限制,因为操作视图最终还是操纵创建视图的基础数据表。

1. 什么是视图

视图(view)是一种虚表,它不存储实际的数据,视图通过 SELECT 语句定义,在 Oracle
数据字典中只记录了视图的定义。视图只有定义而没有物理存储,在操作视图时实际上是
通过执行 SQL 语句操作定义视图的基础表。

使用视图主要有以下几方面的优点。

(1) 降低数据查询的复杂性。在执行基于多表的查询中,用户每次需要输入复杂的
SQL 语句,若使用视图,则可以简化这些语句的输入,还可以用一个易于理解的名字来命名
视图。

(2) 实现查询定制。可以根据需要,从多个数据基表中抽取应用需要的数据进行查询
定制,增加数据的可读性。

(3) 增强安全性。可以将视图设置为 READ ONLY,这样视图的使用者就无法修改或
更新数据。

(4) 保护数据的完整性。通过视图的 WITH CHECK OPTION 子句实现数据行的完
整性约束和数据有效性检查。

2. 创建视图

视图创建的语法格式如下所示。

```
CREATE [OR REPLACE] [FORCE|NOFORCE] VIEW view_name
[(别名[,别名]…)]
AS
SELECT 查询子句
[WITH CHECK OPTION [CONSTRAINT 约束名]]
[WITH READ ONLY]
```

下面依次介绍每个选项。

（1）CREATE［OR REPLACE］：创建视图，如果所创建的视图名存在，则用新创建的视图覆盖原视图。

（2）FORCE/NOFORCE：FORCE 创建视图时，无论基表是否存在都创建视图，NOFORCE 则相反，只有基表都存在时才创建该视图。

（3）别名：就是所创建的视图的列名，列的个数与视图定义中的 SELECT 子句列数相等。

（4）AS：该关键字说明后面是 SELECT 查询子句，即视图由查询子句定义。

（5）SELECT 查询子句：一条完整的 SELECT 查询语句。

（6）WITH CHECK OPTION：当更新某一数据行时，必须满足 SELECT 语句中 WHERE 子句的条件。

（7）WITH READ ONLY：设置该视图为"只读"状态，说明无法在该视图上进行任何 DML 操作。

在第 6 章介绍多表查询时，例 6-50 中实现了两张表的联合查询，现在可以通过视图来实现上述这个多表查询，如例 7-33 所示。

例 7-33 创建视图实例

```
SQL>create view Sales_Books_view
  2  as
  3  select Books.Bname,Sales.Sdate
  4  from Books,Sales
  5  where Books.bid=Sales.Bid and Sales.Aid='101';
```

视图已创建。

从例 7-33 创建视图的例子中可以看出，使用 CREATE VIEW 语句创建视图时，AS 后是 SELECT 查询语句。一旦视图创建成功，就可以使用视图得到原来两表联合查询的结果，如例 7-34 所示。

例 7-34 查询视图

```
SQL>select * from Sales_Books_view;

BNAME      SDATE
-------- -----------------------
三国演义    01-11 月-12
水浒传      01-11 月-12
```

从例 7-34 中可以看到，查询视图的结果与第 6 章直接使用 SELECT 语句进行查询的结果一样，但是使用视图来查询，语句比较简单，而且只需要定义视图一次，可以多次使用这个查询结果，使用起来更为简单。

视图创建成功后，在数据字典中会记录视图的定义，如例 7-34 所示，查询数据字典 user_views 中记录的视图定义。

例 7-35 查询数据字典

```
SQL>select view_name from user_views where view_name like '%SALES%';
```

Oracle 方案对象

```
VIEW_NAME
---------------------------------
SALES_BOOKS_VIEW
```

例 7-35 中查询到 user_views 数据字典中已经存在了 SALES_BOOKS_VIEW 视图的定义，但是如果需要查看该视图的详细内容，则需要查询 TEXT 字段，如例 7-36 所示。

例 7-36 查询视图的内容

```
SQL>  select text from user_views where view_name like '%SALES%';

TEXT
----------------------------------------

select Books.Bname,Sales.Sdate
from Books,Sales
where Books.bid=Sales.Bid and Sales.Aid='101'
```

当创建视图时，还可以在视图里使用字段的别名，这样当输出查询结果时，更易于理解，如例 7-37 所示。

例 7-37 视图中使用别名

```
SQL>create or replace view Sales_Books_view
  2  as
  3  select Books.Bname 书名,Sales.Sdate 销售日期
  4  from Books,Sales
  5  where Books.bid=Sales.Bid and Sales.Aid='101';

视图已创建。

SQL>select * from Sales_Books_view;
书名        销售日期
------- -------------------------
三国演义    01-11 月-12
水浒传      01-11 月-12
```

在例 7-37 中，采用了 Create or Replace，表示当 Sales_Books_view 视图存在时替换该视图。这个例子与例 7-33 的差别就在于查询的目标列采用了中文名称来表示。随后查询该视图已经看到了效果。

读者可能已经注意到，在创建视图的语法格式中，有两个 WITH 子句，分别是：WITH READ ONLY、WITH CHECK OPTION。下面分别介绍这两个子句的用法和功能。

（1）WITH READ ONLY 字句

主要用于限制视图不能对基表进行 DML 操作，只能读取基表的信息。在介绍 WITH READ ONLY 子句具体的使用方法之前，先创建一个存储图书价格的视图 books_view，如例 7-38 所示。

例 7-38 创建 books_view 视图

```
SQL>create view books_view
  2  as
  3  select Bname,author,price
  4  from books;
```

视图已创建。

```
SQL>update books_view set price=price*1.5;
```

已更新 7 行。

例 7-38 中，首先创建了 books_view 视图，该视图具有 bname、author 以及 price 字段。视图创建成功后，对该视图的 price 字段乘以 1.5，并更新该视图，实际上更新了 books_view 视图所对应的基本表 books 中的数据（读者可自行查看 books 表）。从这个例子可以看出，对于单个表建立的视图可以直接进行 DML 操作。

由于对视图的更新操作实际上是对基本表数据的更新，因此这样的操作对数据的安全性有较大的风险。为了降低这种风险，可以在创建视图时，加上 WITH READ ONLY 子句，也就是不允许对该视图使用 DML 操作，以提高数据的安全性，如例 7-39 所示。

例 7-39 带有 WITH READ ONLY 子句的视图

```
SQL>create or replace view books_view
  2  as
  3  select bname,author,price
  4  from books
  5  with read only
  6  ;
```

视图已创建。

```
SQL>update books_view set price=price*1.5;
update books_view set price=price*1.5
                            *
```

第 1 行出现错误：
ORA-42399: 无法对只读视图执行 DML 操作

例 7-39 更新了 books_view 视图，使其带有 with read only 子句，则再次执行 update 语句时发生了错误。该错误表示"无法在只读视图上进行 DML 操作"，这样在一定程度上保证了数据的安全。同样，使用 DELETE 语句删除数据时也将出现错误，请读者自行完成测试。

（2）WITH CHECK OPTION 子句

该子句可以增加约束条件，使得用户对数据的更新受到某些限制。具有该子句的视图执行 DML 操作时不能违背 WHERE 子句限制的条件。

例 7-40 具有 WITH CHECK OPTION 子句的视图

```
SQL>create or replace view books_view
  2  as
```

```
3   select bid,bname,price
4   from books
5   where price>70
6   with check option
7   ;
```

视图已创建。

```
SQL>insert into books_view values('104','三字经',5);
insert into books_view values('104','三字经',5)
            *
第 1 行出现错误:
ORA-01402:  视图 WITH CHECK OPTION where 子句违规
```

例 7-40 中创建了一个价格大于 70 元的图书信息视图,该视图只涉及 books 表,使用 with check option 创建。接下来向该视图中插入新的图书信息,可以看到,当前插入的图书价格为 5 元,小于视图的约束条件 70 元,则产生 where 子句违规的错误。只有当输入的图书价格满足 where 子句要求的图书信息时才能录入到 books 表中。

3. 修改视图

Oracle 没有提供修改视图的命令,修改视图的唯一方法就是重新定义该视图,用新定义的视图覆盖原来的视图。即,使用 CREATE OR REPLACE VIEW 子句,类似的例子可见例 7-37。下面再给出一个修改 books_view 视图约束条件的实例,如例 7-41 所示。

例 7-41 修改视图

```
SQL>create or replace view books_view
2   as
3   select bid,bname,price
4   from books
5   where price>3
6   with check option
7   ;
```

视图已创建。

```
SQL>insert into books_view values('104','三字经',5);
```

已创建 1 行。

从例 7-41 中可以看到数据插入已经成功,说明该视图的修改已经生效。

4. 删除视图

如果不需要一个视图,可以删除该视图,使用 DROP VIEW 命令就可以删除视图,如例 7-42 所示。

例 7-42 删除视图

```
SQL>drop view books_view;
```

视图已删除。

例 7-42 表示已经删除了 books_view 视图。视图一旦被删除,则在数据字典 USER_ VIEWS 中的信息也会清除,请读者自行测试。

5. 视图的 DML 操作

视图极大地方便了用户对于数据的操作和输出,不但增加了对数据表访问的安全性,而且减少了很多复杂的查询过程。因为视图的操作最终转化成对它引用的表的物理操作,所以视图的 DML 操作是有限制的。从前面的示例中,读者可以看到不是所有的 DML 操作都会成功。下面依据视图的类型和是否使用函数等条件,对视图的 DML 操作做个简单的总结。

1) 简单视图

简单视图是指从一个基表中读取数据,不包括函数和分组数据。简单视图可以进行 DML 操作,即可以对简单视图进行 DELETE、UPDATE 和 INSERT 操作,简单视图的 DML 操作直接转化成对定义它的基表的 DML 操作。

2) 复杂视图

复杂视图是指从多个基表中提取数据,包括函数和分组数据,复杂视图不一定能进行 DML 操作。Oracle 对于在复杂视图上进行 DML 操作加了很多限制条件。

- 如果复杂视图包含分组函数、GROUP BY 子句或者 DISTINCT 关键字,就不能使用 DELETE、UPDATE 或 INSERT 的 DML 操作。在复杂视图上进行 DML 操作最终也要转化成对视图所引用的基表的 DML 操作,由于复杂视图中包含函数或分组函数所以就不能在复杂视图上使用 DML 操作。

- 如果复杂视图中的列包含表达式,或者有"伪列(ROWNUM)",则不能使用复杂视图进行 UPDATE 或 INSERT 等 DML 操作。

7.3 管理方案对象

本节将主要介绍序列和同义词的创建以及管理。

7.3.1 管理序列

序列(sequence)是一个数据对象,利用它可以生成唯一的整数,一般使用序列自动生成主键值。Oracle 将一个数据库中所有序列的定义都存储在 SYSTEM 表空间内的一个数据字典中。由于 SYSTEM 表空间总是联机的(online),因此所有序列的定义也总是可用的。

同一个序列对象为不同的表产生的序列号是相互独立的。因此,如果用户的应用程序不允许序列号缺失,就应使用 Oracle 序列对象。

1. 序列的创建

下面给出序列的创建方法和实例,建立序列的语法格式如下所示。

```
CREATE SEQUENCE sequence_name
[START WITH n]
[INCREMENT BY n]
```

```
[MINVALUE n]
[MAXVALUE n]
[CACHE n]
[CYCLE|NO CYCLE]
[ORDER|NO ORDER ]
```

其中：

- START WITH n：为设定序列的起始值的参数。
- INCREMENT BY n：为设定增量值的参数。
- MINVALUE n：为序列的最小值。
- MAXVALUE n：为序列的最大值。
- CYCLE|NO CYCLE：设置序列是否循环，默认无循环。
- ORDER|NO ORDER：设置序列是否有顺序，默认无顺序。

注意：

（1）起始值一定要大于等于最小值。

（2）序列的创建需要 CREATE ANY SEQUENCE，CREATE SEQUENCE 系统权限。

（3）省略所有的选项，创建一个默认的序列，由 1 开始，增量为 1。

（4）序列的最大值为 38 位整数。

例如，可以为第 6 章中 Members 表的 Mid 创建一个序列，序列名为 Members_seq，如例 7-43 所示。

例 7-43 创建 Members_seq 序列

```
SQL > CREATE SEQUENCE Members _ seq INCREMENT BY 1 START WITH 1 MAXVALUE 999999
MINVALUE 1;


序列已创建。
```

例 7-43 创建了一个初值为"1"、增量为"1"、最小值为"1"以及最大值为"999999"的序列。

2. 序列的使用

序列创建好后，可以使用以下方式来获取序列的值。

（1）获取序列的当前值

语法格式：

```
syequence_name.currval
```

其中，syequence_name 为序列名称。

例 7-44 获取当前序列的值

```
SQL> select Members_SEQ.currval from dual;


    CURRVAL
------------------------
        1
```

例 7-44 表明当前序列的值为"1"。

（2）获取序列的下一个值

语法格式：

```
sequence_name.nextval
```

例 7-45　获取序列的下一个值

```
SQL>select Members_SEQ.nextval from dual;

   NEXTVAL
----------------------
        2
```

例 7-45 表明当前序列的下一个值为"2"。

注意：当序列刚创建成功时，第一次使用 currval 是无法获得当前值的，会产生"序列尚未在此会话中定义"的错误，要先调用一次 nextval 方法之后再调用 currval 即可。

在具体的应用系统中，通常把序列用于生成表中的主键值，借助于 Oracle 的触发器，可以在数据插入时实现主键字段值自动增长的功能。例如，在 Members 表中，可以通过上面建立的 Members_seq 序列为每条新插入的会员记录自动生成一个无重复的会员编号。Oracle 触发器的知识将在第 8 章中详细介绍，这里主要学习序列的应用，如例 7-46 所示。

例 7-46　创建自动获取序列值的触发器

```
SQL>CREATE OR REPLACE TRIGGER  Members_Mid
  2   before insert on MEMBERS
  3   for each row
  4   begin
  5    if inserting then
  6      if : NEW."MID" is null then
  7        select to_char(Members_seq.nextval) into : NEW."MID" from dual;
  8      end if;
  9    end if;
 10 end;
```

触发器已创建

例 7-46 所示的触发器，实现了当有一条新记录插入到 Members 表的时候，Mid 列将从 Members_seq 序列中获得一个无重复的自动增长值（该实例将在第 8 章详细讲解）。下面可以向 Members 表中插入一行新数据，以验证该触发器的功能，如例 7-47 所示。

例 7-47　验证触发器功能

```
SQL>insert into Members (Mname,Mlevel) values ('王平',1);
```

已创建 1 行。

```
SQL>select Mid,Mname,Mlevel from Members;
```

```
MID     MNAME     MLEVEL
----    -----     --------------------------------
M101    赵亮      1
M102    王力      2
1       王平      1
```

从例 7-47 的 Insert into 语句中可以看到,当插入新记录时,并没有给 Mid 字段赋值,但是查询的输出结果中已经显示了"王平"用户 Mid 的值是"1",说明例 7-46 创建的触发器已经执行,自动为 Mid 列添加了序列值。

3. 序列的修改

序列创建完成之后,可以使用下面的命令来修改,语法如下所示。

```
ALTER SEQUENCE sequence_name
    [INCREMENT BY n]
    [MINVALUE n]
    [MAXVALUE n]
    [CACHE n]
    [CYCLE]
    [ORDER]
```

其中:

- sequence_name:为带修改序列的名字。
- INCREMENT BY n:设定增量值。
- MINVALUE n:设定最小值。
- MAXVALUE n:设定最大值。
- CACHE n:设定缓存数量。
- CYCLE:设定是否循环。
- ORDER:设定是否有顺序。

例如,将序列 Members_seq 的最小值修改为"0",增量为"2",如例 7-48 所示。

例 7-48 修改序列 Members_seq

```
SQL>ALTER SEQUENCE Members_SEQ
  2  INCREMENT BY 2
  3  MINVALUE 0
  4 ;
```

序列已更改。

4. 序列的删除

在不需要某个序列时,可以使用 DROP SEQUENCE 命令直接删除,如例 7-49 所示。

例 7-49 删除 Members_seq 序列

```
SQL>drop sequence Members_seq;
```

序列已删除。

7.3.2 管理同义词

同义词是数据库方案对象的一个别名,经常用于简化对象访问和提高对象访问的安全性。Oracle 数据库中提供了同义词管理的功能,在使用同义词时,Oracle 数据库将它转换成对应方案对象的名字。

与视图类似,同义词并不占用实际存储空间,只是在数据字典中保存了同义词的定义。在 Oracle 数据库中的大部分数据库对象,如表、视图、同义词、序列、存储过程、包等,都可以根据实际情况为它们定义同义词。

1. 同义词的分类

Oracle 同义词有两种类型,分别是公用同义词与私有同义词。

(1)公用同义词。由一个特殊的用户组 Public 所拥有的同义词,顾名思义,数据库中所有的用户都可以使用公用同义词。公用同义词往往用来标识一些比较普通的数据库对象,这些对象往往大部分用户都需要引用。

(2)私有同义词。私有同义词和公用同义词相对应,是由创建它的用户所拥有。当然,私有同义词的创建者可以通过授权,授予其他用户使用属于自己的私有同义词。

2. 创建同义词

创建同义词比较简单,语法格式如下所示。

```
create [public] SYNONYM synooym_name for object;
```

其中,

- public:表示创建的同义词为公用同义词。
- synooym_name:同义词的名称。
- object:可以是表、视图、序列等需要创建同义词的对象名称。

如例 7-50 所示,在 SYS 方案下建立一个同义词 emp,该同义词引用 scott 方案下的emp 表。

例 7-50 创建 emp 同义词

```
SQL>CREATE PUBLIC SYNONYM emp FOR scott.emp;
```

同义词已创建。

创建好同义词之后,就可以对它如同原来在 scott 下的基本表 emp 一样进行 DML 等操作。此时,操作其他用户的方案对象就和操作自己的方案对象一样,如例 7-51 所示。

例 7-51 通过同义词操作其他方案对象

```
SQL>select empno,ename,job
  2  from emp;

EMPNO ENAME        JOB
------ ----------- ------------------
 7369 SMITH        CLERK
 7499 ALLEN        SALESMAN
```

```
         7521   WARD        SALESMAN
         7566   JONES       MANAGER
         7654   MARTIN      SALESMAN
         7698   BLAKE       MANAGER
         7782   CLARK       MANAGER
         7788   SCOTT       ANALYST
         7839   KING        PRESIDENT
         7844   TURNER      SALESMAN
         7876   ADAMS       CLERK


     EMPNO  ENAME       JOB
     ------ ----------- -----------------
         7900   JAMES       CLERK
         7902   FORD        ANALYST
         7934   MILLER      CLERK
```

已选择 14 行。

```
SQL> show user;
USER 为 "SYS"
```

从例 7-51 可以看到在 SYS 方案下一样能够查询到 scott 方案下的数据,而不需要切换到 scott 方案或者引用 scott 方案名称,简化了数据操作。

3. 删除同义词

删除同义词比较简单,直接使用 DROP SYNONYM 语句就可以删除不再需要的同义词。删除公用同义词和私有同义词的方式有点区别:若待删除的同义词为公用同义词,则语句中应该包含 PUBLIC 关键字,否则不需要包含 PUBLIC 关键字。

例如,删除名为 card 的私有同义词,可以使用如下语句:

```
DROP SYNONYM card
```

若要删除名为 public_card 的公用同义词,则需要使用如下语句:

```
DROP PUBLIC SYNONYM public_card
```

4. 同义词的作用

从上述的例子中可以看出,同义词拥有如下好处。

(1) 多用户协同开发中,可以屏蔽对象的名字及其持有者。如果没有同义词,当操作其他用户的对象时,必须通过 schema.object 的形式,采用了 Oracle 同义词之后就可以隐蔽掉 schema.object,直接使用同义词。

(2) 节省大量的数据库空间,不同用户可以共同使用同一方案数据库对象。

(3) 扩展了数据库的使用范围,不同的数据库用户方案之间能够实现无缝交互。同义词为分布式数据库的远程对象提供位置透明性,可以通过网络实现连接不在同一个服务器上的数据库对象。

7.4　小　　结

　　本章学习了 Oracle 方案对象的知识，主要介绍了数据方案对象和管理方案对象的内容。

　　在数据方案对象中，学习了约束、索引、视图。Oracle 提供了 5 种主要的约束，即主键约束、外键约束、非空约束、唯一约束、条件约束，每一类约束都有自己的特点，只要根据自己的实际需求来定制相应的约束即可。索引在一定条件下可以提高查询速度，但是对于不同的应用环境，应该使用不同的索引类型，合理有效地维护索引能够提高索引的效率，减少索引占用的磁盘空间。视图能够把一个复杂的查询语句转换成一张虚表，在提供一个易于理解数据查询的同时，还可以保障数据的完整性和安全性。

　　最后，学习了 Oracle 管理方案对象的知识，主要对序列和同义词进行了介绍。在 Oracle 的程序开发中，序列和同义词能够简化很多复杂的操作，读者要学会灵活使用这两个数据库对象。

第 8 章 　　Oracle 安全管理

数据库是电子商务、金融以及 ERP 等系统良好运行的基础,大多数企业、组织以及政府部门的电子数据都保存在各种数据库中,他们用这些数据库保存一些个人资料,比如员工薪水、敏感的金融数据、战略上的或者专业的信息、甚至市场计划等等,这些数据应该保护起来防止竞争者和其他非法者获取。因此,如何确保数据库中数据的安全是数据库产品必须要考虑的问题。

本章主要介绍 Oracle 数据库的安全管理策略、用户、角色以及权限管理。

8.1　Oracle 安全性概述

Oracle 数据库在数据安全性上一直处于一个比较领先的位置。Oracle 公司 1992 年发布了第一个全面的数据库审计、1993 年发布第一个信任数据库、1995 年发布第一个网络加密数据库、1996 年发布第一个生物认证数据库、1998 年发布第一个虚拟私有数据库、2000 年发布第一个基于关系数据库的轻量目录服务(LDAP Directory)技术、2005 年发布第一个透明数据加密技术。图 8-1 为从 1997 年到 2007 年 Oracle 发布的主要的安全技术策略。

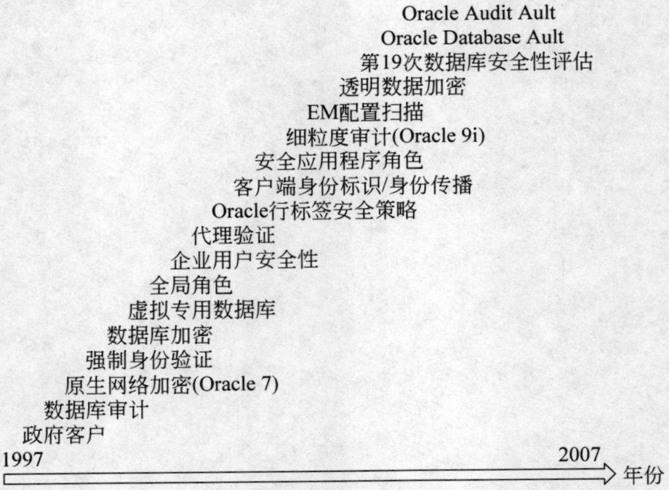

```
                                    Oracle Audit Ault
                                   Oracle Database Ault
                                 第19次数据库安全性评估
                                      透明数据加密
                                      EM配置扫描
                                  细粒度审计(Oracle 9i)
                                   安全应用程序角色
                                客户端身份标识/身份传播
                                 Oracle行标签安全策略
                                      代理验证
                                   企业用户安全性
                                      全局角色
                                   虚拟专用数据库
                                     数据库加密
                                    强制身份验证
                                原生网络加密(Oracle 7)
                                    数据库审计
                                    政府客户
    1997                                            2007
    ──────────────────────────────────────────────────────▶ 年份
```

图 8-1　Oracle 安全技术策略

在 Oracle 11g 中更是提供了更为人性化、先进的安全技术。例如,在 Oracle 11g 中提供了快速识别使用默认口令的用户的方法;口令也可以区分大小写(在版本 11g 之前的 Oracle

数据库中,用户口令是不区分大小写的);改进的即需即用的审计,该审计对 I/O 的影响极小,但带来了众多好处;透明表空间加密,当表空间声明已加密时,表空间(包括透明表空间、备份等)上的任何数据都已加密,而不仅仅是单独声明为已加密的表;Data Pump 转储文件无论是否使用了透明数据加密,都可以对转储文件进行加密;访问控制列表(ACL),可以将执行权限程序包授予任何人,但要控制他们可以调用的资源,因此,恶意进程不可能取代 utl_tcp 程序包和建立非法连接。

下面我们主要从用户管理与概要文件、权限与角色以及审计等几个方面来介绍 Oracle 的安全管理技术。

8.2　用户管理与概要文件

Oracle 通过设置用户来访问数据库,对于用户可以赋予不同的资源使得用户具有操作数据库的不同权限。

8.2.1　用户管理

在 Oracle 数据库中提供了默认的 SYS、SYSDBA、SCOTT 等用户,如果想以其他用户身份登录,则需要由数据库管理员创建用户和登录密码,并授予新创建的用户访问各种资源的权利,该用户才可以登录以及使用数据库资源。

1. 创建新用户

使用 CREATE USER 语句可以创建一个新的数据库用户,语法格式如下:

```
CREATE USER user_name
IDENTIFIED BY password
[DEFAULT TABLESPACE tableSpace_name]
[TEMPORARY TABLESPACE tempTableSpace_name]
[QUOTA quota_number[K|M]|UNLIMITED ON tableSpace_name]
[PROFILE profile_name]
[PASSWORD expire]
[ACCOUNT lock|unlock]
```

其中各参数的意义如下。

- user_name:为新创建的用户名称。
- password:为新用户指定的密码。
- DEFAULT TABLESPACE:为新用户指定默认表空间,用来存储该用户创建的方案对象。省略该参数时默认表空间为 system 表空间。一般而言不要使用 system 为默认表空间,因为该表空间用来存放系统数据,通常可以为普通用户指定 users 表空间。
- TEMPORARY TABLESPACE:为新用户指定临时表空间,存储操作过程中产生的临时数据。省略该参数时默认 temp 为临时表空间。
- QUOTA:为新用户指定磁盘配额,表示该用户在指定的表空间中可以占用的最大磁盘空间。其中 quota_number 表示分配的空间大小,单位可以是 K 或者 M;

UNLIMITED 表示该用户可以使用无限大的空间;tableSpace_name 指定分配磁盘配额的表空间名。如果省略该选项,用户在表空间上没有真正可使用的磁盘空间。

- PROFILE:指定新用户使用的配置文件,profile_name 为指定配置文件名。省略该选项,将数据的默认配置文件分配给用户。
- PASSWORD:表示新用户的密码已过期,登录后需要给出新密码。
- ACCOUNT:表示新用户的状态,lock 表示该用户为锁定状态,不能用于连接数据库;unlock 表示用户为解锁状态,允许连接数据库。省略该选项时,用户为解锁状态。

下面根据上述语法创建一个新用户,如例 8-1 所示。

例 8-1 创建数据库用户

```
SQL>create user user1
  2   identified by user1234
  3   default tablespace users
  4   temporary tablespace temp
  5   quota 10M on users
  6   password expire;
```

用户已创建。

在例 8-1 中,我们创建了用户 user1,该用户的密码为 user1234、默认表空间为 users、临时表空间为 temp、为用户分配了 10M 的表空间、密码设置为已过期。

注意:要创建新用户,需要以 DBA 身份的用户登录,例如 SYSTEM。

在例 8-1 创建用户的过程中,我们设置了新用户密码已过期,所以当 user1 用户登录时会产生如例 8-2 所示的情况。

例 8-2 新用户密码过期

```
SQL>conn user1/user1234
ERROR:
ORA-28001: the password has expired


更改 user1 的口令
新口令: ********
重新键入新口令: ********
ERROR:
ORA-01045: user USER1 lacks CREATE SESSION privilege; logon denied


口令未更改
警告:您不再连接到 ORACLE。
```

例 8-2 中首先提示 user1 的密码已经过期,随后提示修改 user1 的口令,但是修改密码后又产生了 user1 没有 CREATE SESSION 的权限,无法登录数据库。有关为用户授权的内容,将在后续小节中介绍。

已经创建好的用户,可以使用数据字典 DBA_USERS 来查询,如例 8-3 所示。

例 8-3 查询 user1 用户信息

```
SQL>select sername,password,expiry_date,default_tablespace,temporary_
    tablespace,created
  2  from dba_users
  3  where username='USER1'
  4  ;
USERNAME  PASSWORD        EXPIRY_DATE  DEFAULT_TA  TEMPORARY_TABLE  CREATED
-------   --------        ----------   ----------  -------------    ----------
USER1     6FC946E67C47770C  USERS       TEMP        29-11 月-12
```

在例 8-3 的结果中可以看到用户 user1 的详细信息(注意 where 子句中 user1 要用大写字母表示),并且可以看到 password 是已经加密的结果,这是 Oracle 数据库安全技术之一。

2. 修改用户参数

用户创建好后,可以使用 alert 命令修改用户的表空间等参数。如例 8-4 所示。

例 8-4 修改 user1 表空间配额

```
SQL>alter user user1
  2  quota 20M on users
  3  ;
```

用户已更改。

例 8-4 中修改了用户 user1 在 users 表空间上的配额为 20M。如果想收回该用户在 users 表空间上的使用权限,只需要将表空间的配额改为 0 即可。

3. 删除用户

在 Oracle 数据库中提供了创建、修改用户的命令,自然也有删除用户的命令。删除用户的语法格式如下所示:

```
DROP USER user_name [CASCADE]
```

如果使用 CASCADE 参数说明要删除和用户相关的所有数据库对象,如触发器、外键索引及过程等。如例 8-5 为删除用户 user1 的示例。

例 8-5 删除用户 user1

```
SQL>drop user user1
  2  ;
```

用户已删除。

可以再次查询数据字典 DBA_USERS,查看 user1 用户是否被成功删除。如例 8-6 所示。

例 8-6 再次查询用户 user1 的信息

```
SQL>select * from dba_users
  2  where username='USER1'
  3  ;
```

未选定行

从例 8-6 的结果中可以看到，在数据字典 DBA_USERS 中已经没有了 user1 用户的信息，说明该用户已经被成功删除。

8.2.2　概要文件

概要文件（profile）是一种对用户能够使用的数据库和系统资源进行限制的文件，是一组指令的集合，这些指令限制了用户资源的使用或口令的管理。将概要文件分配给用户，Oracle 就可以对该用户使用的资源进行限制。

在创建用户时，PROFILE 参数就是用来指定概要文件的，可以在创建用户时指定，或者使用 alert 命令修改 PROFILE 参数。指定了概要文件后，会大大降低 DBA 的工作量。如果没有指定概要文件，则会自动使用一个默认概要文件。

使用概要文件可以实现用户的资源管理和口令管理。使用步骤如下所示。

（1）使用 CREATE PROFILE 指令创建一个概要文件。

（2）使用 ALTER USER（已有用户）或 CREATE USER（新用户）将概要文件赋予用户。

（3）启动资源限制（对于资源管理而言），修改动态参数 RESOURCE_LIMIT 为 TRUE，此时既可以通过修改参数文件也可以使用 ALTER SYSTEM 来修改。

下面分别介绍如何创建管理会话资源和口令的概要文件。

1. 创建管理会话资源的概要文件

当用户连接到数据库时，就与数据库服务器建立了会话连接。创建管理会话资源的概要文件语法格式如下所示：

```
CREATE PROFILE   profile_name LIMIT
[SESSIONS_PER_USER n]
[CPU_PER_SESSION n]
[CPU_PER_CALL n]
[CONNECT_TIME n]
[IDLE_TIME n]
[LOGICAL_READS_PER_SESSION n]
[LOGICAL_READS_PER_CALL n]
```

下面分别介绍每个参数的含义。

- SESSIONS_PER_USER n：表示每个用户能够使用的最大会话数。
- CPU_PER_SESSION：每个会话占用的 CPU 时间，单位是 0.01 秒。
- CPU_PER_CALL n：每个调用占用的 CPU 时间，单位是 0.01 秒。
- CONNECT_TIME n：每个连接所支持的连接时间。
- IDLE_TIME n：每个会话允许的连续不活动空间，单位为分钟。超过该时间，会话将断开。
- LOGICAL_READS_PER_SESSION n：每个会话的物理和逻辑读数据块数。

按照上述语法格式，给出例 8-7 所示的创建资源限制的概要文件。

例 8-7　创建资源限制配置文件

```
SQL>create profile user2_prof limit
  2  sessions_per_user 10
  3  cpu_per_session unlimited
  4  idle_time 40
  5 * connect_time 120
  6  ;
```

配置文件已创建

在例 8-7 中创建了一个名为 user2_prof 的概要文件，指定 sessions_per_user 参数为 10，说明每个用户的并行会话数为 10；cpu_per_session 指定为 unlimited，表示每个会话的 CPU 时间不受限制；idle_time 为 40，表示连接空闲时间为 40 分钟；connect_time 为 120，表示会话保持连接时间为 120 分钟。可以通过数据字典 DBA_PROFILES 来查看刚刚创建的概要文件 user2_prof（读者可以自行测试）。

创建了概要文件后，可以创建新用户 user2，并将概要文件分配给他，如例 8-8 所示。

例 8-8　创建用户并赋予资源管理概要文件

```
SQL>create user user2
  2  identified by user1234
  3  profile user2_prof;
```

用户已创建。

读者可以通过查看数据字典 DBA_USERS 来查看该用户的配置文件设置情况。

2. 创建口令管理概要文件

创建口令管理概要文件的语法格式如下所示：

```
CREATE PROFILE profile_name LIMIT
[parameter1 para_value1]
[parameter2 para_value2]
...
```

与资源管理概要文件类似，profile_name 为概要文件名，在该语法格式中 parameter1、parameter2、…主要可以选择如下 7 种参数。

- FAILED_LOGIN_ATTEMPTS：尝试失败登录的次数，如果用户登录数据库时登录失败次数超过该参数的值则锁定该用户。
- PASSWORD_LIFE_TIME：口令有效的时限，超过该参数指定的天数则口令失效。
- PASSWORD_REUSE_TIME：口令在能够重用之前的天数。
- PASSWORD_REUSE_MAX：口令能够重用之前的最大变化数。
- PASSWORD_LOCK_TIME：当用户登录失败后，用户被锁定的天数。
- PASSWORD_GRACE_TIME：口令过期之后还可以继续使用的天数。
- PASSWORD_VERIFY_FUNCTION：在为一个新用户赋予口令之前要验证口令的复杂性是否满足要求的函数，该函数使用 PL/SQL 语言编写，名字为 verify_function。

例 8-9 创建口令管理概要文件

```
SQL>create profile passWord_prof limit
  2  failed_login_attempts 5
  3  password_life_time 90
  4  password_reuse_time 30
  5  password_lock_time 15
  6 *password_grace_time 3
SQL>/
```

配置文件已创建

例 8-9 表示配置文件已创建成功,其中尝试失败次数(FAILED_LOGIN_ATTEMPTS)为 5 次;口令有效时间(PASSWORD_LIFE_TIME)为 90 天;口令能够重用的时间(PASSWORD_REUSE_TIME)为 30 天;登录失败后口令锁定时间(PASSWORD_LOCK_TIME)为 15 天;口令过期后还能使用(PASSWORD_GRACE_TIME)3 天。

创建了口令概要文件后,可以使用 alter 命令为用户添加该概要文件,如例 8-10 所示。

例 8-10 为用户添加口令管理概要文件

```
SQL>alter user user2
  2  profile passWord_prof
  3  ;
```

用户已更改。

下面说明口令配置文件中的重要参数——PASSWORD_VERIFY_FUNCTION,该参数指定用名为 verify_function 的函数验证口令。该函数将做如下检查:

- 口令的最小长度要求 4 个字符。
- 口令不能与用户名相同。
- 口令应至少包含一个字符、一个数字和一个特殊字符。数字包括 0~9。
- 字符包括 a~z 和 A~Z、特殊字符包括"! " # $ % & ( ) * + , - / : ; < = > ? _ "。
- 新口令至少有 3 个字母与旧口令不同。

若要使用这个 Oracle 提供的口令验证函数,需要先运行一个名为 utlpwdmg.sql 的脚本文件,执行脚本文件创建口令复杂性验证函数。

注意:此时需要使用 SYS 用户并以 DBA 身份登录,该文件在 Oracle 安装目录下的"product\10.2.0\db_1\RDBMS\ADMIN"下。

例 8-11 执行创建口令复杂性验证函数脚本

```
SQL>@D:\Oracle\product\10.2.0\db_1\RDBMS\ADMIN\utlpwdmg.sql
```

函数已创建。

配置文件已更改

在例 8-11 中，由于用户安装的 Oracle 目录不同，则"D:\Oracle"会不同。该例子中可以看到已经创建了 verify_function，并且配置文件已经得到了更改，此处配置文件指的是 Oracle 默认口令配置文件。下面给出修改用户 user2 口令的验证过程。

例 8-12　错误修改用户 user2 口令

```
SQL>alter user user2
  2   identified by user
  3   ;
identified by user
                    *
```

第 2 行出现错误：
ORA-00988: 口令缺失或无效

在例 8-12 中并未按照 verify_function 函数的规则修改口令，下面给出正确修改 user2 用户口令的过程。

例 8-13　正确修改用户口令的方法

```
SQL>alter user user2
  2   identified by s1234#
  3   ;
```

用户已更改。

在例 8-13 中用户 user2 的口令按照口令设置规则设置为"s1234 ♯"则能够成功修改该用户口令。

3. 管理概要文件

概要文件创建成功后，也可以修改和删除它。Oracle 允许使用 ALTER PROFILE 指令来修改概要文件中的参数，下面修改例 8-9 中 passWord_prof 口令管理概要文件中的参数。

例 8-14　修改 passWord_prof 概要文件

```
SQL>alter profile passWord_prof limit
  2   failed_login_attempts 3
  3   password_life_time 60
  4   ;
```

配置文件已更改

如果不需要某个概要文件，可以使用命令 DROP PROFILE 来删除它。如果要删除的概要文件已经赋予了某个用户，则需要使用 CASCADE 参数来删除。如例 8-15 所示。

例 8-15　删除 passWord_prof 概要文件

```
SQL>drop profile passWord_prof;
drop profile passWord_prof
                           *
```

第 1 行出现错误：
ORA-02382: 概要文件 PASSWORD_PROF 指定了用户，不能没有 CASCADE 而删除

```
SQL>drop profile passWord_prof cascade;
```

配置文件已删除。

可以通过查询数据字典 dba_profiles 来验证是否成功删除 passWord_prof 口令管理概要文件。如例 8-16 所示。

例 8-16 验证概要文件 passWord_prof 是否删除

```
SQL>select *
  2  from dba_profiles
  3  where profile ='PASSWORD_PROF';
```

未选定行

例 8-16 的结果"未选定行"说明成功删除了概要文件 passWord_prof，因为在数据字典 DBA_PROFILES 中没有该文件的记录。

8.3 权限与角色

权限(Privilege)是指执行特定类型 SQL 命令或访问其他方案对象的权力。角色(Role)是权限管理的一种解决方案，是一组相关权限的集合。用户(User)是能够访问数据库的人员。用户权限可以直接或间接地被授予，用户的权限信息被保存在数据字典中。

8.3.1 权限管理

Oracle 中权限可以分为系统权限和对象权限两种。系统权限(System Privilege)是指在系统级别控制数据库的存取和使用的机制，即执行特定 SQL 命令的权力，这些权限不涉及数据库对象，而是涉及运行批处理作业、改变系统参数、创建角色，甚至是连接到数据库自身等方面。可以将系统权限授予用户、角色和公共用户组(共用用户组即指在创建数据库时自动创建的用户组，该用户组有什么权限，数据库中的所有用户就有什么权限)。

对象权限(Object Privilege)是指在对象级别控制数据库的存取和使用的机制，即访问其他方案对象的权力，它用于控制用户对其他方案对象的访问。

1. 系统权限

系统权限可以划分为集群权限、数据库权限、索引权限、过程权限、概要文件权限、角色权限、回退段短线、序列权限、会话权限、同义词权限、表权限、表空间权限、用户权限、视图权限、触发器权限、专用权限、其他权限等。常见权限的名称以及功能如表 8-1~表 8-7 所示。

表 8-1 数据库权限

数据库权限	功　　能
ALTER DATABASE	更改数据库的配置
ALTER SYSTEM	更改系统初始化参数
AUDIT SYSTEM	审计 SQL，还有 NOAUDIT SYSTEM
AUDIT ANY	审计任何方案的对象

表 8-2　表权限

数据库权限	功　　能
CREATE TABALE	在自己方案中创建、更改或者删除表
CREATE ANY TABLE	在任何方案中创建表
ALTER ANY TABLE	在任何方案中更改表
DROP ANY TABLE	在任何方案中删除表
COMMENT ANY TABLE	在任何方案中为任一表添加注释
SELECT ANY TABLE	在任何方案中选择任一表中的记录
INSERT ANY TABLE	在任何方案中任一表中插入新记录
UPDATE ANY TABLE	在任何方案中更改任一表中记录
DELETE ANY TABLE	在任何方案中删除任一表中记录
LOCK ANY TABLE	在任何方案中锁定任一表
FLASHBACK ANY TABLE	允许使用 AS OF 对表进行闪回查询

表 8-3　表空间权限

数据库权限	功　　能
CREATE TABALESPACE	创建表空间
ALTER TABLESPACE	更改表空间
DROP TABLESPACE	删除表空间
MANAGE TABLESPACE	管理表空间
UNLIMITED TABLESPACE	不受配额限制使用表空间

表 8-4　用户权限

数据库权限	功　　能	数据库权限	功　　能
CREATE USER	创建用户	BECOME USER	成为另一个用户
ALTER USER	更改用户	DROP USER	删除用户

表 8-5　视图权限

数据库权限	功　　能
CREATE VIEW	在自己方案中创建、更改或者删除视图
CREATE ANY VIEW	在任何方案中创建视图
DROP ANY VIEW	在任何方案中删除视图
COMMENT ANY VIEW	在任何方案中为任一视图添加注释
FLASHBACK ANY VIEW	允许使用 AS OF 对视图进行闪回查询

表 8-6　会话权限

数据库权限	功　　能
CREATE SESSION	创建会话,连接到数据库
ALTER SESSION	更改会话
ALTER RESOURSE COST	更改概要文件中的计算资源消耗方式
RESTRICTED SESSION	在受限会话模式下连接到数据库

表 8-7　管理权限

数据库权限	功　能
SYSDBA	系统管理员权限
SYSOPER	系统操作员权限

在 Oracle 数据库中有 100 多种系统权限,在权限中的 ANY 关键字说明在任何模式中当前被授权的用户都具有这种权限,如 SELECT ANY TABLE 说明可以选择任何模式对象。

2.　向用户授予系统权限

当创建用户后,如果没有给用户授予相应的系统权限,则用户不能连接到数据库,因为该用户缺少创建会话的权限(如例 8-2 中所示)。在 Oracle 中可以通过 GRANT 命令为用户授予系统权限,其语法格式如下:

```
GRANT {system_privilege|role}
      [, {system_privilege|role}] ……
   TO   {user|role|PUBLIC}
      [, {user|role|PUBLIC}] ……
   [WITH ADMIN OPTION]
```

在上述语法中,如果有多个系统权限使用逗号隔开,如果有多个用户也用逗号隔开。如例 8-17 为 user2 用户授予创建会话、创建表的权限。

例 8-17　为用户授予系统权限

```
SQL>grant create session,create table
  2  to user2
  3  ;
```

授权成功。

通过数据字典 DBA_SYS_PRIVS 查看用户已被授权的权限信息,如例 8-18 所示。

例 8-18　查询用户权限

```
SQL>select *
  2  from dba_sys_privs
  3  where grantee='USER2'
  4  ;
```

```
GRANTEE                  PRIVILEGE          ADM
------------------------ ------------------ ----------------------
USER2                    CREATE TABLE       NO
USER2                    CREATE SESSION     NO
```

从例 8-18 中可以看到用户 USER2 确实拥有了系统权限——CREATE TABLE,CREATE SESSION。而 ADM 列的值都为 NO,说明该用户不能将其拥有的权限再赋予其他用户,如例 8-19 所示。

例 8-19　不能传递权限实例

```
SQL>create user user3
  2   identified by us3456#
  3   ;


SQL>conn user2/us78#@orcl
已连接。
SQL>grant create session,create table
  2   to user3
  3   ;
grant create session,create table
    *
第 1 行出现错误:
ORA-01031: 权限不足
```

在例 8-19 中首先创建了一个新用户 user3,然后以 user2 用户登录,并向 user3 用户授予它拥有的系统权限 CREATE TABLE、CREATE SESSION,但是出现了"权限不足"的错误。若使用用户具有将权限向下传递的功能,则需要在授权是带有"WITH ADMIN OPTION"选项,如例 8-20 所示。

例 8-20 权限传递实例

```
SQL>grant create session,create table to user2
  2   with admin option
  3   ;


授权成功。


SQL>conn user2/us78#@orcl
已连接。
SQL>grant create session,create table to user3
  2   ;


授权成功。
```

例 8-20 与例 8-17 中不同的地方在于,对 user2 用户授权的时候,带有了"WITH ADMIN OPTION"选项。这样 user2 就可以将自己的权限"CREATE SESSION、CREATE TABLE"授权给 user3 用户,表现在例 8-20 中为"授权成功",从而解决了例 8-19 中的问题。

在实际应用中,为了更方便、快捷地使用用户具有某些常用权限,例如,连接数据库,查看表信息等。我们可以事先将一些权限赋予当前所有的用户,如 CREATE SESSION、SELECT ANY TABLE 等。如例 8-21 所示。

例 8-21 将部分系统权限赋予所有用户

```
SQL>conn SYS/Student123@orcl as sysdba
已连接。
SQL>grant create session,select any table to public
  2   ;
```

223

授权成功。

当然在授权给所有用户时,应该以具有 DBA 权限的用户登录,然后将 CREATE SESSION、SELECT ANY TABLE 权限授予给 public 用户,这样当创建了任意用户后,都具有这个权限,不需要额外分配这两个权限了。

3. 两个特殊的系统特权

Oracle 提供了两个特殊的系统权限——SYSDBA 和 SYSOPER 权限。这两个权限是系统的超级权限,当需要对数据库进行维护时,建议使用这两种系统权限登录数据库。下面介绍这两种系统特权的典型数据库操作。

(1) 与 SYSDBA 系统特权相关的操作

用户通过 SYSDBA 连接到数据库时,它具有对数据库的下列一切特权。

- SYSOPER PRIVILEGES WITH ADMIN OPTION:具有 SYSOPER 所具有的操作,并且可以将这些特权赋予其他用户。
- CREATE DATABASE:创建数据库。
- ALTER DATABASE BEGIN/END BACKUP:将数据库置于备份状态。
- RESTRICTED SESSION:设置会话限制。
- RECOVER DATABASE UNTIL:介质恢复数据库到 UNTIL 指定的状态。

(2) 与 SYSOPER 系统特权相关的操作

- STARTUP:启动数据库。
- SHUTDOWN:关闭数据库。
- ALTER DATABASE OPEN|MOUNT:将数据库切换到打开|挂起状态。
- ALTER DATABASE BACKUP CONTROLFILE TO:备份控制文件。
- RECOVER DATABASE:介质恢复数据库。
- ALTER DATABASE ARCHIVELOG:将数据库设置为归档模式。

8.3.2　对象权限

对象权限是用户之间的表、视图、序列等模式对象的相互存取操作的权限。对属于某一个用户的所有模式对象,该用户具有这些模式对象的全部对象权限,同时可以将该用户具有的对象权限授予给其他用户。

按照对象类型的不同,Oracle 数据库设置了不同种类的对象权限,如表 8-8 所示。

表 8-8　对象权限与对象之间的对应关系

	ALTER (更新)	DELETE (删除)	EXECUTE (执行)	INDEX (索引)	INSERT (插入)	READ (读取)	REFERENCE (引用)	SELECT (选择)	UPDATE (更新)
DIRECTORY						√			
FUNCTION		√							
PROCEDURE		√							
PACKAGE		√							
SEQUENCE	√							√	
TABLE	√	√		√	√		√	√	√
VIEW		√			√			√	√

在表 8-8 中,SEQUENCE 序列只有两种对象权限——ALTER 和 EXECUTE。对于对象权限 ALTER、UPDATE、REFEREMCES 和 INSERT 可以实现更小粒度的权限控制,如可以对表对象的某列加以限制等。

向用户授予对象授权的语法格式为:

```
GRANT {object_privilege [(column_list)]
      [, object_privilege [(column_list)]] ……
      |ALL[PRIVILEGE]
ON    [schema.] object
TO    {user|role|PUBLIC} [, {user|role |PUBLIC}]……
      [WITH GRANT OPTION]
```

其中:

- Object_privilege:为具体的对象权限。
- Column_list:针对某些列授予对象权限,此处为列名。
- All:将当前用户的某个数据库对象的所有权限赋予新用户。
- On object:说明具体的数据库对象,如表或存储过程。
- With grant option:使用户可以向其他用户传递授权。

下面以例 8-22 为例说明如何向用户授予对象权限。

例 8-22　向用户 user2 授予 EMP 表的 UPDATE 权限

```
SQL>conn scott/tiger

已连接。
SQL>grant update(dname) on dept
  2   to user2
  3   with grant option
  4   ;

授权成功。
```

在例 8-22 中,首先以 SCOTT 用户登录,然后将 DEPT 表上 DNAME 列的 UPDATE 权限授予了 user2 用户,同时 user2 具有将该权限向其他用户传递的能力。

在 Oracle 中,提供了 USER_COL_PRIVS_MADE 数据字典,记录用户的列对象权限的赋予情况,如例 8-23 所示。

例 8-23　查看用户具有的权限

```
SQL>select * from user_col_privs_made;
```

GRANTEE	TABLE_NAME	COLUMN_NAM	GRANTOR	PRIVILEGE	GRA
USER2	DEPT	DNAME	SCOTT	UPDATE	YES

在这个例子中可以看到 USER_COL_PRIVS_MADE 数据字典中记录了 SCOTT 向 user2 用户授予权限的信息。其中 GRA 列表示 user2 用户具有向其他用户授予该权限的

能力。

8.3.3 回收权限

授予了用户某些权限后,可以根据需要回收这些权限。回收权限同样可以分为回收系统权限和回收对象权限。

1. 回收系统权限

回收系统权限的语法为:

```
REVOKE {system_privilege|role}
    [, {system_privilege|role] ......
FROM {user|role|PUBLIC}
    [,{user|role|PUBLIC}] ......
```

在例 8-17 中为 user2 授予了 CREATE SESSION 权限,下面给出回收这个权限的实例。

例 8-24 回收 user2 的系统权限

```
SQL>conn SYS/Student123@orcl as sysdba
已连接。
SQL>revoke create session
  2  from user2
  3  ;


撤销成功。
```

在例 8-24 中可以看到已经成功回收了 user2 用户的 CREATE SESSION 权限。读者可以通过查看 DBA_SYS_PRIVS 数据字典,得到 user2 用户权限变化的信息。

注意:REVOKE 回收系统权限时,不具有级联回收的特性。也就是说,当回收了 user2 的 CREATE SESSION 权限时,并不影响 user3 的 CREATE SESSION 权限。

2. 回收对象权限

回收对象权限的语法格式:

```
REVOKE {object_privilege
        [, object_privilege] ......
        |ALL [PRIVILEGE]}
ON   [schema.] object
FROM   {user|role|PUBLIC}
        [, {user|role|PUBLIC}] ......
        [CASCADE CONSTRAINTS]
```

在例 8-22 中,SCOTT 用户向 user2 用户授予了 DEPT 表的 DNAME 列的 UPDATE 权限,下面给出回收该权限的实例。

例 8-25 回收 user2 的对象权限

```
SQL>conn scott/tiger@orcl
已连接。
```

```
SQL> revoke update
  2   on dept
  3   from user2
  4   cascade constraints
  5   ;
```

撤销成功。

在例 8-25 中带有"CASCADE CONSTRAINTS"关键字,这表示对象权限的回收是级联的。也就是说,如果 user2 将其对 DEPT 表 DNAME 列具有的 UPDATE 权限分配给了用户 A,那么通过例 8-25 的回收权限后,A 用户也将不具有了该权限。这是与回收系统权限不同的地方。

此外,读者可能注意到了,在例 8-25 中并没有在 UPDATE 后增加列名 DNAME(授权时增加了),那么如果增加了列名,会发生问题吗?

例 8-26 回收对象权限的错误实例

```
SQL> revoke update(dname)
  2   on dept
  3   from user2
  4   ;
revoke update(dname)
             *
```

第 1 行出现错误:
ORA-01750: UPDATE/REFERENCES 只能从整个表而不能按列 REVOKE

在例 8-26 中,增加了列名 DNAME,则发生了错误,说明 revoke 回收对象的权限,应该是针对整个对象,而不是针对某些列。

8.3.4 角色管理

为了简化权限管理,Oracle 引入了角色概念,角色是相关权限的命名集合。通过对角色的授权和回收,大大简化了权限的分配和管理过程。

1. 角色的定义

角色是数据库各种权限的集合,使用角色可以方便地管理数据库特权,角色可以赋予给其他用户也可以赋予给其他角色。例如,业务需求中有三个用户 A、B、C,其中 A、B 是普通用户,而 C 是管理员。那么可以设置一个 CommonUser 角色,使该角色具有连接和查询数据库的权限,可以将该角色赋予给 A、B,那么就不要针对 A、B 用户单独分配权限,只需要针对角色进行权限的管理。

创建角色的语法格式如下所示:

```
CREATE ROLE role_name [NOT IDENTIFIED|IDENTIFIED {
BY password|EXTERNALLY|GLOBALLY|USING package}]
```

下面详细介绍各个参数的含义。

• ROLE_NAME:角色名字。

- NOT IDENTIFIED：在激活角色时不需要密码验证。
- IDENTIFIED：在激活角色时需要密码验证。
- BY PASSWORD：设置激活角色的验证密码。
- USING package：创建应用角色，该角色只能由应用通过授权的 package 激活。
- EXTERNALLY：说明角色在激活前，必须通过外部服务如操作系统或第三方服务授权。
- GLOBALLY：当使用 SET ROLE 激活角色时，用户必须通过企业路径服务授权来使用角色。

例 8-27 创建 CommonUser 角色

```
SQL>conn sys/Student123@orcl as sysdba
已连接。
SQL>create role CommonUser;

角色已创建。
```

例 8-27 中创建的 CommonUser 角色不具有口令标识，下面创建需要口令标识的角色。

例 8-28 创建带有口令标识的角色

```
SQL>create role ImportantUser
  2  identified by ImUs67#
  3  ;

角色已创建。
```

创建角色后，可以通过数据字典 dba_roles 来查看。如例 8-29 所示。

例 8-29 数据字典 dba_roles 中角色信息

```
SQL>select * from dba_roles
  2  where role in('COMMONUSER','IMPORTANTUSER')
  3  ;

ROLE                       PASSWORD
------------------------   ------------------
COMMONUSER                 NO
IMPORTANTUSER              YES
```

通过查看 dba_roles 数据字典可以看到例 8-27 和例 8-28 中创建的角色信息的 ROLE 和 PASSWORD 是否设置了信息。

2. 修改角色

角色可以修改，但是 Oracle 只允许修改它的验证方法，修改角色的语法格式如下所示。

```
ALTER ROLE role {NOT IDENTIFIED|IDENTIFIED {BY password|
USING package|EXTERNALLY|GLOBALLY}}
```

例 8-30 修改 CommonUser 角色具有口令标识

```
SQL>alter role CommonUser
  2  identified by cus45#
  3  ;
```

角色已丢弃。

下面通过数据字典 DBA_ROLES 来验证修改结果,如例 8-31 所示。

例 8-31 查看角色修改结果

```
SQL>select * from dba_roles
  2  where role in('COMMONUSER','IMPORTANTUSER')
  3  ;


ROLE                            PASSWORD
------------------------------  ----------------
COMMONUSER                      YES
IMPORTANTUSER                   YES
```

对比例 8-29 和例 8-31 可以看到,CommonUser 用户的 PASSWORD 属性已经修改为
"YES",即具有口令标识。

3. 为角色授权

创建了角色后,可以为角色授权。为角色授权的方法与为用户授权的方式相同。如
例 8-32 为 CommonUser 角色授予 CREATE SESSION 以及 SELECT ANY TALBE 的系
统权限。

例 8-32 为 CommonUser 角色授权系统权限

```
SQL>grant create session,select any table to CommonUser;
```

授权成功。

也可以通过数据字典 ROLE_SYS_PRIVS 查看授权的结果。

例 8-33 查看 CommonUser 角色的权限信息

```
SQL>select *
  2  from role_sys_privs
  3  where role='COMMONUSER'
  4  ;


ROLE                            PRIVILEGE                       ADM
------------------------------  ------------------------------  -----------
COMMONUSER                      SELECT ANY TABLE                NO
COMMONUSER                      CREATE SESSION                  NO
```

在例 8-33 中,从数据字典 ROLE_SYS_PRIVS 中可以看到 COMMONUSER 具有的权
限,同时 ADM 属性均为"NO"。也可以通过数据字典 ROLE_SYS_PRIVS 查看角色的授予
信息,即是由哪个用户、哪个角色授予的,请读者自行查看。

4. 向用户赋予角色

如前所述,角色是权限的集合,创建了角色后,便于用户的权限分配。角色赋予用户的语法格式如下所示。

```
GRANT role [, role] ……
TO      {user|role|public}|[, {user|role|public}] ……
[WITH ADMIN OPTION]
```

从语法上可以看到,可以一个或者多个角色赋予给用户或者赋予给其他角色以及 PUBLIC 用户,并且可以具有向下传递的参数——"WITH ADMIN OPTION"。

例 8-34 为用户 A 和 B 授予 CommonUser 角色

```
SQL>create user A
  2  identified by A123#
  3  ;

用户已创建。

SQL>create user B
  2  identified by B123#
  3  ;

用户已创建。

SQL>grant CommonUser
  2  to A,B
  3  with admin option
  4  ;

授权成功。
```

在例 8-34 中首先创建了用户 A 和 B,随后将 CommonUser 角色赋予了 A 和 B 用户。下面通过数据字典 USER_ROLE_PRIVS 来验证授权结果。

例 8-35 查看 A 用户的授权结果

```
SQL>conn A/A123#@orcl
已连接。
SQL>select *
  2  from user_role_privs
  3  where username='A'
  4  ;


USERNAME          GRANTED_ROLE                 ADM    DEF     OS_
--------------- -------------------------------- ----- ------ ----------------
A                 COMMONUSER                   YES    YES     NO
```

在例 8-35 中为了查看 A 用户的角色授权结果,首先需要以 A 用户身份登录,然后查询数据字典 USER_ROLE_PRIVS 即可。

5. 禁止和激活角色

在 Oracle 中可以禁止和激活角色。禁止即使角色不再能够使用,而激活角色则表示使角色处于可用状态。禁止可以通过 set 命令来设置。

例 8-36 禁止当前会话的所有角色

```
SQL>conn A/A123#
已连接。
SQL>select * from session_roles;

ROLE
----------------------------------
COMMONUSER
SQL>set role none;

角色集

SQL>select * from session_roles;

未选定行
```

在例 8-36 中,首先以 A 用户登录,查询数据字典 SESSION_ROLES,可以看到该用户具有"COMMONUSER"角色。随后设置"Set role none",则使得该会话下所有角色全部被禁止,所以再次查询数据字典 SESSION_ROLES,则显示"未选定行",表示没有查询到数据。

激活当前会话的角色,则需要指定角色名,如果指定激活的角色在创建时是有口令标识的,则需要输入口令,否则会发生错误。如例 8-37 所示。

例 8-37 激活当前会话的角色

```
SQL>set role CommonUser;
set role CommonUser
              *
第 1 行出现错误:
ORA-01979: 角色 'COMMONUSER' 的口令缺失或无效
```

在例 8-37 中,想要激活当前会话的 COMMONUSER 角色,但是由于没有输入该角色的口令而发生错误。

例 8-38 改正后的激活当前会话角色实例

```
SQL>set role CommonUser identified by cus45#;

角色集
```

6. 回收和删除角色

授予了用户某些角色,当然也可以回收这些角色。Oracle 采用 Revoke 回收用户被授予的角色。下面将 A 用户的 CommonUser 角色回收,如例 8-39 所示。

231

例 8-39 回收 CommonUser 角色

```
SQL>conn sys/Student123@orcl as sysdba
已连接。
SQL>revoke CommonUser from A;
```

撤销成功。

在例 8-39 中提示已经"撤销成功",即回收了 A 用户被赋予的 CommonUser 角色,当然 A 用户也不再能够使用 CommonUser 用户具有的系统权限。读者可以查询数据字典 DBA_ROLE_PRIVS 比较回收前和回收后的 A 用户的角色变化。

回收角色时,可以同时回收多个角色,角色名之间使用逗号隔开,也可以同时从几个用户回收一个或多个相同的角色,用户名之间使用逗号隔开。

CommonUser 角色被回收后,该角色仍然存在只不过 A 用户不再具有这种角色具有的权限。如果想将 CommonUser 角色从数据库中彻底消除,则需要删除角色。

例 8-40 删除角色

```
SQL>drop role CommonUser;
```

角色已删除。

通过例 8-40 已经将 CommonUser 角色从数据库中删除,读者可以通过例 8-41 来验证一下删除的效果。

例 8-41 查询角色删除成功与否

```
SQL>select *
  2  from dba_roles
  3  where role='COMMONUSER'
  4  ;
```

未选定行

从例 8-41 的结果上看,CommonUser 角色已经不存在了,说明该角色确实被删除掉了。

7. Oracle 预定义角色

除了用户自定义的角色外,Oracle 还预定义了一些很有用的角色,例如 DBA、RESOURCE 角色等。常用的 Oracle 预定义角色如下。

- AQ_ADMINISTRATOR_ROLE:管理 QUEUE 的管理员角色。
- CONNECT:连接数据库权限。
- DBA:数据库管理员权限。
- EXP_FULL_DATABASE:导出数据库权限。
- IMP_FULL_DATABASE:导入数据库权限。
- JAVADEBUGPRIV:调试 Java 程序权限。
- MGMT_USER:创建会话和创建触发器权限。
- OEM_ADVISOR:执行 OEM 顾问的权限。

- OEM_MONITOR：执行 OEM 监视的权限。
- OLAP_DBA：执行联机事务处理时的 DBA 权限。
- OLAP_USER：执行联机事务处理时的 USER 权限。
- RECOVERY_CATALOG_OWNER：备份目录的拥有者。
- RESOURCE：创建一系列数据库对象的权限。
- SCHEDULER_ADMIN：管理各种调度的权限，如创建任务、执行程序等。

8.4　审　　计

审计（Audit）用于监视用户所执行的数据库操作，并且 Oracle 会将审计跟踪结果存放到 OS 文件（默认位置为 $ORACLE_BASE/admin/$ORACLE_SID/adump/）或数据库（存储在 system 表空间中的 SYS.AUD$表中，可通过视图 dba_audit_trail 查看）中。默认情况下审计是没有开启的。但是不管是否打开数据库的审计功能，当用管理员权限连接实例、启动数据库和关闭数据库的操作都会被强制记录。

在 Oracle 9i 数据库及其较低版本中，审计只能捕获"谁"执行此操作，而不能捕获执行了"什么"内容。例如，它让用户知道"Joe"更新了 SCOTT 用户下的表 EMP，但它不会显示更改前数据，用户将不得不编写自己的触发器来捕获更改前的值，或使用"LogMiner"将它们从存档日志中检索出来。Oracle 10g、Oracle 11g 数据库的审计以一种非常详细的级别捕获用户行为，它可以消除手动的、基于触发器的审计。

8.4.1　审计级别

当开启审计功能后，可在三个级别上对数据库进行审计：Statement（语句）、Privilege（权限）、Object（对象）。

1. Statement

Satement 表示按语句来审计，比如 Audit Table 会审计数据库中所有的 Create Table、Drop Table、Truncate Table 语句，Alter Session 表示审计某一用户所有的数据库连接。例如，Alter Session by User1 会审计 User1 用户所有的数据库连接。

2. Privilege

Privilege 表示按权限来审计，当用户使用了该权限则被审计。如 B 用户向 A 用户授予查询权限"Grant Select Any Table to A"，然后执行了 Audit Select Any table 语句后，当用户 A 访问了用户 B 的表时（如 select * from B.t）会用到查询表的权限，故会被审计。注意用户是自己表的所有者，所以用户访问自己的表不会被审计。

3. Object

Object 表示按对象审计，只审计 on 关键字指定对象的相关操作。如：

```
Aduit Alter,Delete,Drop,Insert on B.t by scott;
```

这里会对 B 用户的 t 表进行审计，但同时使用了 by 子句，所以只会对 scott 用户发起的操作进行审计。

注意，Oracle 没有提供对方案（Schema）中所有对象的审计功能，只能一个一个对象审计，对于后面创建的对象，Oracle 则提供"on default"子句来实现自动审计，比如执行如下语句后，对于随后创建的对象的 drop 操作都会审计。

```
audit drop on default by access;
```

但这个 default 会对之后创建的所有数据库对象有效，但是没办法指定只对某个用户创建的对象有效。

8.4.2　与审计相关的细节

若要了解审计，需要仔细了解审计所需要的参数、视图等内容。

1. 审计的重要参数

审计有以下两个重要参数。

- Audit_sys_operations：默认为 FALSE，当设置为 TRUE 时，所有 SYS 用户（包括以 sysdba、sysoper 身份登录的用户）的操作都会被记录，Audit Trail 不会写在 aud＄表中（这个很好理解，如果数据库还未启动 aud＄不可用，那么像 conn /as sysdba 这样的连接信息，只能记录在其他地方）。如果是 Windows 平台，Audit Trail 会记录在 Windows 的事件管理中，如果是 Linux/UNIX 平台则会记录在 audit_file_dest 参数指定的文件中。
- Audit_trail：默认为"None"，不做审计；设置为"DB"，将 Audit Trail 记录在数据库的审计相关表中，如 aud＄，审计的结果只有连接信息；"DB,Extended"，这样审计结果里面除了连接信息还包含了当时执行的具体语句；"OS"，将 Audit Trail 记录在操作系统文件中，文件名由 audit_file_dest 参数指定。

注意：这两个参数是 static 参数，需要重新启动数据库才能生效。

2. 审计的一些其他选项

审计还可以设置以下选项。

- by access/by session：by access 每一个被审计的操作都会生成一条 Audit Trail。by session 一个会话里面同类型的操作只会生成一条 Audit Trail，默认为 by session。
- whenever [not] successful：whenever successful 操作成功（dba_audit_trail 中 returncode 字段为 0）才审计，whenever not successful 反之。省略该子句的话，不管操作成功与否都会审计。

3. 与审计相关的视图

与审计相关的视图如下。

- dba_audit_trail：保存所有的 Audit Trail，实际上它只是一个基于 aud＄的视图。其他的视图 dba_audit_session、dba_audit_object、dba_audit_statement 都只是 dba_audit_trail 的一个子集。
- dba_stmt_audit_opts：可以用来查看 statement 审计级别的 audit options，即数据库设置过哪些 statement 级别的审计。dba_obj_audit_opts、dba_priv_audit_opts 视图功能与之类似。
- all_def_audit_opts：用来查看数据库用 on default 子句设置了哪些默认对象审计。

4. 取消审计的方法

设置审记,如:

```
audit session whenever successful
```

对应的取消审计语句为:

```
noaudit session whenever successful;
```

8.4.3 审计实例

下面给出一个审计的实例,首先我们查看一下当前数据的审计状态。如例 8-42。

例 8-42 查看当前审计状态

```
SQL> show parameter audit

NAME                    TYPE        VALUE
----------------------- ----------- ------------------------------------
audit_file_dest         string      C:\APP\ORACLE\ADMIN\ORCL\ADUMP
audit_sys_operations    boolean     FALSE
audit_trail             string      DB
```

从例 8-42 可以看到当前审计处于关闭状态。随后可以设置审计开启,如例 8-43。

例 8-43 开启审记

```
SQL> alter system set audit_sys_operations=true scope=spfile;
```

系统已更改。

```
SQL> show parameter audit

NAME                    TYPE        VALUE
----------------------- ----------- ------------------------------------
audit_file_dest         string      C:\APP\ORACLE\ADMIN\ORCL\ADUMP
audit_sys_operations    boolean     FALSE
audit_trail             string      DB
```

例 8-43 中第一条语句更改审计状态,提示信息表示"系统已更改",但是此时再次查询审计状态,看到 audit_sys_operations 仍然为 FALSE,这是因为前面讲过的审计的这个参数是静态的,要重启数据库才能生效。重启数据库后,再次显示审计参数,如例 8-44 所示。

例 8-44 再次查看审计状态

```
SQL> show parameter audit

NAME                    TYPE        VALUE
----------------------- ----------- ------------------------------------
audit_file_dest         string      C:\APP\ORACLE\ADMIN\ORCL\ADUMP
audit_sys_operations    boolean     TRUE
audit_trail             string      DB
```

从例 8-44 中可以看到 audit_sys_operations 已经设置为 TRUE。启动审计后，就可以开始审计工作了。

例 8-45 开启 books 表的审计过程

```
SQL>audit all on books;
```

审计已成功。

```
SQL>conn user1
输入口令：
已连接。
SQL>col bid for a10
SQL>col bname for a16
SQL>col price for 99
SQL>select bid,bname,price from books;
```

BID	BNAME	PRICE
5001001	三国演义	60
5001002	水浒传	53
5001003	西游记	48
5001004	红楼梦	68
105	西厢记	53
5001006	丽春堂	53
101	Test	0
104	三字经	5
106	test1	0

已选择 9 行。

```
SQL>insert into books(bid,bname) values('107','test2');
```

已创建 1 行。

```
SQL>commit;
```

提交完成。

例 8-46 中首先开启了 BOOKS 表的审计功能（以 DBA 身份用户登录），然后以 "USER1"（预先建好的 DBA 身份的用户，有关创建用户的内容，请参照 8.2 节）用户登录数据库，并对 BOOKS 表完成查询、插入操作，并提交这些操作的结果。

例 8-46 查询审计视图

```
SQL>select username,timestamp,owner,obj_name from dba_audit_trail
  2  where username='USER1';
```

```
USERNAME        TIMESTAMP       OWNER   OBJ_NAME
-----------     ----------      ------  --------------------
USER1           11-5月 -12       SYS     BOOKS

SQL>noaudit all on books;
```

随后以 SYS 用户身份登录后,查询 dba_audit_trail 视图则看到如例 8-45 所示的结果。最后关闭审计功能。

除了以上介绍的审记功能外,Oracle 还提供了详细审计的功能,有关详细审计的内容我们将在第 9 章触发器的实例中进行介绍,这里就不再赘述了。

8.5　小　　结

本章主要从用户、权限、角色以及审计几个方面介绍有关 Oracle 安全方面的内容。创建用户是创建个人数据库之前首先要做的事情,这样便于数据的管理、备份以及恢复。权限和角色能够有效控制不具有权限的非法用户访问数据资源,这些内容都是在 Oracle 日常使用中经常用到的内容。此外,本章还介绍了 Oracle 的审计功能,随着 Oracle 的日益强大,审计功能也越来越完善,用户善用审计功能,将更有效地保证数据的安全性。

Oracle 安全管理

第9章 | 存储过程、触发器和包

如第 8 章所述，Oracle 方案对象包括数据库方案对象、管理方案对象以及 PL/SQL 程序方案对象。本章将要学习 PL/SQL 程序方案对象，主要介绍存储过程、函数、触发器、程序包等内容，这些内容对于那些基于 Oracle 的应用程序而言是非常重要的。

9.1　存储过程和函数

Oracle 存储过程和函数统称为 PL/SQL 子程序，它们是被命名的 PL/SQL 块，均存储在 Oracle 数据库中，并通过输入、输出参数与其调用者交换信息。存储过程和函数的唯一区别是函数总向调用者返回数据，而存储过程则不一定返回数据。在本节中，主要介绍存储过程、函数的创建及使用。

9.1.1　创建存储过程

在 Oracle 中建立存储过程，可以被多个应用程序、多个用户调用。可以向存储过程传递参数，也可以由存储过程传回参数。创建存储过程的语法如下所示。

```
CREATE [OR REPLACE] PROCEDURE procedure_name
    [ (argument [IN|OUT|IN OUT] datatype
    [, argument [IN|OUT|IN OUT] datatype] ...)]
{IS|AS}
<声明部分>
BEGIN
<执行部分>
EXCEPTION
<可选的异常处理程序>
ENDprocedure_name;
```

其中：

- OR REPALCE：为可选参数，此参数用于存储过程的重建。一般地，只有在确认是新存储过程或存储过程重建时，才使用 OR REPALCE 关键字，否则容易删除现有的存储过程。
- procedure_name：存储过程的名称。
- IN|OUT|IN OUT：是存储过程参数传递的模式，若省略，则为 IN 模式。这里 IN 模式表示该参数是输入参数，该参数只能读取不能写入；OUT 模式表示该参数是输

出参数,该参数可以被读或写,在存储过程执行完成返回时会赋予给该参数;IN OUT 模式,具有前面两种参数的特性,即调用时,该参数是输入参数,同时也是输出参数。

- ＜声明部分＞:该部分用于存储过程的变量、常量的声明,为可选部分。
- ＜执行部分＞:该部分必选,是存储过程的功能实现,由 PL/SQL 语句组成,语句块由 begin 关键字开始,每条语句用";"号结束。
- EXCEPTION ＜可选的异常处理程序＞:该部分用于异常处理,为可选部分。

现在创建一个名为 price10 的存储过程,该存储过程的功能是对第 6 章创建的 books 表中所有图书的价格都增加 10％,如例 9-1 所示。

例 9-1 创建对图书价格增加 10％的存储过程

```
SQL>CREATE OR REPLACE
  2  PROCEDURE PRICE10 AS
  3  BEGIN
  4    update books set price=price * 1.1;
  5  END PRICE10;
  6  /

过程已创建。
```

从例 9-1 的输出可以看出,该存储过程创建成功。price10 存储过程比较简单,没有输入、输出参数,没有声明变量,也没有定义异常错误处理程序,只有存储过程的执行部分。而且该存储过程的执行部分也比较简单,由一条 UPDATA 语句组成,该语句的功能是完成对表 books 中 price 列的更新,即增加 10％(price * 1.1)。接下来,再创建一个稍复杂一点的存储过程,如例 9-2 所示。

例 9-2 创建删除指定编号图书的存储过程

```
SQL>CREATE OR REPLACE
  2  PROCEDURE DEL_BOOKS
  3  ( book_id IN VARCHAR2
  4  ) AS
  5  No_result EXCEPTION;
  6  BEGIN
  7    DELETE books WHERE bid=book_id;
  8    IF SQL%NOTFOUND THEN
  9      RAISE no_result;
 10    END IF;
 11    DBMS_OUTPUT.PUT_LINE('编号为'||book_id||'的图书已被删除!');
 12  EXCEPTION
 13    WHEN no_result THEN
 14      DBMS_OUTPUT.PUT_LINE('温馨提示:要删除的数据没有找到!');
 15    WHEN OTHERS THEN
 16      DBMS_OUTPUT.PUT_LINE(SQLCODE||'---'||SQLERRM);
 17  END DEL_BOOKS;
```

存储过程、触发器和包

```
18   /
```

过程已创建。

```
SQL>
```

例 9-2 所示的这个存储过程相对复杂一些,包含一个输入参数,一个变量声明,并定义了异常处理程序,实现删除指定编号的图书信息的功能。为了更好地理解存储过程,对该存储过程每一行语句给出解析,如例 9-3 所示。

注意:在存储过程和函数定义中不允许参数类型 varchar2、varchar、char 等类型带长度,例如,varchar2(11)是错误的,varchar2 是正确的。

例 9-3 例 9-2 的详细解析

```
SQL>CREATE OR REPLACE
  2   PROCEDURE DEL_BOOKS        --创建或重建存储过程,名称为 del_books
  3   ( book_id IN VARCHAR2      --指定了一个输入参数,为字符型
  4   ) AS
  5   No_result EXCEPTION;       --声明了一个变量,为 EXCEPTION 类型(异常处理类型)
  6   BEGIN
  7      DELETE books WHERE bid=book_id;
                                 --删除 books 表中数据,编号由输入参数 book_id 提供
  8      IF SQL%NOTFOUND THEN    --判断是否找到编号为 book_id 的记录
  9         RAISE no_result;     --假如没有找到,抛出异常 no_result
 10      END IF;
 11      DBMS_OUTPUT.PUT_LINE('编号为'||book_id||'的图书已被删除!');
                                 --使用 Oracle 自带的包 dbms_output..put_line,输出信息
 12   EXCEPTION                  --异常处理部分定义
 13      WHEN no_result THEN     --捕获 no_result 异常
 14         DBMS_OUTPUT.PUT_LINE('温馨提示:要删除的数据没有找到!');
                                 --输出异常处理的信息
 15      WHEN OTHERS THEN        --捕获到其他异常
 16         DBMS_OUTPUT.PUT_LINE(SQLCODE||'---'||SQLERRM);     --输出错误信息代码
 17   END DEL_BOOKS;
 18   /
```

通过上述代码解析,可以看出例 9-2 存储过程相对完善了许多,不仅增加了异常处理程序,还对处理的结果信息进行了输出。

9.1.2 调用存储过程

存储过程建立完成后,只要具有权限,用户就可以在 SQL＊PLUS、Oracle 开发工具或第三方开发工具中来调用这些存储过程。Oracle 使用 EXECUTE 语句来实现对存储过程的调用及运行,语法如下:

```
EXEC[UTE] procedure_name(parameter1,parameter2…);
```

例如,执行例 9-2 创建的存储过程 price10,对 books 表中所有图书的价格增加 10％,具

体执行过程如例 9-4 所示。

    例 9-4   执行 price10 存储过程

```
SQL>execute price10;
PL/SQL 过程已成功完成。

SQL>select bid,bname,author,price,quantity from books;

BID       BNAME           AUTHOR              PRICE    QUANTITY
-------   -------------   ----------------    -------  ----------
5001001   三国演义         罗贯中                66        15
5001002   水浒传           施耐庵 罗贯中          58        12
5001003   西游记           吴承恩                53         8
5001004   红楼梦           曹雪芹 高鹗           74        20
105       西厢记           王实甫                58        15
5001006   丽春堂           王实甫                58         5
```

已选择 6 行。

    例 9-4 中首先执行存储过程 price10，Oracle 返回 PL/SQL 已成功完成的消息，然后使用 SELECT 语句输出 books 表的信息。

    执行存储过程也可以使用 exec(execute 的简写方式)，如例 9-5 所示。

    例 9-5   执行 del_books 存储过程

```
SQL>set serveroutput on;
SQL>exec del_books('105');
编号为 105 的图书已被删除！

PL/SQL 过程已成功完成。
```

    例 9-5 删除了编号为 105 的图书信息，下面再验证一下该存储过程的执行结果。

    例 9-6   验证存储过程的执行结果

```
SQL>select * from books;

BID       BNAME           AUTHOR              PRICE    QUANTITY
-------   -------------   ----------------    -------  ----------
5001001   三国演义         罗贯中                66        15
5001002   水浒传           施耐庵 罗贯中          58        12
5001003   西游记           吴承恩                53         8
5001004   红楼梦           曹雪芹 高鹗           74        20
5001006   丽春堂           王实甫                58         5
```

已选择 5 行。

241

    从例 9-6 中，可以看到编号为 105 的图书信息已经被删除。当再次执行该存储过程时将不会删除成功，如例 9-7 所示。

第 9 章

存储过程、触发器和包

例 9-7　再次执行 del_books 存储过程

```
SQL>exec del_books('105');;
温馨提示：要删除的数据没有找到！
```

PL/SQL 过程已成功完成。

当例 9-7 中再次执行 del_books 存储过程时，由于已经没有了编号为 105 的图书信息，所以存储过程会自动跳转到异常处理的语句，提示"要删除的数据没有找到"。从这个例子中，读者也可以看到一个编写较好的存储过程中异常处理是必不可少的。

9.1.3　创建函数

函数与存储过程的功能相似，其主要区别是函数在执行程序后有一个返回值，用于返回计算和操作的结果；而存储过程则不一定有返回值。

创建函数的语法和创建存储过程的语法相似，具体如下。

```
CREATE [OR REPLACE] FUNCTION function_name
(arg1[{IN|OUT|INOUT}]type1[DEFAULT value1],
[arg2[{IN|OUT|IN OUT}]type2[DEFAULT value1]],
...
RETURN return_type
IS|AS
<类型.变量的声明部分>
BEGIN
<执行部分>
RETURN expression
EXCEPTION
<异常处理部分>
END function_name;
```

上述语法与存储过程的语法相比较，可以看到函数的语法主要增加了返回值的定义，即 RETURN 部分。具体表现为，在定义参数后，需要定义返回值的类型，即 RETURN 的类型。在函数的执行部分，需要指定返回值，即 RETURN 一个值给函数。

下面给出一个创建函数的实例，如例 9-8 所示。

例 9-8　创建统计 Sales 表图书销售信息的函数

```
SQL>CREATE OR REPLACE
 2    FUNCTION COUNT_SALES
 3     (
 4      book_id IN VARCHAR2 )
 5     RETURN NUMBER
 6    AS
 7     v_sum NUMBER;
 8    BEGIN
 9     select sum(scount) into v_sum from Sales where bid=book_id;
 10     IF v_sum >0 THEN
```

```
11        DBMS_OUTPUT.PUT_LINE('图书编号'||book_id||'目前销售了'||v_sum||'本书!');
12      ELSE
13        DBMS_OUTPUT.PUT_LINE('图书编号'||book_id||'目前没有销售记录!');
14      END IF;
15      RETURN v_sum;
16    END COUNT_SALES;
17  /
```

函数已创建。

例 9-8 创建了一个函数,用来统计某本图书销售量,输入参数为 book_id,返回值为该图书所售出的数量。

创建函数时,可以使用 DEFAULT 关键字为输入参数指定默认值,如例 9-9 所示。

例 9-9　创建带参数默认值的函数

```
SQL>CREATE OR REPLACE
 2    FUNCTION COUNT_SALES1
 3      (
 4      book_id IN VARCHAR2   DEFUALT '5001001')
 5      RETURN NUMBER
 6    AS
 7      v_sum NUMBER;
 8    BEGIN
 9      select sum(scount) into v_sum from Sales where bid=book_id;
10      IF v_sum > 0 THEN
11        DBMS_OUTPUT.PUT_LINE('图书编号'||book_id||'目前销售了'||v_sum||'本书!');
12      ELSE
13        DBMS_OUTPUT.PUT_LINE('图书编号'||book_id||'目前没有销售记录!');
14      END IF;
15      RETURN v_sum;
16    END COUNT_SALES1;
17  /
```

函数已创建。

例 9-9 是在例 9-8 的基础上增加了一个默认参数,表示当调用函数时,如果没有为参数提供实际参数值,函数将使用该参数的默认值。但当调用者为默认参数提供实际参数时,函数将使用实际参数值。

注意:在创建函数时,只能为输入参数设置默认值,而不能为输入输出参数设置默认值。

例 9-10　为带默认值的函数不指定参数

```
SQL>select count_sales1 from dual;

COUNT_SALES1
```

存储过程、触发器和包

```
- - - - - - - - - - - -
                6
```

图书编号 5001001 目前销售了 6 本书!

例 9-10 中,调用 count_sales1 时,并没有指定 book_id 的值,输出结果却表示"图书编号 5001001 目前销售了 6 本书",这说明该函数使用了 book_id 的默认值"5001001"。

例 9-11 为不带默认值的函数不指定参数

```
SQL>select count_sales from dual;
select count_sales from dual
      *
```

第 1 行出现错误:
ORA-06553: PLS-306: 调用 'COUNT_SALES' 时参数个数或类型错误

例 9-11 中使用了 count_sales 函数,该函数并没有为 book_id 提供默认值,所以当不指定 book_id 的值时,则发生了 ORA-06553 错误,该错误说明调用 count_sales 函数时参数个数或类型错误。

例 9-12 为带默认值的函数指定参数

```
SQL>select count_sales1('5001002') from dual;
COUNT_BORROW1(5001002)
- - - - - - - - - - - - - - - - - - - - - - -
                3
```

图书编号 5001002 目前销售了 3 本书!

例 9-12 中调用 count_sales1 时指定 book_id 参数的值为 5001002,则 book_id 参数优先使用指定的参数值而不是默认值。

9.1.4 函数的调用

在 9.1.3 节中,已经调用了自己定义的函数,函数的调用比较简单,可以在任意 SQL 语句、存储过程、程序包中直接调用。其实,在第 6 章中学习 PL/SQL 的知识时已经使用过多次,只不过那时多数是调用系统函数,所以有关函数调用的语法,这里不再赘述,下面针对函数调用时的参数类型及传递方式进行说明。

函数声明时所定义的参数称为形式参数,应用程序调用时为函数传递的参数称为实际参数。应用程序在调用函数时,可以使用以下三种方法向函数传递参数。

1. 位置表示法

在调用时按形参的排列顺序,依次写出实参的名称,而将形参与实参关联起来进行传递。用这种方法进行调用,形参与实参的名称相互独立,没有关系,强调次序才是重要的。格式为:

```
argument_value1[,argument_value2 …]
```

2. 名称表示法

在调用函数时按形参的名称与实参的名称,写出实参对应的形参,而将形参与实参关联

起来进行传递。这种方法,形参与实参的名称是相互独立的,没有关系,名称的对应关系才是最重要的,次序并不重要。格式为:

```
argument=>parameter [,…]
```

其中,argument 为形式参数,它必须与函数定义时所声明的形式参数名称相同,parameter 为实际参数。

在这种格式中,形式参数与实际参数成对出现,相互间关系唯一确定,所以参数的顺序可以任意排列。

3. 组合法

在调用一个函数时,同时使用位置表示法和名称表示法为函数传递参数。采用这种参数传递方法时,使用位置表示法所传递的参数必须放在名称表示法所传递的参数前面。也就是说,无论函数具有多少个参数,只要其中有一个参数使用名称表示法,其后所有的参数都必须使用名称表示法。

为了说明这三种方式的区别,创建一个带有三个输入参数的函数来说明,如例 9-13 所示。

例 9-13 带有三个参数的函数

```
SQL>CREATE OR REPLACE
  2  FUNCTION FUNC_TEST
  3  ( aa IN VARCHAR2
  4  , bb IN VARCHAR2
  5  , cc IN VARCHAR2
  6  ) RETURN VARCHAR2 AS
  7  BEGIN
  8    RETURN '顺序是: '||aa||'---'||bb||'---'||cc;
  9  END FUNC_TEST;
 10  /
函数已创建.
```

例 9-13 创建了名为"FUNC_TEST"的函数,该函数具有三个 IN 类型的参数。下面使用上述三种传递参数的方法进行函数调用,如例 9-14 所示。

例 9-14 三种参数传递方法的比较

```
SQL>select func_test('a','b','c') from dual;

FUNC_TEST('A','B','C')
--------------------------------------------------

顺序是:a---b---c

SQL>select func_test(bb=>'b',aa=>'a',cc=>'c') from dual;

FUNC_TEST(BB=>'B',AA=>'A',CC=>'C')
--------------------------------------------------
```

第9章

存储过程、触发器和包

顺序是：a---b---c

```
SQL>select func_test('a',cc=>'c',bb=>'b') from dual;

FUNC_TEST('A',CC=>'C',BB=>'B')
--------------------------------------------------
```

顺序是：a---b---c

例 9-14 中，第一个 SQL 语句采用"位置表示法"调用 FUNC_TEST；第二个 SQL 语句采用"名称表示法"调用该函数；而最后一个 SQL 语句采用"组合法"调用该函数。无论哪种调用方法，其输出结果均为"a---b---c"。

实际上，无论哪种调用方法都是想将实际参数与形式参数之间建立联系，使形式参数能够获取值。实际参数和形式参数之间的数据传递有两种方法：传址法和传值法。所谓传址法是指在调用函数时，将实际参数的地址指针传递给形式参数，使形式参数和实际参数指向内存中的同一区域，从而实现参数数据的传递。这种方法又称做参照法，即形式参数参照实际参数数据。在 Oracle 中，输入参数均采用传址法传递数据。

传值法是指将实际参数的数据拷贝到形式参数，而不是传递实际参数的地址。默认时，输出参数和输入输出参数均采用传值法。在函数调用时，Oracle 将实际参数数据拷贝到输入输出参数，而当函数正常运行退出时，又将输出形式参数和输入输出形式参数数据拷贝到实际参数变量中。

9.1.5 删除存储过程和函数

删除存储过程和函数的语法比较简单，这里不多介绍，读者可根据下面的语法进行练习。

1. 删除存储过程

可以使用 DROP PROCEDURE 命令对不需要的过程进行删除，语法格式如下。

```
DROP PROCEDURE [user.]Procudure_name;
```

2. 删除函数

可以使用 DROP FUNCTION 命令对不需要的函数进行删除，语法格式如下。

```
DROP FUNCTION [user.]Function_name;
```

9.1.6 存储过程与函数的比较

存储过程与函数具有以下相同点。

（1）都使用 IN 模式的参数传入数据、OUT 模式的参数返回数据。

（2）调用时的实际参数都可以使用位置表示法、名称表示法或组合方法。

（3）都有声明部分、执行部分和异常处理部分。

（4）其管理过程都有创建、编译、授权、删除、显示依赖关系等。

使用存储过程与函数的原则如下。

（1）如果需要返回多个值和不返回值，就使用过程；如果只需要返回一个值，就使用函数。

（2）过程一般用于执行一个指定的动作，函数一般用于计算和返回一个值。

存储过程与函数是数据库中比较重要的对象，使用好这些对象不仅能够简化应用程序的代码，而且可以保证一定的数据安全性。使用存储过程与函数具有如下优点。

（1）共同使用的代码可以只需要被编写和测试一次，而被需要该代码的任何应用程序（如.NET、C++、Java、VB 程序，也可以是 DLL 库）调用。

（2）这种集中编写、集中维护更新、大家共享（或重用）的方法，简化了应用程序的开发和维护，提高了效率与性能。

（3）这种模块化的方法，使得可以将一个复杂的问题、大的程序逐步简化成几个简单的、小的程序部分，进行分别编写、调试。因此使程序的结构清晰、简单，也容易实现。

（4）可以在各个开发者之间提供处理数据、控制流程、提示信息等方面的一致性。

（5）节省内存空间。它们以一种压缩的形式被存储在外存中，当被调用时才被放入内存进行处理。并且，如果多个用户要执行相同的过程或函数时，就只需要在内存中加载一个该过程或函数。

（6）提高数据的安全性与完整性。通过把一些对数据的操作放到过程或函数中，就可以通过是否授予用户有执行该过程或函数的权限，来限制某些用户对数据进行这些操作。

9.2 触 发 器

触发器是许多关系数据库管理系统都提供的一项技术。在 Oracle 数据库系统里，触发器类似于存储过程和函数，都有声明、用于执行和异常处理过程的 PL/SQL 块，主要用于执行强制性的业务规则或要求。

9.2.1 触发器类型

触发器在数据库里以独立的对象存储，它与存储过程和函数不同的是，存储过程与函数需要用户显式的调用才执行，而触发器是由 Oracle 事件来启动运行。即，触发器是当某个事件发生时自动地隐式运行。并且，触发器不能接收参数。

这里的“Oracle 事件”指的是对表进行 INSERT、UPDATE 及 DELETE 操作或对视图进行类似的操作。Oracle 还将触发器的功能扩展到了触发 Oracle 系统事件，如数据库的启动与关闭等。所以触发器常用来完成由数据库的完整性约束难以完成、复杂业务规则的约束，或用来监视对数据库的各种操作，实现审计的功能。

根据触发器的应用范围不一样，可以把 Oracle 触发器分为以下三类。

1. DML 触发器

Oracle 的 DML 触发器在 DML 语句操作时触发，可以在 DML 操作前或操作后进行触发，并且可以对每个行的更改进行触发，或者在整个语句更改时进行触发。

2. 替代触发器

在 Oracle 数据库里，由于不能直接对由两个以上表建立的视图进行一般的触发器操作,所以给出了替代触发器,替代触发器是 Oracle 专门为视图执行触发器操作的一种处理方法。

3. 系统事件触发器

Oracle 提供的第三种类型的触发器叫做系统事件触发器。它可以在 Oracle 数据库的系统事件中进行触发,如在 Oracle 系统的启动与关闭时进行触发等。

9.2.2　触发器组成

触发器通常由以下几方面组成。

(1) 触发事件。即引起触发器被触发的事件。例如,DML 语句(INSERT、UPDATE、DELETE 语句对表或视图执行数据处理操作)、DDL 语句(如 CREATE、ALTER、DROP 语句在数据库中创建、修改、删除方案对象)、数据库系统事件(如 Oracle 启动或退出、异常错误等)、用户事件(如登录或退出数据库等)。

(2) 触发时间。即该触发器是在触发事件发生之前(BEFORE),还是触发事件发生之后(AFTER)触发。

(3) 触发操作。即该触发器被触发之后所执行的操作,通常是执行一段 PL/SQL 语句块。

(4) 触发对象。包括表、视图、方案、数据库,只有在这些对象上发生了符合触发条件的触发事件,才会执行触发操作。

(5) 触发条件。由 WHEN 子句指定一个逻辑表达式,只有当该表达式的值为 TRUE 时,触发事件才会自动执行触发器,使其执行触发操作。

(6) 触发频率。触发器内定义的动作被执行的次数,即语句级(STATEMENT)触发器或行级(ROW)触发器。语句级(STATEMENT)触发器:是指当某触发事件发生时,该触发器只执行一次。行级(ROW)触发器:是指当某触发事件发生时,对受到该操作影响的每一行数据,触发器都会执行一次。

9.2.3　创建触发器

创建触发器的语法如下。

```
CREATE [OR REPLACE] TRIGGER trigger_name
{BEFORE|AFTER}
{INSERT|DELETE|UPDATE [OF column [, column  ]]}
[OR {INSERT|DELETE|UPDATE [OF column [, column  ]]}...]
ON [schema.]table_name|[schema.]view_name
[FOR EACH ROW ]
[WHEN condition]
PL/SQL_BLOCK|CALL procedure_name;
```

其中:

(1) BEFORE 和 AFTER:指触发器的触发时间为前触发或后触发方式,前触发是在执行触发事件之前触发当前所创建的触发器,后触发是在执行触发事件之后触发当前所创建的触发器。

（2）FOR EACH ROW：选项说明触发器为行触发器，否则为语句级触发器。行触发器和语句触发器的区别主要是：行触发器对于每个数据行，只要它们符合触发约束条件，均激活一次触发器。而语句触发器将整个语句操作作为触发事件，当它符合约束条件时，激活一次触发器。当省略 FOR EACH ROW 选项时，BEFORE 和 AFTER 触发器为语句触发器。

（3）WHEN 子句说明触发约束条件。当 condition 为一个逻辑表达式时，其中必须包含相关名称，而不能包含查询语句，也不能调用 PL/SQL 函数。WHEN 子句指定的触发约束条件只能用在 BEFORE 和 AFTER 行触发器中，不能用在替代触发器和其他类型的触发器中。

（4）PL/SQL_BLOCK：指明触发器将进行的操作，通常是一系列 PL/SQL 语句。

下面将对 DML 触发器、替代触发器、系统触发器的创建分别进行说明。

1. 创建 DML 触发器

在创建触发器前，先介绍两个特殊的值，即“：OLD”和“：NEW”。当触发器被触发时，有时要使用被插入、更新或删除操作前或操作后记录中的列值。

（1）:NEW：表示在 DML 操作完成时，记录中列的新值。

（2）:OLD：表示在 DML 操作完成时，记录中列的旧值。

注意：默认名称分别为 OLD 和 NEW，在触发器的 PL/SQL 块中使用名称时，必须在它们之前加冒号（:），但在 WHEN 子句中则不能加冒号。

在创建 DML 触发器时，触发器的名称与存储过程、函数的名称不一样，它有单独的名称空间，因此触发器名称可以和表或存储过程有相同的名称，但在同一个方案中各个触发器的名称不能相同。

在第 7 章例 7-46 中介绍序列时，使用触发器和序列生成了表中的主键值，实现了在数据插入时让主键字段的值自动增长的功能，下面给出该触发器的详细说明，如例 9-15 所示。

例 9-15 创建主键字段值自动增长的 DML 触发器的说明

```
SQL>CREATE OR REPLACE TRIGGER Members_Mid
  2    before insert on  MEMBERS
  --这是一个前触发的触发器(before insert),在插入一条记录前会触发后面的 PL/SQL 语句块。
  3    for each row        --这是一个行触发器(for each row),即每插入一行都会执行动作。
  4  begin
  5    if inserting then   --当进行插入数据时
  6      if : NEW."MID" is null then --如果插入语句中没有为列 Mid 指定值,即为 null 值。
  7        select to_char(Members_seq.nextval) into : NEW."MID" from dual;
                      --把序列中生成的值赋给列 Mid,即列 Mid 的新值。
  8      end if;
  9    end if;
 10  end;
```

这个触发器创建完成后，当执行插入记录到 Members 表的时候，Mid 列将自动从序列 Members_seq 中获得一个无重复的自动增长值。

注意：触发器无法在 SYS 用户下的对象上创建，如果某一用户以 SYSDBA 的身份登录，则创建的表对象的 OWNER 是 SYS，那么就会发生"ORA-04089：无法对 SYS 拥有的对

存储过程、触发器和包

象创建触发器"。用户需要以 normal 身份登录才能够创建触发器。

在例 9-15 中，使用了"：NEW"获得插入操作时记录中列的新值。为了更好地说明"：NEW"和"：OLD"的作用，下面建立一个新的触发器 Members_log，当 Members 表被修改时，分别把旧的记录信息和新的记录信息记录到 Members_audit 表（Members_audit 表比 Members 表多了"ADDTYPE"列，用于标识该行记录是旧值还是新值）中，实现 Members 表变更的审计功能，如例 9-16 所示。

例 9-16 创建审计 Members 信息变更的 DML 触发器

```
SQL>CREATE OR REPLACE
  2  TRIGGER Memebers_LOG
  3  BEFORE UPDATE ON Memebers
  4  FOR EACH ROW
  5  BEGIN
  6    INSERT into Memebers_audit(mid,mname,mlevel,mtel,maddress,addtype) values
       (: old.mid,: old.mname,: old.mlevel,: old.mtel,: old.maddress,'oldcard');
  7    INSERT into Memebers_audit(mid,mname,mlevel,mtel,maddress,addtype)  values
       (: new.mid,: new.mname,: new.mlevel,: new.mtel,: new.maddress,'newcard');
  8  END;
  9  /
```

触发器已创建

审计 Members 表的触发器创建好后，更新会员编号为"m102"的姓名为"王靓"。在更新前，先对 Members 表进行查询，更新完成后再查询 Members_audit 表，验证一下触发器是否实现所需要的功能，如例 9-17 所示。

例 9-17 创建审计 Members 表信息变更的 DML 触发器功能

```
SQL>select * from Memebers;

MID      MNAME     MLEVE   MTEL         MADDRESS
-------  --------  ------  -----------  -------------
1        倩丽
m101     李丽      1       12345678909  北京市
m102     王亮      1       32345678909  北京市
m103     赵平      2       42345678909  北京市

SQL>update memebers set mname='王靓' where mid='m102';

已更新 1 行。

SQL>select * from members_audit;

MID      MNAME     MLEVE   MTEL         MADDRESS       ADDTYPE
-------  --------  ------  -----------  ------------   ------------
m102     王亮      1       32345678909  北京市         oldcard
```

| m102 | 王靓 | 1 | 32345678909 | 北京市 | newcard |

从例 9-17 所示的 members_audit 表的查询结果来看,更新 Members 表的操作被记录到了 members_audit 表中,该触发器完全实现了预期的审计功能。

在这个触发器中,通过":OLD"获取了更新数据前的旧值,通过":NEW"获取了更新数据后的新值。

在创建触发器时,可以使用 WHEN 增加触发事件,但是在 WHEN 子句中获取":NEW"和":OLD"值时不能加冒号,如例 9-18 所示。

例 9-18 创建带有条件的 DML 触发器

```
SQL>CREATE OR REPLACE TRIGGER Members_Delete
  2    AFTER DELETE ON members
  3    FOR EACH ROW
  4    WHEN (to_number(old.mlevel)>=2)
  5    BEGIN
  6    INSERT into Members_audit(mid,mname,mlevel,mtel,maddress,addtype) values (
  7    : old.mid,: old.mname,: old.mlevel,: old.mtel,: old.maddress,'delete');
  8    END;
```

触发器已创建

在例 9-18 中并不像例 9-17 中那样,对 Members 表所有更新操作都会记录,在本例中只有当删除 Members 表中 Mlevel 大于等于 2 的数据时,才将被删除记录的信息记录到 members_audit 表中。

注意:这里用了 to_number 函数,该函数能够实现字符型向数值型转换的功能。因为 mlevel 字段设置为 varchar2 类型,为了与数字 2 比较,因此需要在比较前进行类型转换,这种类型转换称为显式类型转换。

下面验证一下这个触发器的功能,如例 9-19 所示。

例 9-19 验证 Members_Delete 触发器的功能

```
SQL>select * from Memebers;
```

MID	MNAME	MLEVE	MTEL	MADDRESS
1	倩丽			
m101	李丽	1	12345678909	北京市
m102	王亮	1	32345678909	北京市
m103	赵平	2	42345678909	北京市

```
SQL>delete from members where mid='m102';
```

已删除 1 行。

```
SQL>select * from members_audit;
```

MID	MNAME	MLEVE	MTEL	MADDRESS	ADDTYPE

存储过程、触发器和包

m102	王亮	1	32345678909	北京市	oldcard
m102	王靓	1	32345678909	北京市	newcard

```
SQL>delete from members where mid='m103';
```

已删除 1 行。

```
SQL>select * from members_audit;
```

MID	MNAME	MLEVE	MTEL	MADDRESS	ADDTYPE
m102	王亮	1	32345678909	北京市	oldcard
m102	王靓	1	32345678909	北京市	newcard
m103	赵平	2	42345678909	北京市	delete

在例 9-19 中,首先显示了 Members 表中的原始数据,然后删除 m_id 为"m102"的会员信息,查询 Members_audit 发现被删除数据并没有被记录,原因是该用户的 Mlevel 值为"1",不满足触发器的条件。而当删除"m103"会员后,再次查询 Members_audit 表,则发现被删除会员的信息已经被完整记录到该表中了。

2. 创建替代触发器

在第 7 章学习视图时已经看到了,一个复杂的视图可以从多个表中提取数据,而且,视图可能还包括函数和分组,Oracle 对于在复杂视图上的 DML 操作加了很多限制条件,因此,复杂视图不一定能进行 DML 操作。而替代触发器(INSTEAD_OF)用变通的方式完成视图的 DML 操作。创建替代触发器的一般语法如下。

```
CREATE [OR REPLACE] TRIGGER trigger_name
INSTEAD OF
{INSERT | DELETE | UPDATE [OF column [, column …]]}
[OR {INSERT | DELETE | UPDATE [OF column [, column …]]}…]
ON [schema.] view_name
[FOR EACH ROW ]
[WHEN condition]
PL/SQL_block | CALL procedure_name
```

其中:

- INSTEAD OF:使 Oracle 激活触发器,而不执行触发事件。只能对视图和对象视图建立 INSTEAD OF 触发器,而不能对表、方案和数据库建立 INSTEAD OF 触发器。
- FOR EACH ROW:说明触发器为行触发器。当省略 FOR EACH ROW 选项时,BEFORE 和 AFTER 触发器为语句触发器,而 INSTEAD OF 触发器则为行触发器。

下面先给出一个复杂视图的定义,然后再创建替代触发器,如例 9-20 所示。

例 9-20 一个包含函数和分组的视图

```
SQL>CREATE OR REPLACE FORCE VIEW Sales_Books ("图书编号","图书本数","销售额")
  2  AS
  3    select bid,sum(scount) as 图书本数,sum(sprice) as 销售额
  4  from Sales group by mid;
```

视图已创建。

```
SQL>select * from sales_books;
```

图书编号	图书本数	销售额
5001001	3	115

例 9-20 中创建了一个图书编号统计图书销售情况的视图,显示的数据包括该图书销售的本数、图书的销售额、图书的编号。如果此时从 Sales_Books 视图中把图书编号为"m101"的图书直接在视图中删除,则会产生如例 9-21 所示的错误。

例 9-21 通过视图删除数据

```
SQL>delete from sales_books where 图书编号='m101';
delete from sales_books where 图书编号='m101'
         *
第 1 行出现错误:
ORA-01732:  此视图的数据操纵操作非法
```

例 9-21 中显示发生了 ORA-01732 错误,说明对该视图进行的删除操作是非法的。原因是这个视图中包含函数和分组,Oracle 是不允许针对这样的视图直接进行 DML 操作的,那么该如何达到目的呢? 可以通过替代触发器删除基表中的行,下面给出替代触发器的定义,如例 9-22 所示。

例 9-22 创建对视图 DML 操作的替代触发器

```
SQL>CREATE OR REPLACE
  2  TRIGGER DEL_Sales_Books_VIEW
  3  INSTEAD OF DELETE ON Sales_Books
  4  BEGIN
  5    delete Sales where bid=:old.图书编号;
6 * END;
  7  /
```

触发器已创建

例 9-22 中创建了替代触发器 DEL_Sales_Books_VIEW,该触发器是在 Sales_Books 视图发生 delete 操作时,替代视图删除 Sales 表中的数据。下面给出测试过程,如例 9-23 所示。

例 9-23 验证对视图 DML 操作的替代触发器

```
SQL>delete from sales_books where 图书编号='5001003';
```

存储过程、触发器和包

已删除 1 行。

```
SQL>select * from sales_books where 图书编号= '5001003';
未选定行
```

例 9-23 中,首先在 sales_books 视图上执行了 delete 语句,结果表明"已删除 1 行",然后执行 select 查询语句,查询结果已经没有该图书的销售信息。这个例子表明,替代触发器实现了对带有函数与分组的视图的 DML 操作。

事实上,替代触发器 del_books_view 已经成功地执行了数据的删除操作。而从替代触发器的创建和执行过程可以看到,替代触发器是通过表的 DML 触发器来实现对视图的 DML 操作的,因此,如果视图是基于一个表创建的,那么没有必要再针对这样的视图创建替代触发器,只要创建表的 DML 触发器就可以了。

3. 创建系统事件触发器

Oracle 提供的系统事件触发器可以在 DDL 操作和数据库系统事件上被触发。DDL 操作指的是数据定义语言,如 CREATE、ALTER 及 DROP 等。而数据库系统事件包括数据库服务器的启动或关闭、用户的登录与退出、数据库服务错误等。创建系统触发器的语法如下。

```
CREATE OR REPLACE TRIGGER [sachema.]trigger_name
{BEFORE|AFTER}
{ddl_event_list | database_event_list}
ON { DATABASE | [schema.]SCHEMA }
[WHEN condition]
PL/SQL_block | CALL procedure_name;
```

其中:

- ddl_event_list:表示是一个或多个 DDL 事件,多个事件之间用 OR 关键字分隔。
- database_event_list:表示是一个或多个数据库事件,多个事件之间用 OR 关键字分隔。

系统事件触发器既可以建立在一个方案上,又可以建立在整个数据库上。当建立在方案之上时,只有方案所指定用户的 DDL 操作和它们所导致的错误才激活触发器,默认时为当前用户模式。当系统事件触发器是建立在数据库之上时,该数据库所有用户的 DDL 操作和它们所导致的错误,以及数据库的启动和关闭均可激活触发器。如果在数据库之上建立系统触发器,则要求用户具有 ADMINISTER DATABASE TRIGGER 权限。

下面给出一个创建系统事件触发器的实例。首先需要建立一个记录用户登录信息的日志表,接下来创建系统触发器,分为"登录"和"登出"两个系统触发器。

下面以 SYS 用户登录,并在 SYS 方案下建立上述的表及触发器,并完成测试过程,完整实例如例 9-24 所示。

例 9-24 创建记录用户登录、登出的系统事件触发器

```
SQL>conn sys as sysdba
```

输入口令：

已连接。

SQL>

SQL>CREATE TABLE user_log

  2 (user_name VARCHAR2(10),

  3 address VARCHAR2(20),

  4 logon_date timestamp,

  5 logoff_date timestamp);

表已创建。

SQL>CREATE OR REPLACE TRIGGER user_logon

  2 AFTER LOGON ON DATABASE

  3 BEGIN

  4   INSERT INTO user_log (user_name, address, logon_date)

  5   VALUES (ora_login_user, ora_client_ip_address, systimestamp);

  6 END user_logon;

  7 /

触发器已创建

SQL>CREATE OR REPLACE TRIGGER user_logoff

  2 BEFORE LOGOFF ON DATABASE

  3 BEGIN

  4   INSERT INTO user_log (user_name, address, logoff_date)

  5   VALUES (ora_login_user, ora_client_ip_address, systimestamp);

  6 END user_logoff;

  7 /

触发器已创建

在例 9-24 中，首先以 SYS 身份登录，然后创建了 user_log 表，该表记录了用户名称、IP 地址、登录和登出时间等信息。表创建成功后，创建"登录"和"登出"系统触发器，以记录用户的"登录"及"登出"信息。创建完成后，可以验证一下这个系统触发器的功能，如例 9-25 所示。

例 9-25　验证记录用户登录、登出的系统事件触发器

SQL>conn hr/hr@test

已连接。

SQL>conn sys@test as sysdba

输入口令：

已连接。

SQL>select * from user_log;

USER_NAME   ADDRESS   LOGON_DATE   LOGOFF_DATE

存储过程、触发器和包

```
---------    ---------------   ----------------    -----------------
HR           127.0.0.1         02-10月-10 09.30.25.    958000 上午
HR                             02-10月-10 09.30.42.    744000 上午
SYS          127.0.0.1         02-10月-10 09.31.44.    863000 上午
```

已选择 3 行。

从例 9-25 的结果可以看出,触发器已经实现了记录用户登录、登出的功能。这里只是实现了一个简单的例子,同一用户的同一对"登录"和"登出"是记录在两行上的,即在"登录"和"登出"触发器中只是使用了 Insert into 语句,读者可以考虑如何能将同一用户的一对"登录"和"登出"信息记录在同一行呢?

可以触发系统触发器的 Oracle 系统事件主要包括 5 大类,主要有 STARTUP/SHUTDOWN、SERVERERROR、LOGON/LOGOFF、DDL、DML,下面给出系统事件的种类和事件出现的时机(前或后),如表 9-1 所示。

表 9-1 Oracle 系统事件表

事 件	允许的时机	说 明
STARTUP	AFTER	启动数据库实例之后触发
SHUTDOWN	BEFORE	关闭数据库实例之前触发(非正常关闭不触发)
SERVERERROR	AFTER	数据库服务器发生错误之后触发
LOGON	AFTER	成功登录连接到数据库后触发
LOGOFF	BEFORE	开始断开数据库连接之前触发
CREATE	BEFORE,AFTER	在执行 CREATE 语句创建数据库对象之前、之后触发
DROP	BEFORE,AFTER	在执行 DROP 语句删除数据库对象之前、之后触发
ALTER	BEFORE,AFTER	在执行 ALTER 语句更新数据库对象之前、之后触发
DDL	BEFORE,AFTER	在执行大多数 DDL 语句之前、之后触发
GRANT	BEFORE,AFTER	执行 GRANT 语句授予权限之前、之后触发
REVOKE	BEFORE,AFTER	执行 REVOKE 语句收回权限之前、之后触发
RENAME	BEFORE,AFTER	执行 RENAME 语句更改数据库对象名称之前、之后触发
AUDIT/NOAUDIT	BEFORE,AFTER	执行 AUDIT 或 NOAUDIT 进行审计或停止审计之前、之后触发

这 5 类系统事件触发时,各事件包含的属性如表 9-2 所示。

表 9-2 系统事件包含的属性表

	STARTUP/SHUTDOWN	SERVERERROR	LOGON/LOGOFF	DDL	DML
事件名称	包含	包含	包含	包含	包含
数据库名称	包含				
数据库实例号	包含				
错误号		包含			
用户名			包含	包含	
方案对象类型				包含	包含
方案对象名称				包含	包含
列					包含

在表 9-2 所列的属性中,除 DML 语句的列属性外,其余事件属性值可以通过调用 Oracle 定义好的事件属性函数来读取,具体如表 9-3 所示。

表 9-3　Oracle 事件属性函数

函数名称	数据类型	说　明
Ora_sysevent	VARCHAR2(20)	激活触发器的事件名称
Instance_num	NUMBER	数据库实例名
Ora_database_name	VARCHAR2(50)	数据库名称
Server_error(posi)	NUMBER	错误信息栈中 posi 指定位置中的错误号
Is_servererror(err_number)	BOOLEAN	检查 err_number 指定的错误号是否在错误信息栈中,如果在则返回 TRUE,否则返回 FALSE。在触发器内调用此函数可以判断是否发生指定的错误
Login_user	VARCHAR2(30)	登录或注销的用户名称
Dictionary_obj_type	VARCHAR2(20)	DDL 语句所操作的数据库对象类型
Dictionary_obj_name	VARCHAR2(30)	DDL 语句所操作的数据库对象名称
Dictionary_obj_owner	VARCHAR2(30)	DDL 语句所操作的数据库对象所有者名称
Des_encrypted_password	VARCHAR2(2)	正在创建或修改的经过 DES 算法加密的用户口令

9.2.4　禁用或启用触发器

Oracle 数据库的触发器有两种状态,即有效状态和无效状态。

(1) 有效状态(ENABLE)。当触发事件发生时,处于有效状态的数据库触发器将被触发。

(2) 无效状态(DISABLE)。当触发事件发生时,处于无效状态的数据库触发器将不会被触发,此时就跟没有这个数据库触发器一样。

可以通过禁用或启用触发器来实现这两种状态的转换,语法格式为:

```
ALTER TIGGER trigger_name [DISABLE | ENABLE]
```

如禁用"登出"系统触发器 user_logoff,代码如例 9-26 所示。

例 9-26　禁用 user_logoff 系统触发器

```
SQL>alter trigger user_logoff disable;
```

触发器已更改

ALTER TRIGGER 语句一次只能改变一个触发器的状态,而 ALTER TABLE 语句则一次能够改变与指定表相关的所有触发器的使用状态,语法格式为:

```
ALTER TABLE [schema.]table_name {ENABLE|DISABLE} ALL TRIGGERS
```

例如,要禁用 HR 方案下与 card 表相关的所有触发器,代码如例 9-27 所示。

例 9-27　禁用与 card 表相关的触发器

257

第9章

存储过程、触发器和包

```
SQL>alter table hr.card disable all triggers;
```

表已更改。

9.2.5 重新编译触发器

如果在触发器内调用了其他函数或存储过程,当这些函数或存储过程被删除或修改后,该触发器的状态将被标识为无效。在激活一个无效触发器时,Oracle 将会重新编译触发器代码,如果编译时发现错误,这将导致触发器执行失败。

在 PL/SQL 程序中可以调用 ALTER TRIGGER 语句来重新编译已经创建的触发器,语法格式为:

```
ALTER TRIGGER [schema.] trigger_name COMPILE [DEBUG]
```

例 9-28 重新编译 user_logoff 系统触发器

```
SQL>alter trigger user_logoff compile;
```

触发器已更改

9.2.6 删除触发器

删除触发器的命令比较简单,语法如下所示。

```
DROP TRIGGER trigger_name;
```

如果要删除其他用户方案中的触发器,需要当前用户具有 DROP ANY TRIGGER 的系统权限,当删除建立在数据库上的触发器时,需要当前用户具有 ADMINISTER DATABASE TRIGGER 系统权限。

此外,当删除表或视图时,建立在这些对象上的触发器也随之删除。

9.2.7 使用触发器的注意事项

通过前面的学习,读者应该能够掌握触发器的基本编写方法,但是在编写和使用触发器时,还需要注意以下几点。

(1)触发器不接受参数的输入和输出。

(2)在一个表上的触发器越多,对在该表上的 DML 操作的性能影响就越大。一个表上最多可有 12 个触发器,但同一时间、同一事件、同一类型的触发器只能有一个,各触发器之间不能有矛盾。

(3)触发器内容最大为 32KB。如果内容大于 32KB,可以先建立存储过程,然后在触发器中用 CALL 语句进行调用。

(4)触发器体内的 SELECT 语句只能为 SELECT…INTO…结构,或者为定义游标所使用的 SELECT 语句。触发器中不能使用数据库事务控制语句 COMMIT、ROLLBACK、SVAEPOINT。

(5)由触发器所调用的存储过程或函数也不能使用数据库事务控制语句。

（6）触发器中不能使用 LONG、LONG RAW 类型的数据。

（7）触发器内可以参照 LOB 类型列的列值，但不能通过"：NEW"修改 LOB 类型列中的数据。

（8）在触发器的执行部分只能用 DML 语句（SELECT、INSERT、UPDATE、DELETE），不能使用 DDL 语句（CREATE、ALTER、DROP）。

（9）当编译 Oracle 的存储过程、函数以及触发器发生错误时，默认情况下是不显示具体错误信息的，读者可以采用如下方法显示具体的错误提示。

```
SQL>show err
```

9.3 PL/SQL 包

包就是一个把各种逻辑相关的类型、常量、变量、异常和子程序组合在一起的对象。包通常由两个部分组成：包说明和包体。但有时包体是不需要的。包说明（简写为 spec）是应用程序接口，它声明了可用的类型、变量、常量、异常、游标和子程序，包体部分完全定义游标和子程序，并对包说明中的内容加以实现。可以认为包说明部分是一个接口，而包体是一个"黑盒"，可以调试、增强或替换一个包体而不用改变接口（包说明）。

9.3.1 PL/SQL 包的优点

PL/SQL 包有很多优点，如模块化的结构、方便应用程序设计、信息隐藏、附加功能和良好的性能等，下面分别说明。

1. 模块化的结构

包能让用户把逻辑相关的类型、常量、变量、异常和子程序等放到一个命名的 PL/SQL 模块中。每一个包都容易理解，包与包之间接口简单、清晰，这将有助于程序开发。

2. 轻松的程序设计

设计应用程序时，首先要确定的是包说明中的接口信息。可以在没有包体的条件下编写并编译说明部分，然后引用该包的存储子程序也会被编译。在完成整个应用程序之前，是不需要完全实现包体部分的。

3. 信息隐藏

有了包，就可以指定包里的类型、常量、变量、异常和子程序等是公有或私有的。公有的是可见和可访问的，私有的是隐藏和不可访问的。例如，如果一个包里包含 4 个子程序，其中三个是公有的，另一个是私有的。包就会隐藏私有子程序的实现，这样，如果实现内容发生改变，受到影响的只有包本身，而不是应用程序。同样，对用户隐藏实现细节也能保证包的完整性。

4. 附加功能

打包公有变量和游标在一个会话期会一直存在。所以，它们可以被当前环境下的所有子程序共享。并且它们允许跨事务来维护数据而不用把它保存在数据库中。

5. 良好的性能

当首次调用打包子程序时，整个包就会被加载到内存中。所以，以后调用包中的相关子程序时，就不需要再次读取磁盘了。包能阻塞级联依赖，这样就能避免不必要的编译。例如，如果改变打包函数的实现，Oracle 不需要重新编译调用子程序，因为它们并不依赖于包体。

9.3.2　创建程序包

可以使用 CREATE PACKAGE 语句来创建一个包，语法如下。

```
CREATE [OR REPLACE] PACKAGE package_name
   [AUTHID {CURRENT_USER|DEFINER}]
   {IS|AS}
   [PRAGMA SERIALLY_REUSABLE;]
   [collection_type_definition …]
   [record_type_definition …]
   [subtype_definition …]
   [collection_declaration …]
   [constant_declaration …]
   [exception_declaration …]
   [object_declaration …]
   [record_declaration …]
   [variable_declaration …]
   [cursor_spec …]
   [function_spec …]
   [procedure_spec …]
   [call_spec …]
   [PRAGMA RESTRICT_REFERENCES(assertions) …]
END [package_name];

[CREATE [OR REPLACE] PACKAGE BODY package_name {IS|AS}
   [PRAGMA SERIALLY_REUSABLE;]
   [collection_type_definition …]
   [record_type_definition …]
   [subtype_definition …]
   [collection_declaration …]
   [constant_declaration …]
   [exception_declaration …]
   [object_declaration …]
   [record_declaration …]
   [variable_declaration …]
   [cursor_body …]
   [function_spec …]
   [procedure_spec …]
   [call_spec …]
[BEGIN
   sequence_of_statements]
END [package_name];]
```

在包说明部分声明的内容都是公有的,对应用程序是可见的。必须在所有的其他内容声明之后才可以声明子程序。包体中的内容有私有的,它实现了说明部分定义的细节内容,并且对应用程序是不可见的。紧跟着包体声明部分的是一个可选的初始化部分,它用于初始化包中的变量等。

例 9-29 中,创建了一个程序包的说明部分,该包将例 9-1 和例 9-2 创建的存储过程和例 9-8 创建的函数打包,即将 price10、del_books、count_Sales 放在程序包 hr_pack 中。

例 9-29　创建 hr_pack 包的说明部分

```
SQL>CREATE OR REPLACE
  2  PACKAGE hr_pack
  3  AS
  4   / * TODO 在此输入程序包声明 (类型，异常错误，方法等) * /
  5  PROCEDURE PRICE10;
  6  PROCEDURE DEL_BOOKS
  7  (
  8    book_id IN VARCHAR2);
  9  FUNCTION COUNT_SALES
 10  (
 11    book_id IN VARCHAR2)
 12    RETURN NUMBER;
 13  END hr_pack;
 14  /
```

程序包已创建。

随后创建上述包的包体部分,如例 9-30 所示。

例 9-30　创建 hr_pack 包的包体

```
SQL>CREATE OR REPLACE
  2  PACKAGE BODY hr_pack
  3  AS
  4  PROCEDURE PRICE10
  5  AS
  6  BEGIN
  7  / * TODO 需要实施 * /
  8  update books set price=price * 1.1;
  9  END PRICE10;
 10  PROCEDURE DEL_BOOKS
 11  (
 12   book_id IN VARCHAR2)
 13  AS
 14   / * TODO 需要实施 * /
 15   no_result EXCEPTION;
 16  BEGIN
 17    DELETE books WHERE  bid=book_id;
```

存储过程、触发器和包

```
18    IF SQL%NOTFOUND THEN
19      RAISE no_result;
20    END IF;
21      DBMS_OUTPUT.PUT_LINE('编号为'||book_id||'的图书已被删除!');
22  EXCEPTION
23  WHEN no_result THEN
24      DBMS_OUTPUT.PUT_LINE('温馨提示：要删除的数据没有找到!');
25  WHEN OTHERS THEN
26      DBMS_OUTPUT.PUT_LINE(SQLCODE||'========='||SQLERRM);
27  END DEL_BOOKS;
28  FUNCTION COUNT_SALES
29    (
30      book_id IN VARCHAR2)
31    RETURN NUMBER
32  AS
33    /* TODO 需要实施 */
34    v_sum NUMBER;
35  BEGIN
36      select sum(scount) into v_sum from Sales where bid=book_id;
37    IF v_sum > 0 THEN
38      DBMS_OUTPUT.PUT_LINE('图书编号'||book_id||'目前销售了'||v_sum||'本书!');
39    ELSE
40      DBMS_OUTPUT.PUT_LINE('图书编号'||book_id||'目前没有销售记录!');
41    END IF;
42      RETURN v_sum;
43  END COUNT_SALES;
44  END hr_pack;
45  /
```

程序包体已创建。

9.3.3　包的使用

包创建完成后，只有在包说明部分的声明内容才是应用程序可见、可访问的，包体的详细实现是不可见、不可访问的。所以，可以在不重新编译调用程序的前提下修改包体（实现）。

在应用程序中，如果要引用包内声明的类型、常量、变量、异常和子程序等，必须使用点标识，语法格式如下所示。

```
package_name.type_name
package_name.item_name
package_name.subprogram_name
package_name.call_spec_name
```

可以在数据库触发器、存储子程序、3GL（第三代程序语言）应用程序和各种 Oracle 工具中引用包中的内容。例如,可以从 SQL * PLUS 中调用包里面的存储过程和函数,如例 9-31 所示。

例 9-31 使用程序包

```
//调用增加图书价格的存储过程
SQL>set serveroutput on
SQL>exec hr_pack.price10;

PL/SQL 过程已成功完成。

//调用删除图书的信息存储过程
SQL>exec hr_pack.del_books('1234');
温馨提示:要删除的数据没有找到!

PL/SQL 过程已成功完成。

//统计某个借书卡所借图书的数量
SQL>select hr_pack.count_sales('5001001') from dual;

HR_PACK.COUNT_SALES('5001001')
------------------------------------------------------
                      2

图书编号 5001001 目前销售了 2 本书!
```

在例 9-31 所示的代码中给出了三个调用程序包的过程,分别实现了增加图书价格、删除图书信息以及统计图书销售信息等功能,这些功能在本章前面小节中作为单独的存储过程或函数都已经使用过了,在此处将它们统一到一个包中,可以看到调用形式更为统一,封装效果更好。

9.3.4　系统包一览

Oracle 和各种 Oracle 工具都提供了系统包来帮助用户建立基于 PL/SQL 的应用程序。下面介绍一下 Oracle 提供的常用程序包。

1. DBMS_ALERT 包

DBMS_ALERT 包能让数据库触发器在特定的数据库值发生变化时向应用程序发送报警。报警是基于事务的并且是异步的(也就是它们的操作与定时机制无关)。

2. DBMS_OUTPUT 包

DBMS_OUTPUT 包能让用户显示来自 PL/SQL 块和子程序中的输出内容,这样就会很容易地进行测试和调试。过程 put_line 能把信息输出到 SGA 的一个缓存中。可以通过调用过程 get_line 或在 SQL * PLUS 中设置 SERVEROUTPUT ON 就能显示这些信息。

3. DBMS_PIPE 包

DBMS_PIPE 包允许不同的会话通过命名管道来进行通信(管道就是一块内存区域,进程使用这个区域把消息传递给另外一个进程)。可以使用过程 pack_message 和 send_ message 把消息封装到一个管道,然后把消息发送到同一个实例中的另一个会话中。

管道的另一个终端,可以使用过程 recieve_message 和 unpack_message 来接受并打开要读取的消息。命名管道在很多地方都很有用。例如,可以用 C 语言编写一个收集信息的程序,然后把信息通过管道传递给存储过程。

4. UTL_FILE 包

UTL_FILE 包能让 PL/SQL 程序读写操作系统(OS)文本文件。它提供了标准的 OS 流文件 I/O,包括 open、put、get 和 close 操作。

当想要读写文件的时候,可以调用函数 open,它能返回一个在后续过程调用中使用到的文件句柄。例如,过程 put_line 能向打开的文件中写入文本字符串,并在后边添加一个换行符,过程 get_line 能从打开的文件读取一行内容放到一个输出缓存中。

5. UTL_HTTP 包

UTL_HTTP 包可以让 PL/SQL 程序使用超文本传输协议(HTTP)进行通信。它可以从互联网接收数据或调用 Oracle Web 服务器的 cartridge。这个包有两个入口点,每一个都接受一个 URL(统一资源定位器)字符串,然后连接到一个指定的网站并返回所请求的数据,这些数据通常是超文本标记语言 HTML 格式。

9.4 小 结

本章延续第 6 章的内容,学习了 PL/SQL 程序方案对象,主要学习了存储过程、函数、触发器、程序包的创建及使用。首先学习了存储过程和函数,这两者十分相似,主要区别是函数必须要有返回值。然后学习了触发器,触发器是没有输入参数的程序段,主要学习了 DML 触发器、替代触发器及系统事件触发器。最后,学习了程序包的知识,并给出了将存储过程和函数写入到一个包内的实例。

通过本章的学习,读者应该掌握存储过程、函数、触发器以及包的创建和使用,并能够在适当的地方应用这些方案对象。

第 10 章　　　　　事 务 处 理

在数据库系统中,如果是面向单一用户的,则无须考虑数据的并行性和一致性;然而在多用户的数据库系统中,则需要考虑如何保证数据的一致性。本章主要从确保数据的并行性和一致性的角度讨论事务和锁。

10.1　事　　务

事务(Transaction)是用户定义的一个数据库操作序列,是一个不可分割的整体。这些操作要么全做,要么全不做。事务是对数据库进行操作的最基本的逻辑单位,它可以是一组SQL 语句、一条 SQL 语句或者整个程序。一般而言,一个应用程序包含多个事务。事务是并发控制和数据恢复的基本单位。下面看一个经典的事务实例。

现有两个账户 A 和 B,要从 A 账户转账 10 000 元到 B 账户。假设这个转账操作是在ATM 机上由用户自助完成。那么 ATM 机的转账操作步骤如下。

(1) 从 A 账户中减少 10 000 元;

(2) 向 B 账户中增加 10 000 元。

上述两个步骤必须都成功执行才能正确完成转账操作;如果两个步骤中任何一个出现问题,则表示 ATM 机没有正确完成这次转账行为,例如,(1)步骤正常执行,而在(2)步骤进行中发生了不可预期的问题,导致了 B 账户中没有增加 10 000 元。那么会发生 A 账户的钱减少了,而 B 账户钱并没有增加的问题,这说明转账发生错误。

为了避免这样的错误,此时将 ATM 机的这两个执行步骤看成是一个不可分割行为,它要么执行成功,要么不执行(回滚所有更改的数据),ATM 机的两个操作在逻辑上就可以看做一个事务。

在 Oracle 中,用户不能显式地开始一个事务(这与许多数据库不同),一般在上一个事务结束(被提交或者回滚)后,新事务会隐式地在修改数据的第一条语句处开始。然而,Oracle 中可以显式地结束事务,当然也可以隐式地结束事务。

10.1.1　事务的特性

事务具有 4 个重要特性,按照每个特性的英文单词的首字母组合,简称为 ACID 特性。

1. 原子性

原子性(Atomicity)是指事务是一个不可分割的工作单位,事务中的操作事务要么执行成功,要么什么也不执行。如果事务执行了一部分而系统崩溃或发生异常,则 Oracle 将回滚所有更改的数据,此时 Oracle 使用还原段管理更改数据的原始值用户事务回滚。

例如，上例中如果发生了 A 账户中已经减掉了 10 000 元，而在 B 账户中增加 10 000 元未成功的情况，则需要取消对 A 账户的操作，即对 A 账户增加 10 000 元，恢复操作前的状态。

事务的原子性可以分为语句级、过程级和事务级三个级别。

（1）语句级原子性

语句级原子性是指每条语句本身是最小级别的事务，该语句要么完全执行，要么完全不执行，并且它不会影响其他语句的执行。Oracle 中在每条被执行的语句前都隐式地设置了保存点（SavePoint）。例如：

```
insert into table1 values(1);
```

该语句实际上可以理解为：

```
SAVEPOINT statement1;
insert into table1 values(1);
if ERROR then ROLLBACK to statement1;
```

（2）过程级原子性

过程级原子性是指 Oracle 把 PL/SQL 匿名过程块也当作一个整体，过程中的所有代码要么都执行成功，要么都执行失败，并且不影响过程外的其他语句。Oracle 中在每个匿名块的外边都隐式地设置了保存点，当执行不成功时返回保存点。

（3）事务级原子性

事务级原子性是指 Oracle 把整个事务中的所有语句和匿名块都当作一个整体、一个事务。事务中的语句要么全部执行，要么都不执行。

2．一致性

一致性（Consistency）指事务必须保持数据库保持在一致状态，如在 SCOTT 用户的 DEPT 表中删除一条部门的记录，但是 EMP 表中存在属于待删除部门的雇员信息，那就拒绝这样的操作执行，即保证数据库中的数据保持在一致状态。

3．隔离性

隔离性（Isolation）使得多个用户隔离执行实现数据库的并发访问。这种隔离性要求一个事务修改的数据在未提交前，其他事务看不到它所做的更改。Oracle 使用并发控制机制实现事务的隔离性。

4．持久性

持久性（Durability）保证提交的事务永久地保存在数据库中，在 Oracle 数据库中提交的数据并不是立即写入数据文件，而是先保存在数据库高速缓存中。为了防止实例崩溃，Oracle 使用日志优先的方法，首先将提交的数据更改写入重做日志文件，即使实例崩溃也可以在实例恢复时，保证事务的持久性。

10.1.2　事务控制

事务控制使得用户可以控制事务的行为，事务控制有显式和隐式之分，显式控制是指用户使用显式控制指令控制事务，隐式控制是指在某些特定条件下如 DDL 语句发生时、程序正常退出时对事务的行为控制。

1. 使用 COMMIT 的显式事务控制

当用户修改数据时，如果想显式地提交更改结果，此时可以使用 COMMIT 语句提交更改，因为用户直接使用 COMMIT 指令使得事务提交数据，所以称为显式控制。在用户更改数据时，如果没有提交数据则其他用户看不到该事务所做的数据更改，只有用户提交了更改（无论显式还是隐式的），其他用户才可以看到数据变化。如例 10-1 所示，首先查看 SCOTT 用户的表 DEPT 的内容（需要以 SCOTT 用户身份登录）。

例 10-1 查看表 DEPT 的内容

```
SQL>select *
  2 from dept;

    DEPTNO    DNAME          LOC
 ----------  -----------   -----------------------------------------------
       10     ACCOUNTING     NEW YORK
       20     RESEARCH       DALLAS
       30     SALES          CHICAGO
       40     OPERATIONS     BOSTON
```

从输出可以看到表 DEPT 中有 4 条记录，下面执行一个事务，该事务的作用是从表 DEPT 中删除 DEPTNO 为 40 的记录。

例 10-2 删除表 DEPT 中的一条记录

```
SQL>delete from dept
  2 where deptno=40;

已删除 1 行。
```

此时，提示已经删除了 DEPTNO＝40 的记录，但是此时无论显式和隐式都没有提交数据更改，所以其他用户不应该看到更改后的数据，即其他用户仍然会看到 DEPTNO＝40 的记录，如例 10-3 所示。

例 10-3 用 SYSTEM 用户登录数据库并查看表 DEPT 的数据。

```
SQL>conn system/oracle@orcl
已连接。
SQL>select *
  2 from scott.dept;

    DEPTNO    DNAME          LOC
 ----------  -----------   -----------------------------------------------
       10     ACCOUNTING     NEW YORK
       20     RESEARCH       DALLAS
       30     SALES          CHICAGO
       40     OPERATIONS     BOSTON
```

正如预料的，SYSTEM 用户可以看到 DEPTNO＝40 的记录，这也是 Oracle 实现事务隔离性的体现。下面在例 10-2 执行步骤之后显式提交更改，如例 10-4 所示。

例 10-4 显式提交例 10-2 的更改

```
SQL>commit;
```

提交完成。

此时提交完成,提交后更改的数据可能并没有写入数据文件,但是由于重做日志的保护,不影响事务的持久性。再检验其他用户是否可以看到提交后的数据,即用户应该无法看到 DEPTNO=40 的记录,如例 10-5 所示。

例 10-5 用 SYSTEM 用户的登录数据库并查看例 10-2 提交后的结果。

```
SQL>conn system/oracle@orcl
已连接。
SQL>select *
  2  from scott.dept;

    DEPTNO  DNAME          LOC
---------- ------------- --------------------------------
        10  ACCOUNTING     NEW YORK
        20  RESEARCH       DALLAS
        30  SALES          CHICAGO
```

在用户提交了数据更改后,用 SYSTEM 用户登录数据库,此时可以看到由于事务提交了数据更改,所以其他用户看到的是更改后的数据,即 DEPTNO=40 的记录成功删除了。

用户通过显式的 COMMIT 来提交一个事务,完成事务的持久性,那么显式 COMMIT 提交前后 Oracle 到底做了哪些工作呢?

在用户显式 COMMIT 提交前,Oracle 数据库内部发生如下行为。

(1) 在非系统还原段中生成要更改的数据的备份。

(2) 在重做日志缓冲区创建重做日志选项。

(3) 在数据库高速缓冲区修改数据(删除或更新)。

在用户显式 COMMIT 提交后,Oracle 数据库内部发生如下行为。

(1) 在重做记录的事务表中标记上已提交事务的 SCN,说明该事务已经提交了。

(2) LGWR 将事务的重做日志信息和已提交事务的 SCN 号写入重做日志文件。此时,认为提交完成了。

(3) 释放 Oracle 持有的对更改的数据对象的锁,标记事务完成。

2. 使用 ROLLBACK 实现事务控制

ROLLBACK 回滚所有没有提交的数据更改,Oracle 使用还原段实现回滚功能。由于用户直接使用 ROLLBACK 回滚数据,所以称此为显式的事务控制——事务回滚。还是通过例子说明。下面的操作都是在 SCOTT 用户模式下实现。向表 DEPT 中插入一行记录,如例 10-6 所示。

例 10-6 向表 DEPT 中插入一行记录

```
SQL>insert into scott.dept
  2  values(40,'OPERATIONS','BOSTON');
```

已创建 1 行。

此时显示已经成功插入一行记录,其实就是在例 10-2 中删除的那行记录。下面的查询直接在例 10-6 执行后运行。

例 10-7　查询插入记录后表 DEPT 中的数据

```
SQL>select *
  2  from scott.dept;
```

```
    DEPTNO DNAME          LOC
---------- -------------- ----------------------------------------
        40 OPERATIONS     BOSTON
        10 ACCOUNTING     NEW YORK
        20 RESEARCH       DALLAS
        30 SALES          CHICAGO
```

可以看到,查询结果说明已经向表中插入了数据,该行记录显示在第一行。如果此时用户要撤销刚才的插入操作,则可以直接输入 ROLLBACK 指令结束刚才插入记录的事务。

例 10-8　回滚例 10-6 中的插入数据记录事务

```
SQL>rollback;
```

回退已完成。

提示回退完成,此时 Oracle 使用重做表空间中的重做记录来恢复数据。查看回滚事务的结果,如例 10-9 所示。

例 10-9　查询表 DEPT 在事务回滚后的数据

```
SQL>select *
  2  from scott.dept;
```

```
    DEPTNO DNAME          LOC
---------- -------------- ----------------------------------------
        10 ACCOUNTING     NEW YORK
        20 RESEARCH       DALLAS
        30 SALES          CHICAGO
```

从输出可以看出,没发现 DEPTNO=40 的那行记录,说明事务回滚成功。

3. 程序异常退出对事务的影响

在事务执行过程中,程序会发生异常如实例崩溃等,此时事务结束并回滚所有的数据更改。使用 SQL＊PLUS 的工具登录数据库并执行一个事务,然后不是正常退出而是关闭 DOS 窗口模拟程序异常,看事务如何处理。如例 10-10 所示打开 SQL＊PLUS 并登录数据库。

例 10-10　打开 SQL＊PLUS 并登录数据库到 SCOTT 模式

```
C:\Documents and Settings\Administrator>sqlplus /nolog
```

```
SQL * PLUS:   Release 11.1.0.6.0 - Production on 星期一 8 月 10 16：41：18 2009

Copyright (c) 1982, 2005, Oracle.   All rights reserved.

SQL>conn scott/oracle@orcl
已连接。
SQL>
```

此时，执行一个事务，在表 DEPT 中增加一条记录，如例 10-11 所示。

例 10-11　向表 DEPT 添加一条记录

```
SQL>insert into dept
  2   values(50,'MARKETING','BOSTON');

已创建 1 行。
```

此时成功向表 DEPT 中添加一条记录，然后不提交更改，而是关闭 DOS 窗口，即关闭如图 10-1 所示的窗口。

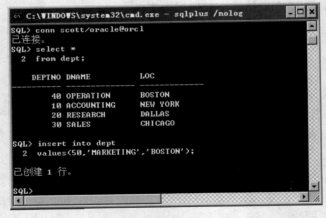

图 10-1　向表 DEPT 中插入一行记录

然后重新登录数据库到 SCOTT 模式，再查询表 DEPT 中的数据，看是否成功添加了一条记录，该记录的 DEPTNO=50，如例 10-12 所示。

例 10-12　查询程序异常退出后插入操作的事务是否成功

```
SQL>select *
  2   from dept;

   DEPTNO    DNAME          LOC
---------- ------------- -----------------------------------
       40   OPERATION      BOSTON
       10   ACCOUNTING     NEW YORK
       20   RESEARCH       DALLAS
       30   SALES          CHICAGO
```

例 10-12 的查询结果表明,没有将 DEPTNO 为 50 的记录写入 dept 表中。

再重新向表 DEPT 插入一条记录,和图 10-1 中插入的记录一样,不过这次使用指令 EXIT 正常退出 SQL＊PLUS,然后再登录数据库查看是否成功插入数据,即事务是否隐式提交,如例 10-13 所示。

例 10-13 向表 DEPT 插入一条数据并正常退出程序

```
SQL>insert into dept
  2  values (50,'MARKETING','BOSTON');

已创建 1 行。


SQL>exit
从 Oracle Database 10g Enterprise Edition Release 10.2.0.1.0 –Production
With the Partitioning, OLAP and Data Mining options 断开


C:\Documents and Settings\Administrator>
```

然后,再使用 SCOTT 用户登录数据库,查询表 DEPT 的内容看事务是否成功提交,如例 10-14 所示。

例 10-14 程序正常退出后查询事务是否成功执行

```
SQL>conn scott/oracle@orcl
已连接。
SQL>select *
  2  from dept;


    DEPTNO  DNAME          LOC
---------- ------------- --------------------------------
        40  OPERATION      BOSTON
        50  MARKETING      BOSTON
        10  ACCOUNTING     NEW YORK
        20  RESEARCH       DALLAS
        30  SALES          CHICAGO
```

此时,表 DEPT 的记录中多了第二行记录,即 DEPTNO＝50 的记录,该记录是在例 9-13 中插入的,因为正常退出程序所以 Oracle 隐式提交了数据更改。

4. 使用 AUTOCOMMIT 实现事务的自动提交

Oracle 提供了一种自动提交 DML 操作的方式,这样一旦用户执行了 DML 操作如 UPDATE、DELETE 等,数据就自动提交。

例 10-15 设置数据库服务器的 AUTOCOMMIT 模式

```
SQL>conn system/oracle@orcl
已连接。
SQL>set autocommit on;
```

在执行 set autocommit on 指令后,不会有任何提示,不过当执行如 DELETE 操作时,

271

第 10 章

事务处理

数据更改会自动提交。

例 10-16 在自动提交模式下执行事务

```
SQL>delete from scott.dept
  2  where deptno=50;
```

已删除 1 行。

提交完成。

删除 SCOTT 用户 DEPT 表中 DEPTNO＝50 的记录，此时，没有使用显式提交，也没有任何隐式提交的事件发生，处于自动提交模式，所以事务自动提交，提示提交完成，这与例 10-2 不同。

如果不需要自动提交，可以关闭自动提交，Oracle 默认是非自动提交。

例 10-17 关闭自动提交

```
SQL>set autocommit off;
SQL>delete from scott.dept
  2  where deptno=40;
```

已删除 1 行。

此时，没有提示"提交完成"，说明成功关闭了自动提交。为了方便于以后的数据操作，使用 ROLLBACK 回滚事务。

例 10-18 回滚事务。

```
SQL>rollback;
```

回退已完成。

谨慎起见，再查询表 DEPT 中的数据，看 DEPTNO＝ 40 的记录是否存在。

例 10-19 查询事务回滚后表 DETP 中的数据。

```
SQL>select *
  2  from scott.dept;

    DEPTNO  DNAME        LOC
---------- ------------ -----------------
        40  OPERATION    BOSTON
        10  ACCOUNTING   NEW YORK
        20  RESEARCH     DALLAS
        30  SALES        CHICAGO
```

可以看到表 DEPT 中在例 10-17 中删除的记录（DEPTNO＝40）由于事务回滚，依然存在。

10.2 小　　结

　　本章主要介绍了事务的概念,事务是一个逻辑工作单元,由一条或多条 SQL 语句组成,事务作用于 Oracle 对象上,如查询表、建立表空间等。由于早期的数据库都是 OLTP 系统,所以对事务有很好的支持。事务的 4 个特性(ACID)即:原子性、一致性、隔离性和持久性,需要读者认真理解体会,尤其是理解 Oracle 是如何实现其事务的这 4 个特性的。

　　事务控制使得用户可以更加自由地控制事务的行为,Oracle 模式处于非自动提交模式,即用户事务中执行了 DML 操作后并不是提交该数据,而是需要用户显式或隐式地提交数据更改。在没有提交数据更改时,ROLLBACK 指令可以使事务回滚。另外,在 Oracle 程序非正常退出或实例崩溃时,事务会自动回滚,如果程序正常退出时,事务隐式提交。

第 11 章　　　　　备份与恢复

数据是有价值的资产,DBA 最重要的职责就是确保数据库不丢失数据,为了支持这个重要的数据需求,Oracle 11g 提供了大量的功能来保护数据,能够对数据进行备份以防止故障情况的出现。本章将介绍有关备份与恢复的内容,这是对于 Oracle 的 DBA 和用户都非常重要的概念。

11.1　Oracle 备份与恢复的基本概念

从计算机系统发明以来,就有了备份这个概念,计算机以其强大的速度和处理能力,取代了很多人为的工作,但是,往往很多时候,它又是那么弱不禁风,主板上的芯片、主板电路、内存、电源等不能正常工作,都会导致计算机系统不能正常工作。当然,这些损坏可以修复,不会导致应用和数据的损坏。但是,如果计算机的硬盘损坏,将会导致数据丢失,此时必须用备份恢复数据。

其实,在现实世界中,就已经存在很多备份策略,如 RAID 技术、双机热备、集群技术发展的就是为了计算机系统的备份和高可用性。有很多时候,系统备份的确能解决数据库备份的问题,如磁盘介质的损坏,往往从镜像上做简单的恢复,或简单的切换机器就可以了。

但是,这种系统备份策略是从硬件的角度来考虑备份与恢复的问题,这是需要代价的。所能选择备份策略的依据是:丢失数据的代价与确保数据不丢失的代价之比。还有的时候,硬件的备份有时根本满足不了现实需要,假如误删了一个表,又想恢复的时候,数据库的备份就变得重要了。

所谓数据库备份,就是把数据库复制到转储设备(用于放置数据库拷贝的磁带或磁盘)的过程。

当发生故障(硬件故障、软件故障、网络故障、进程故障和系统故障)后,希望能重构这个完整的数据库,这个处理过程称为数据库恢复。恢复过程大致可以分为复原(Restore)与恢复(Recover)过程。

能够进行什么样的恢复依赖于有什么样的备份,可以从以下三个方面维护数据库的可恢复性。

(1) 使数据库的失效次数减到最少,从而使数据库保持最大的可用性。

(2) 当数据库不可避免地失效后,要使恢复时间减到最少,从而使恢复的效率达到最高。

(3) 当数据库失效后,要确保尽量少的数据丢失或根本不丢失,从而使数据具有最大的可恢复性。

11.2　数据库的恢复类型

Oracle 数据库的存储空间是用表空间来表示的,表空间只是一个逻辑概念,而物理上每个表空间是由磁盘文件组成的,这些文件叫做数据文件,每个表空间可以由一个到多个数据文件组成,每个数据文件被划分为若干个最小的存储单位——数据块。

Oracle 在运行过程中,所有对于数据的修改都是在内存中进行的,Oracle 每要修改一个记录必须先把记录所在的数据块加载到内存中,然后在内存中进行修改。但是提交(commit)时,修改的数据块不会立即写回磁盘。基于性能考虑,Oracle 采用"延时写"的算法定期批量地把数据块写回磁盘。因此在数据库运行过程中,内存的内容总是比磁盘数据新。当数据库正常关闭时,Oracle 会把 SGA 内容全部写回磁盘后才关闭数据库,这时内存和磁盘就完全同步了。所以正常关闭数据库后数据不会丢失,但是如果数据库是异常关闭的,内存中的数据来不及同步到磁盘,这时就会产生数据不一致,Oracle 再次打开数据库时,就需要进行实例恢复。

Oracle 的 Redo 机制保证了数据库恢复的可行性,在修改数据之前,代表本次修改操作的 Redo 记录必须先被保存下来(Write Ahead Logging),然后才真正修改数据记录。在处理 commit 语句时,Oracle 会在 Log buffer 产生一条 commit 记录,为了保证事务的持久化,所有 Redo 记录和这一条 commit 记录都要被写到磁盘的联机日志文件中,但是数据块不必写回磁盘。如果联机日志空间不够,还会触发日志切换(Log Switch),旧日志的检查点必须完成才能被覆盖,如果采用归档模式,这个日志还必须完成归档才能覆盖。这些日志中都会带有 SCN(SCN 类似于时间戳),Oracle 按照 SCN 对日志内容进行排序,就可以得到操作历史,Oracle 也是根据 SCN 来判断数据文件是否需要恢复的。

Oracle 恢复可以分成实例恢复(Instance Recovery)与介质恢复(Media Recovery),其中介质恢复又可分为完全恢复(Complete Recovery)与不完全恢复(Incomplete Recovery)。下面分别介绍这些内容。

(1) 实例恢复。由 Oracle 自动完成,无须 DBA 干预。如果实例异常关闭,并且数据文件、控制文件以及联机日志都没有丢失。当 Oracle 下次启动时,就会利用联机日志的内容自动进行恢复。

(2) 介质恢复。如果发生数据文件丢失或者破坏,就需要使用备份与归档日志来进行恢复,这种恢复就是介质恢复,它需要有备份、归档日志与联机日志一起才能完成,又分为完全恢复与不完全恢复两种。

① 完全恢复:是把数据库恢复到发生故障时的状态,这里的"完全"指没有数据损失,要实现这个目标,必须满足备份之后的所有归档日志与联机日志都可用。完全恢复是最简单的一种恢复,只需要两个命令:restore database 与 recover database 即可。

② 不完全恢复:是数据库无法恢复到发生故障那一点的状态,而只能恢复到之前一段时间的状态,这表示有一定量的数据损失。

第
11
章

备份与恢复

11.3 备份的体系结构

在第 3 章中学习了 Oracle 的体系结构，本节简要回顾一下与 Oracle 备份和恢复关系密切的那些结构。

1. Oracle 二进制文件

Oracle 二进制文件是组成 Oracle 软件和执行 Oracle 数据库逻辑的程序。尽管当 Oracle 数据库发生了故障，无法运行时，可以通过重新安装的方式重新安装这些软件和逻辑程序，但是基于以下原因还是需要在安装完成后，对这些二进制文件进行备份。

（1）安装软件比还原文件要慢。

（2）安装 CD 或者含有下载安装软件的网站不可用。

（3）没有记住在一台特定服务器上安装的补丁等级。

因此，在每个版本和产品补丁安装完成后，需要备份这些二进制文件。

2. 参数文件

Oracle 的参数文件（init.ora 以及 spfile）中含有一系列的指示，一旦一个实例启动，这些指示控制实例如何进行操作。定义数据库的所有参数要么存储在这些文件中，要么被设置成系统默认值。参数文件不易丢失，但是也应该备份，因为这能使数据库的当前状态通过一致的备份而重新建立。

注意：init.ora 和 spfile 文件每晚备份一次。

3. 控制文件

控制文件中含有帮助恢复的信息。控制文件可以维护：归档日志的历史、当前联机重做日志文件的名称和数据文件头检查点数据等，这些是数据库非常重要的部分，没有这些内容，Oracle 无法运行。因此，控制文件的文本版本和二进制版本都需要备份。

注意：在日常的数据库备份时，要对控制文件文本和二进制版本进行备份，并且每次改变数据文件、表空间以及重做日志时也要备份这些控制文件。

4. 重做日志

在第 3 章中已经详细地说明重做日志文件的作用和工作原理。有了重做日志文件，就可以在事务回滚时取消修改或者恢复重做修改。因此，重做日志也是数据库恢复的一个重要的文件。

5. 归档日志

归档日志允许在数据库运行的时候对其进行备份，使 Oracle 数据库持续可用。可以利用归档日志实现数据库的恢复，这是利用当前时间点或数据库回滚点的重做日志，实现修改的前滚操作。

6. 转储文件

转储文件包含数据库发生错误的有关信息。有三种类型：后台转储文件、用户转储文件和内核转储文件。作为曾经发生问题的历史记录，转储文件是值得备份的，对解决日后数据库的恢复提供了非常有价值的信息。

注意：特别需要定期对数据库的警告日志进行备份。

11.4 Oracle 用户管理的备份和恢复

Oracle 可以以多种方式完成对数据库的备份和恢复。本节主要介绍如何使用用户管理的备份。用户管理的数据库备份属于物理备份,可以分为冷备份和热备份。

11.4.1 热备份

热备份是在数据库已经启动且正在运行时进行的备份,所以这种备份也称为联机备份。热备份可以在某个时间点对整个数据库进行备份,也可以只备份表空间或者数据文件的一个子集。进行热备份时,最终用户可以继续进行他们所有的正常操作,因此,数据库必须运行在归档日志模式。

热备份的同时,数据库的用户可以进行操作,因此,数据库对应的物理文件的内容是不断变化的,对这些物理文件内容的更新是保留到有关操作已经写到重做日志文件中后再进行的。

用备份向导可以实现热备份,备份成功完成后,备份文件将在指定的备份目录下。下面给出具体的执行过程。

第一步:打开 Oracle Enterprise Manager Console,在菜单中选择"工具"→"数据库向导"→"备份管理"→"备份",如图 11-1 所示。

图 11-1   选择执行备份向导界面

按照第一步的操作,将打开"备份向导简介"界面,如图 11-2 所示。

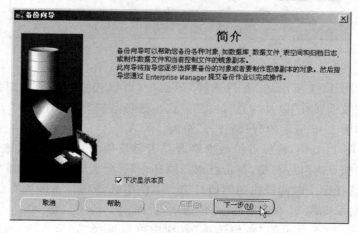

图 11-2   "备份向导简介"界面

第二步：在如图 11-2 所示界面中单击"下一步"按钮，将进入备份向导的"策略选择"页面，如图 11-3 所示。

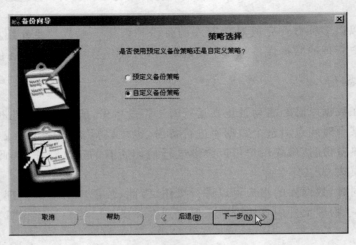

图 11-3 "策略选择"界面

第三步：如图 11-3 所示的备份向导的策略选择界面，有"预定义备份策略"和"自定义备份策略"。这里选择"自定义备份策略"，然后单击"下一步"按钮，显示如图 11-4 所示的界面。

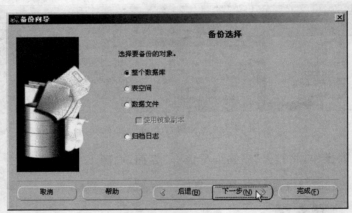

图 11-4 "备份选择"界面

第四步：在图 11-4 所示的"备份选择"界面中，可以选择要备份的对象为"整个数据库"、"表空间"、"数据文件"以及"归档日志"。这里选择备份"整个数据库"，然后单击"下一步"按钮，显示如图 11-5 所示的"归档日志"页面。

第五步：在图 11-5 中，选择备份数据库时是否要备份归档日志。在该页面中有"否"、"是，备份所有归档日志"以及"是，备份已选归档日志"三个选项。如果选择"是，备份已选归档日志"则需要选择哪个时间段内的归档日志。本例中选择"是，备份所有归档日志"，然后单击"下一步"，显示如图 11-6 所示的"备份选项"页面。

第六步：在图 11-6 所示的"备份选项"界面中可以选择"完全备份"或者"增量备份"。

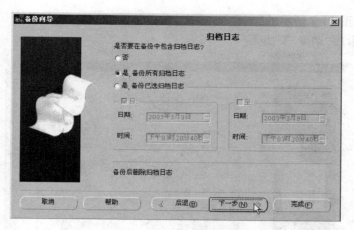

图 11-5 "归档日志"界面

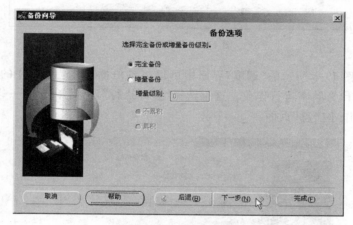

图 11-6 "备份选项"界面

在"增量"备份中可以选择"增量级别"。在该页面中,选择"完全备份",然后单击"下一步"按
钮,出现如图 11-7 所示的"配置"界面。

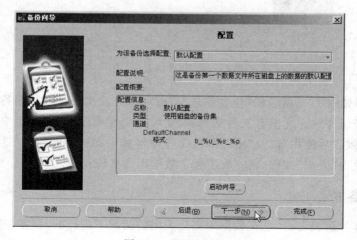

图 11-7 "配置"界面

第七步：在图 11-7 所示的"配置"界面中，选择"默认配置"，然后单击"下一步"按钮，出现如图 11-8 所示的"调度"页面。

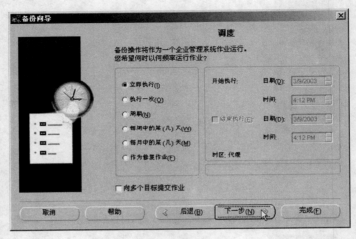

图 11-8 "调度"界面

第八步：在图 11-8 所示的"调度"界面中可以将备份操作作为 OEM 的系统作业运行，可以选择何时以什么频率运行作业。这里选择"立即执行"，然后单击"下一步"按钮，出现如图 11-9 所示的"作业信息"页面。

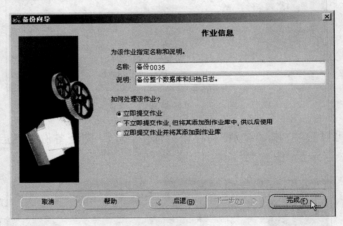

图 11-9 "作业信息"界面

第九步：在如图 11-9 所示的"作业信息"页面可以为该次备份设置名称和说明，并选择如何处理这次备份作业。这里有三种选择："立即提交作业"、"不立即提交作业，但将其添加到作业库中，供以后使用"以及"立即提交作业并将其添加到作业库"。这里选择"立即提交作业"，然后单击"完成"按钮，则完成了整个数据库的备份操作。

11.4.2 冷备份

冷备份也称为脱机备份，是在数据库完全关闭的情况下进行的，在备份时没有任何访问和修改，因此数据文件是一致的。冷备份是备份操作中最简单的一种类型。一旦备份完成，所有数据库文件都应该备份到磁盘上。完成数据库备份后,就可以重启数据库,用户可以重新开始他们的工作,不必像热备份一样,为了进行备份而将数据库置于归档日志状态。但是,没有归档日志记录,当冷备份恢复时也只能把数据库还原到冷备份完成的时间点。

冷备份很简单,但是一旦拥有了冷备份就可以提供很多方便,也可以提供很多功能。若要进行冷备份,数据库必须以正常的方式关闭,使得所有事务或回滚或都已经完成,数据处于一致状态。冷备份应该备份的文件如下。

- 所有数据库文件及表空间,包括系统表空间、临时表空间和回滚/撤销表空间。
- 控制文件、备份的二进制控制文件和文本控制文件。
- 如果有正在使用的归档日志文件,也应该包括归档日志文件。
- 警告日志。
- 如果存在 Oracle 密码文件,也应该包括 Oracle 密码文件。
- 参数文件。
- 重做日志——Oracle 建议不要备份重做日志,因为重做日志在还原时会覆盖当前存在的重做日志,而当前重做日志中包含重做流中的最后入口信息,这些信息是完成数据库恢复所必需的。

下面给出冷备份的具体操作步骤。

第一步:Oracle 冷备份是在数据库关闭下进行的,所以,首先关闭数据库例程。

第二步:正常关闭数据库后,利用计算机的"资源管理器"查找与数据库有关的文件,如图 11-10 所示。

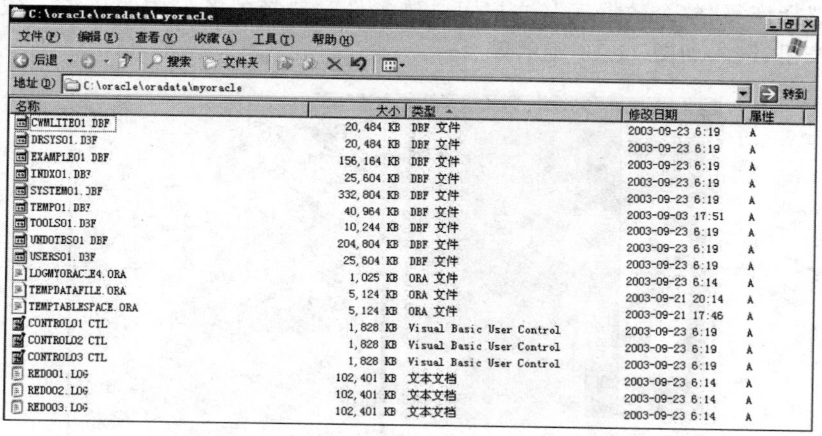

图 11-10 数据库的文件

数据库的初始化文件位于 database 目录下,找到待备份的数据库模式名,这里为"myoracle",打开该文件夹,将名为"initmyoracle.ora"的文件拷贝到指定目录下即完成了冷备份。

11.4.3 物理备份的恢复

在 Oracle 中,恢复指的是从归档与联机重做日志文件中读取重做日志记录并将这些变化应用到数据文件中,以将其更新到最近状态的过程。对应于 Oracle 物理备份的两种方式,恢复也分为从热备份中恢复和从冷备份中恢复两种方式。

1. 从热备份中恢复

从热备份中恢复时,首先将要恢复的文件或表空间设为"脱机(offline)",但是不包括系统表空间或活动的还原表空间,因为这两个表空间为数据库正常运行所必需的,不能设为脱机;然后,修复损坏的操作系统文件,即将备份的物理文件复制(restore)到数据库中原来的位置;最后,再将写在归档日志文件和联机重做日志文件的(从上次备份系统崩溃期间)所有提交的数据恢复(recover)过来。数据库必须工作在归档方式的已装载状态,才能执行对整个数据库的联机恢复。Oracle 的"恢复管理器"将自动执行上述过程,具体步骤如下。

第一步:在 Oracle Enterprise Manager Console 中,选择"工具"→"数据库向导"→"备份管理"→"恢复…",如图 11-11 所示。

图 11-11　选择执行恢复向导界面

第二步:在第一步选择"恢复…"菜单后,将出现如图 11-12 所示的"恢复选择"界面,在该界面中选择恢复"整个数据库"(这与用户热备份时选择的备份内容应该一致),然后单击"下一步"按钮,进入如图 11-13 所示界面。

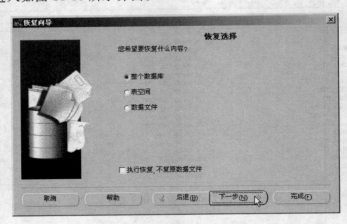

图 11-12　"恢复选择"界面

第三步:在如图 11-13 所示的"复原至"界面中可以设置日期属性,然后单击"下一步"按钮,显示如图 11-14 所示界面。

第四步:在如图 11-14 所示的"重命名"界面中可以选择将文件复原到其他位置,在"新名称"中可以输入新的路径和名称,如果保持默认值,则单击"下一步"按钮,显示如图 11-15 所示界面。

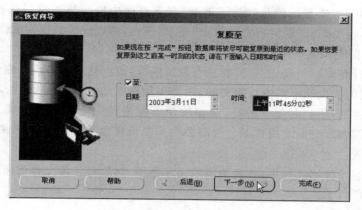

图 11-13　"复原至"界面

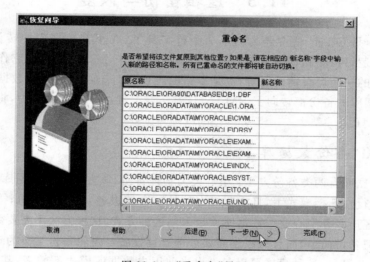

图 11-14　"重命名"界面

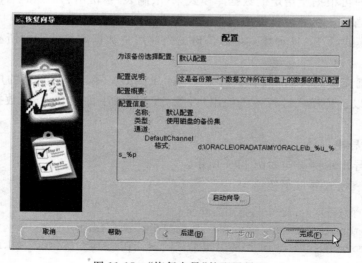

图 11-15　"恢复向导"的配置界面

第
11
章

备份与恢复

第五步：图 11-15 显示的是"配置"界面，在该界面中也同热备份时选择相对应的备份选择配置即可，这里选择"默认配置"，单击"完成"按钮，则完成了数据库的恢复。

2. 从冷备份中恢复

数据库运行在非归档模式下，只能进行脱机恢复，也就是从冷备份中恢复。使用这种恢复的方法，数据的丢失几乎是不可避免的，因为当重做日志切换了一圈后，其中一些已提交的数据就被覆盖了，从此时起，Oracle 数据库便不能进行完全恢复了。从上一次备份到系统崩溃这段时间内所有提交的数据会全部丢失。脱机恢复可以恢复到原来位置，也可以恢复到非原来位置。

脱机恢复的步骤比较简单，首先关闭数据库例程，然后将备份文件重新覆盖原来的同路径同名文件就可以了。

11.5 逻辑备份与恢复

导入/导出是 Oracle 最古老的两个命令行工具了，在小型数据库的转储、表空间的迁移、表的抽取、逻辑检测和物理冲突等中有不小的功劳。当然，也可以把它作为小型数据库的物理备份后的一个逻辑辅助备份，也是不错的建议。对于越来越大的数据库，特别是 TB 级数据库，数据库的备份都转向了 RMAN 与第三方工具。在以下内容中，将简要介绍一下 EXP/IMP 的使用。

11.5.1 EXP 备份数据库

Oracle 数据库有两类备份方法：第一类为物理备份，该方法实现数据库的完整恢复，但数据库必须运行在归档模式下，且需要极大的外部存储设备，例如磁带机；第二类备份方式为逻辑备份，客户服务中心业务数据库就是采用这种方式，这种方法不需要数据库运行在归档模式下，不但备份简单，而且可以不需要外部存储设备。逻辑备份又分为三种模式。

(1) 表模式(T)。这种模式可以备份出当前用户数据库模式下的表，甚至是所有的表。具有特权的用户可根据所指定的数据库模式来(限制表)备份出它们所包含的表。默认情况是备份出属于当前正在进行备份的用户的所有表。

(2) 用户模式(U)。这种模式可以备份出当前用户数据库模式下的所有实体(表、数据和索引)。

(3) 全数据库模式(F)。只有具有 EXP_FULL_DATABASE 角色的用户才可能以这种模式备份。以这种模式进行备份的用户，除 SYS 模式下的内容之外，数据库中所有实体都可以备份。

1. 表模式导出

表模式的导出示例语句如例 11-1 所示。

例 11-1 表模式导出示例语句

```
EXP ICDMAIN/ICD  BUFFER=8192(或 64000)
FILE=EXP_ICDMAIN_SERVICEINFO.DMP 或 (磁带设备/dev/rmt0)
TABLES=ICDMAIN.SERVICEINFO(或 ICDMAIN.COMMONINFORMATION,ICDMAIN.DEALINFO…)
ROWS=Y  COMPRESS=N
```

```
LOG=EXP_ICDMAIN_SERVICEINFO.LOG
```

其中：

- BUFFER：表示缓冲区的大小。
- FILE：表示由 Export 创建的输出文件的名字（即导出文件的名字）。
- TABLES：将要导出的表名列表。
- ROWS：指明是否导出表中数据的行数，默认为"Y"。
- COMPRESS：指明恢复期间是否将表中数据压缩到一个区域中，如果在导出数据时，指定该参数为"Y"，那么在恢复时，将会将数据压缩到一个初始区域中。这种选择可以保持初始化区域的原始大小。默认为"Y"。
- LOG：指定一个接收有用信息和错误信息的文件（即指定一个文件作为日志文件）。

2. 用户模式导出

用户模式导出的示例语句，如例 11-2 所示。

例 11-2 用户模式导出示例语句

```
EXP ICDMAIN/ICD OWNER= ICDMAIN BUFFER=8192(或 64000)
FILE=EXP_ICDMAINDB.DMP 或 (磁带设备/dev/rmt0)
ROWS=Y
COMPRESS=N
LOG=EXP_ICDMAINDB.LOG
```

其中：

- OWNER：表示要导出的用户名列表。
- BUFFER、FILE、ROWS、COMPRESS 以及 LOG：这些参数的说明详见"表模式导出"部分或表 11-1。

3. 全数据库模式导出

全数据库模式的导出示例语句，如例 11-3 所示。

例 11-3 全数据库模式的导出示例语句

```
EXP  ICDMAIN/ICD  BUFFER=8192(或 64000)
FILE=EXP_ICDMAIN_DB.DMP (或磁带设备/dev/rmt0)
FULL=Y    ROWS=Y   COMPRESS=N
LOG=EXP_ICDMAIN_DB.LOG
```

其中：

- FULL：表示是否全数据库模式导出，默认为"Y"。
- BUFFER、FILE、ROWS、COMPRESS 以及 LOG：这些参数的说明详见"表模式导出"部分或表 11-1。

对于数据库的导出，建议采用增量备份，即只备份上一次备份以来更改的数据。

增量备份的示例语句，如例 11-4 所示。

例 11-4 增量备份示例语句

```
EXP ICDMAIN/ICD  BUFFER=8192(或 64000)
FILE=EXP_ICDMAIN_DB.DMP (或磁带设备/dev/rmt0)
```

```
FULL=Y  INCTYPE= INCREMENTAL ROWS=Y COMPRESS=N
LOG=EXP_ICDMAIN_DB.LOG
```

其中：

- BUFFER、FILE、ROWS、COMPRESS 以及 LOG：这些参数的说明详见"表模式导出"部分或表 11-1。
- FULL：表示是否要导出完整的数据库，如果为"Y"，则表示以全数据库模式导出。
- INCTYPE：增加导出的类型，有效值有"complete（完全）"、"comulative（固定）"以及"incremental（增量）"。如果选择 complete 表示输出所有表；如果选择 comulative 表示将导出第一次完全导出后修改过的表；如果选择 incremental 则表示将导出第一次导出后修改过的表。

4．EXP 导出实例

EXP 命令可以在交互环境下导出数据库中的数据，也可以在非交互环境下执行命令。交互环境下的命令执行，是一步一步执行的过程，如例 11-5 所示。

例 11-5　交互环境下 EXP 导出实例

```
D:\>exp scott/tiger@ oracle
输入数组提取缓冲区大小： 4096 >
导出文件： EXPDAT.DMP >scott.dmp
(2)U(用户)，或 (3)T(表)： (2)U >2
导出权限 (yes/no)： yes >yes
导出表数据 (yes/no)： yes >yes
压缩区 (yes/no)： yes >no
已导出 ZHS16GBK 字符集和 AL16UTF16 NCHAR 字符集
. 正在导出 pre-schema 过程对象和操作
. 正在导出用户 SCOTT 的外部函数库名
. 导出 PUBLIC 类型同义词
. 正在导出专用类型同义词
. 正在导出用户 SCOTT 的对象类型定义
即将导出 SCOTT 的对象...
. 正在导出数据库链接
. 正在导出序号
. 正在导出簇定义
. 即将导出 SCOTT 的表通过常规路径...
. . 正在导出表          BONUS 导出了          0 行
. . 正在导出表          DEPT 导出了          10 行
. . 正在导出表          EMP 导出了          14 行
. . 正在导出表          SALGRADE 导出了          5 行
. . 正在导出表          TBLSTUDENT 导出了          3 行
. 正在导出同义词
. 正在导出视图
. 正在导出存储过程
. 正在导出运算符
. 正在导出引用完整性约束条件
. 正在导出触发器
```

．正在导出索引类型
．正在导出位图，功能性索引和可扩展索引
．正在导出后期表活动
．正在导出实体化视图
．正在导出快照日志
．正在导出作业队列
．正在导出刷新组和子组
．正在导出维
．正在导出 post-schema 过程对象和操作
．正在导出统计信息
成功终止导出，没有出现警告。
D:\>

在例 11-5 中，首先输入用户名/密码，登录 Oracle，然后开始执行 EXP 命令。首先设置缓冲区和导出文件。导出文件名为"scott.dmp"，选择采用"U"即用户模式导出数据库。随后设置导出模式、导出表以及压缩区。接下来就可以看到导出的执行过程，最后导出"成功终止"。

注意：Oracle 表中的数据可能来自不同分区中的数据块，默认导出时会把所有的数据压缩在一个数据块上，IMP 导入时，如果不存在连续一个大数据块，则会导入失败。

也可以在使用 EXP 命令时，设置各种参数，使准备就绪的 EXP 命令不需要与用户交互，直接按照参数的要求，一次性执行导出工作。可以使用关键字指定 EXP 命令中的参数，命令格式如下。

EXP KEYWORD=value 或 KEYWORD= (value1,value2,…,valueN)

例如：

EXP SCOTT/TIGER GRANTS=Y TABLES= (EMP,DEPT,MGR)

下面给出 EXP 命令的各参数名称以及可以取值的范围，如表 11-1 所示。

表 11-1　EXP 参数名及取值范围

参数名	说　明
USERID	表示"用户名/密码"
BUFFER	数据缓冲区大小。以字节为单位，一般在 64 000 以上
FILE	指定输出文件的路径和文件名。一般以 .dmp 为后缀名，注意该文件包括完整路径，但是路径必须存在，导出命令不能自动创建路径
COMPRESS	是否压缩导出，默认为 yes
GRANTS	是否导出权限，默认为 yes
INDEXES	是否导出索引，默认为 yes
DIRECT	是否直接导出，默认情况，数据先经过 Oracle 的数据缓冲区，然后再导出数据
LOG	指定导出命令的日志所在的日志文件的位置
ROWS	是否导出数据行，默认导出所有数据
CONSTRAINTS	是否导出表的约束条件，默认为 yes
PARFILE	可以把各种参数配置为一个文本键值形式的文件，该参数可以指定参数文件的位置

参数名	说　明
TRIGGERS	是否导出触发器，默认值是 yes
TABLES	表的名称列表，导出多个表可以使用逗号隔开
TABLESPACES	导出某一个表空间的数据
Owner	导出某一用户的数据
Full	导出数据库的所有数据。默认值是 no
QUERY	把查询的结果导出

11.5.2　IMP 恢复数据库

Import 与 Export 是两个相配套的实用程序，Export 把数据库中的数据导出到操作系统文件中，而 Import 实用程序则把 Export 导出的数据恢复到数据库中。

按导出方案确定恢复方案，例如，采用表逻辑导出模式，则恢复方案也采用恢复到表的方式（不应恢复到用户）。

要使用 Import，必须具有 CREATE SESSION 特权，以便能注册到 Oracle RDBMS 中去。这一特权属于在数据库创建时所建立的 CONNECT 角色。

如果导出文件是由某用户利用 EXP_FULL_DATABASE 角色创建的全数据库导出，那么只有具有 IMP_FULL_DATABASE 角色的用户才能恢复这样的文件。

对应的数据库的逻辑恢复分为表、用户、数据库三种模式。

1. 表模式恢复

表模式恢复示例，如例 11-6 所示。

例 11-6　表模式恢复示例

```
IMP  ICDMAIN/ICD  FILE=文件名 LOG=LOG 文件名
ROWS=Y COMMIT=Y BUFFER=Y IGNORE=Y
TABLES= (表名 1,表名 2,表名 3,表名 4,….)
```

其中：

- BUFFER：缓冲区大小。
- FILE：用于恢复的导出文件名称。
- TABLES：将要导入的表名列表。
- ROWS：指明是否装入表数据的行数，默认为"Y"。
- IGNORE：指明如何处理实体创建错误。若指定该参数为"Y"，则当视图创建数据库实体时，忽略实体存在错误。对除了表之外的其他实体，指定该参数为"Y"，Import 不报告错误，继续执行。若指定该参数为"N"，Import 在继续执行前报告实体创建错误。
- COMMIT：指明在每个矩阵插入之后是否提交。缺省时，Import 在装入每个实体之后提交。若指定该参数为"N"，如果有错误发生，Import 在记录导入下一个实体之前，完成一个回退。若指定该参数为"Y"，可以抑制回滚字段无限增大，当改善大量导入时的性能,表具有唯一约束时,这种选择比较好。如果再次开始导入,将拒绝导入任何行,原因是表具有唯一约束,不能录入重复数据;如果表不具有唯一约束时,指定 COMMIT=N 比较好,因为导入时可能会产生重复行。

- LOG:指定一个接收重新装入信息和错误信息的文件。

2. 用户模式恢复

如果备份方式为用户模式,采用如例 11-7 所示的恢复方法。

例 11-7　用户模式恢复实例

```
IMP SYSTEM/MANAGER FROMUSER=ICDMIAN TOUSER=ICDMAIN
FILE=文件名 LOG=LOG 文件名 ROWS=Y COMMIT=Y
BUFFER=Y IGNORE=Y
```

参数说明同前。

3. 数据库模式

如果备份方式为数据库模式,采用如例 11-8 所示的恢复方法。

例 11-8　数据库模式恢复实例

```
IMP SYSTEM/MANAGER FULL=Y
FILE=文件名 LOG=LOG 文件名 ROWS=Y COMMIT=Y
BUFFER=Y IGNORE=Y
```

参数说明同前。

注意:对于单字节字符集(例如 US7ASCII)恢复时,数据库自动转换为该会话的字符集(NLA_LANG 参数);而对于多字节字符集(例如 ZHS168CGB)恢复时,应尽量使字符集相同(避免转换),如果要转换,目标数据库的字符集应是输出数据库字符集的超集。

4. IMP 导入实例

IMP 程序导入就是把 EXP 导出的文件重新导入到数据库的过程。导入时也有一些重要的参数需要说明。

- Fromuser:指出导出时 dmp 文件中记载的用户信息。
- Touser:dmp 文件要导入到哪个目标用户中。
- Commit:该参数的默认值是"N"。表示在缓冲区满时是否需要 commit,如果设为 N,则需要较大的回滚段。
- Ignore:Oracle 在恢复数据的过程中,当恢复某个表时,若该表已经存在,就要根据 Ignore 参数的值来决定操作。若 Ignore=Y,Oracle 不执行 CREATE TABLE 语句,直接将数据插入到表中,如果插入的记录违背了约束条件,如主键约束,则出错的记录不会插入,但合法的记录会添加到表中。若 Ignore=N,Oracle 不执行 CREATE TABLE 语句,同时也不会将数据插入到表中,而是忽略该表的错误,继续恢复下一个表。

下面给出使用 IMP 导入数据的实例。

例 11-9　使用 IMP 导入数据

```
D:\>imp system/manager file=employee.dmp fromuser=scott touser=employee commit=y
With the Partitioning, OLAP and Data Mining options
```

备份与恢复

经由常规路径由 EXPORT：V10.02.01 创建的导出文件
警告： 这些对象由 SCOTT 导出，而不是当前用户
已经完成 ZHS16GBK 字符集和 AL16UTF16 NCHAR 字符集中的导入
. 正在将 SCOTT 的对象导入到 EMPLOYEE

. . 正在导入表	"EMP"导入了	14 行
. . 正在导入表	"DEPT"导入了	10 行

即将启用约束条件 …
成功终止导入，没有出现警告。
D:\>

在例 11-9 中，首先登录数据库，然后指定待导入的数据文件名为"employee. dmp"，接下来说明，该数据文件的来源用户和目标用户，并设置 commit 参数的值为"Y"。从这个例子中可以看到数据正常导入到 EMP 和 DEPT 表中，成功终止。

11.6 小 结

数据的备份与恢复是数据库中比较基础和重要的技术。Oracle 为用户提供了多种备份和恢复策略，此外用户也可以选择第三方工具完成数据的备份和恢复。本章主要介绍了 Oracle 备份和恢复的基本概念、类型，以及用户管理的物理备份与恢复和逻辑备份与恢复。

由于本章的内容相对比较独立，读者可以将本章单独进行学习，在学习了第 1、2 章之后，就可以跳读本章，这样就可以在需要时完成数据库的备份和恢复，以确保对数据的更改等操作不丢失。

此外，目前还有一些其他备份工具，如 RMAN(Recovery Manager，恢复管理器)实用程序，在本章学习的基础上，读者可以自行学习这些内容。